大学生数学图书馆
STUDENT MATHEMATICAL LIBRARY

1

STML

动力系统引论

□ Michael Brin   Garrett Stuck 著
□ 金成桴 译

DONGLI XITONG YINLUN

高等教育出版社·北京

图字：01-2013-0440 号

Introduction to Dynamical Systems, 1st Edition, ISBN: 9780521808415 by Michael Brin, Garrett Stuck, first published by Cambridge University Press 2002.

图书在版编目（ＣＩＰ）数据

动力系统引论／（美）布林（Brin, M.），（美）斯塔克（Stuck, G.）著；金成桴译 .-- 北京：高等教育出版社，2013. 8（2020.12重印）

书名原文：Introduction to dynamical systems

ISBN 978-7-04-037585-5

Ⅰ. ①动… Ⅱ. ①布… ②斯… ③金… Ⅲ. ①动力系统 - 研究 Ⅳ. ① O19

中国版本图书馆 CIP 数据核字（2013）第 164279 号

策划编辑　李　鹏　　责任编辑　李　鹏　　封面设计　王凌波　　版式设计　余　杨
责任校对　刘春萍　　责任印制　赵　振

出版发行	高等教育出版社	咨询电话	400-810-0598
社　　址	北京市西城区德外大街4号	网　　址	http://www.hep.edu.cn
邮政编码	100120		http://www.hep.com.cn
印　　刷	北京虎彩文化传播有限公司	网上订购	http://www.landraco.com
开　　本	889 mm×1194 mm 1/32		http://www.landraco.com.cn
印　　张	8.75	版　　次	2013 年 8 月第 1 版
字　　数	250 千字	印　　次	2020 年 12 月第 2 次印刷
购书热线	010-58581118	定　　价	39.00 元

本书如有缺页、倒页、脱页等质量问题，请到所购图书销售部门联系调换
版权所有　侵权必究
物料号　37585-00

感谢 Eugenia, Pamela, Sergey,
Sam, Jonathan 和 Catherine 的耐心和支持

《大学生数学图书馆》丛书序

改革开放以后, 国内大学逐渐与国外的大学增加交流. 无论到国外留学或邀请国外学者到中国访问的学者每年都有增长, 这对中国的科学现代化大有帮助. 但是在翻译外国文献方面的工作尚不能算多. 基本上所有中国的教科书都还是由本国教授撰写, 有些已经比较陈旧, 追不上时代了. 很多国家, 例如俄罗斯、日本等, 都大量翻译外文书本来增长本国国民的阅读内容, 对数学的研究都大有裨益. 高等教育出版社和美国国际出版社在征求海内外众多专家学者的意见的基础上, 组织了《大学生数学图书馆》丛书, 这套丛书选取海内外知名数学家编写的数学专题读物, 每本书内容精炼, 涵盖了相关主题的所有重要内容.

我们希望这套翻译书能够使我们的大学生从更多的角度来看数学, 丰富他们的知识. 本丛书得到了作者本人及海外出版公司的诸多帮助, 我们谨此鸣谢.

丘成桐 (Shing-Tung Yau)
2013 年 6 月

译者序

本书是为大学研究生设计的动力系统现代理论课程的一学期或一学年的一本简明教程. 原书是美国马里兰大学 M. Brin 和 G. Stuck 教授所编写的经过多年教学与修改而成的著名教科书. 该书自出版以来已经在全世界多所大学作为动力系统课程的教材, 如马里兰大学、加州理工学院、剑桥大学、伯尔尼大学和阿姆斯特丹大学等. 该书主要特色是结构紧凑简洁, 篇幅不大, 但内容丰富、广泛、全面, 几乎涵盖了当代动力系统各个主要领域的基础知识, 既包括经典的拓扑动力系统、符号动力系统、低维动力系统、双曲动力系统、公理 A 系统和结构稳定性, 也包括在统计物理学等学科中有重要应用的遍历理论、Anosov 微分同胚的遍历性、测度论熵以及与分形几何和混沌有重要联系的复动力系统.

本书首先通过第 1 章介绍动力系统的基本概念和几个动力系统的重要例子. 这一章的内容是后面各章的引论. 鉴于本书主要介绍映射 (包括微分同胚) 动力学, 即离散时间动力系统, 因此圆周上的旋转、圆周扩张自同态、移位与子移位、二次映射、Gauss 变换、双曲环面自同构、马蹄映射、螺线管映射等是动力系统中的基本映射; 另外也介绍了与混沌、吸引子相联系的 Lyapunov 指数、Hénon 映射和 Lorenz 方程. 后面几章在介绍各个领域的有关理论时将用这些经典例子作解释.

以下各章分别介绍拓扑动力系统、符号动力系统、遍历理论、双曲动力系统、Anosov 微分同胚的遍历性、低维动力系统、复动力系统 (主要介绍 Riemann 球面上有理映射的有趣性质) 以及测度论熵 (包括变分原理). 应用方面本书还介绍了动力系统在组合数论、计算机数据存储与互联网搜索引擎中的漂亮应用, 以及混沌和分形几何中的两个重要结果, 即 Smale 马蹄实际上在许多系统中普遍存在的严格数学证明 (定理 5.8.3), 与 Julia 集是 Cantor 集和分形集的重要特征自相似性的理论证明 (命题 8.5.4). 另外, 像马蹄、双曲集、Sharkovsky 定理等都是在一般框架下讨论的.

本书不少内容属于微分动力系统理论范畴, 如第 5 章和第 6 章, 所需微分流形的基本知识专门有一节作了简单介绍. 其他如测度论基本知识也有单独介绍. 当然, 本书既然是一本研究生教材, 除了它的广度以外也有一定的深度, 不少地方要用到拓扑和泛函分析的基础知识. 这对于为读者打下这个理论的坚实基础显然是必要的.

书中的练习不少是正文定理证明中较简单的部分. 有关参考文献主要是给读者指出没有证明的定理的证明出处, 以及进一步阅读的参考资料.

另外, 本书也得到了著名动力系统专家 Y. Pesin 的推荐.

最后, 感谢作者 Brin 和 Stuck 为本书写的中文版序言, 感谢高等教育出版社李鹏等编辑的热心帮助与支持, 也感谢我妻子何燕俐的理解、支持与关心.

金成桴

2012 年 11 月

中文版序

得知高等教育出版社决定出版由金成桴教授翻译的我们这本《动力系统引论》的中译本，我们很高兴，并由衷地欢迎我们的中国读者.

本书自首次出版以来，它一直服务于全世界一些大学的动力系统课程，加州理工学院、剑桥大学、伯尔尼大学和阿姆斯特丹大学等，都以本书作为他们动力系统课程的教本. 我们也希望它能够得到中国大学的热情接纳.

虽然自本书第一次出版以来，动力系统又有了一定的发展，但其基本原则还没有改变. 本书介绍的导引性想法构成了动力系统基础理论的很大一部分.

在我们日益增长的复杂世界中，动力系统的应用得到了蓬勃的发展. 我们希望本书将有助于读者对这个令人兴奋的领域构建一些洞察和认识.

Michael Brin, Los Altos Hills, California

Garrett Stuck, Newton, Massachusetts

引言

　　本书的目的是对动力系统这个主题给读者提供一个宽广且一般的介绍, 它适合于研究生一学期或两学期的课程. 我们通过对一些例子的解释以及证明一系列基本而且可理解的结果来介绍动力系统的主要内容, 但并不试图对我们所涉及的任何特殊领域作详尽论述.

　　本书来自作者在马里兰大学帕克分校动力系统研究生课程的讲义. 材料的选取不仅反映了作者的喜好, 而且大部分内容收集了马里兰大学动力系统小组的一些观念, 事实上它也包含了动力系统各个主要领域专家们的意见.

　　本书的早期版本被马里兰大学、波恩大学以及宾夕法尼亚州立大学的几个教师采用过. 经验表明前面 5 章略作删减可适用一学期课程. 教师们如果还希望包含不同主题内容可放心略去第 1 章的最后几节、2.7–2.8 节、3.5–3.8 节以及 4.8–4.12 节, 然后可从后面几章选取适当的内容. 第 1 章的例子对整本书都有用. 第 6 章依赖第 5 章, 其他几章则基本上是独立的. 每一节的结尾都有练习 (其中带星号的最难).

　　书中对大多数概念和结果的讲述都是经过了不同作者多年的锤炼. 其中的大多数概念和思想也经常在文献中以不同的形式出

现, 我们不强求与原始的相同. 多数情况我们所作的解释是按照列出文献的特殊来源. 这些来源所涵盖的特定内容比我们这里叙述的要深入得多, 我们推荐它们, 可作为读者进一步阅读的内容. 我们也受益于许多专家的建议和指导, 他们中包括 Joe Auslander, Werner Ballmann, Ken Berg, Mike Boyle, Boris Hasselblatt, Michael Jakobson, Anatole Katok, Michal Misiurewicz 和 Dan Rudolph 等. 感谢他们对本书所作的贡献. 我们特别感谢 Vitaly Bergelson 对拓扑动力系统应用的处理以及遍历理论对组合数论的应用. 还要感谢我们班级上的学生在本书早期版本的打字稿中发现了许多错误和疏漏.

目录

第 1 章　例子与基本概念

动力系统研究发展系统的长期性态. 它的近代理论起源于 19 世纪末关于太阳系的稳定性和演化的基本问题. 试图回答这些问题促进了一个丰富的, 且对物理学、生物学、气象学、天文学、经济学等其他学科有着强大应用的领域的发展.

与天体力学类似, 动力系统一个特定状态的发展称为一个轨道. 在动力系统的研究中, 有许多研究主题反复出现: 诸如个别轨道的性质、周期轨道、轨道的典型性态、轨道的统计性质、随机性与确定性、熵、混沌性态以及个别轨道与模式在扰动下的稳定性等. 本章我们通过一些例子来介绍其中一些主题.

全书用下面记号: $\mathbb{N}$ 代表正整数集, $\mathbb{N}_0 = \mathbb{N} \cup \{0\}$, $\mathbb{Z}$ 代表整数集, $\mathbb{Q}$ 代表有理数集, $\mathbb{R}$ 代表实数集, $\mathbb{C}$ 代表复数集, $\mathbb{R}^+$ 代表正实数集, $\mathbb{R}_0^+ = \mathbb{R}^+ \cup \{0\}$.

1.1　动力系统的概念

离散时间动力系统由非空集 X 和映射 $f : X \to X$ 组成. 对 $n \in \mathbb{N}$, f 的 n 次迭代是它的 n 次复合 $f^n = f \circ \cdots \circ f$. 定义 f^0 为恒同映射, 记为 Id . 如果 f 可逆, 则 $f^{-n} = f^{-1} \circ \cdots \circ f^{-1}$ (n 次).

由于 $f^{n+m} = f^n \circ f^m$, 因此, 如果 f 可逆, 则这些迭代组成一个群, 否则是半群.

虽然这是完全按抽象形式定义的动力系统, 其中 X 简单地是一个集合, 但在实践中, X 通常具有映射 f 所保持的附加结构. 例如, (X, f) 可以是测度空间与保测映射、拓扑空间与连续映射、度量空间与等距映射、或光滑流形与可微映射.

连续时间动力系统由空间 X 与构成单参数群或半群的单参数映射族 $\{f^t : X \to X\}$, $t \in \mathbb{R}$ 或 $t \in \mathbb{R}_0^+$ 组成, 即 $f^{t+s} = f^t \circ f^s$, 以及 $f^0 = \mathrm{Id}$. 如果 t 在 $\mathbb{R}$ 上变化, 这个动力系统就称为流, 如果 t 在 $\mathbb{R}_0^+$ 上变化则称为半流. 对于流, 时间 t 映射 f^t 可逆, 因为 $f^{-t} = (f^t)^{-1}$. 注意, 对固定的 t_0, 迭代 $(f^{t_0})^n = f^{t_0 n}$ 构成离散时间动力系统.

我们将用动力系统这个术语表示离散时间动力系统或连续时间动力系统. 动力系统中的大部分概念和结果对离散时间系统与连续时间系统都有各自的表达形式. 通常连续时间表达形式可由离散时间表达形式推断. 本书主要集中讨论离散时间动力系统, 其中的结果往往较易叙述和证明.

为了避免在这 4 种情形定义基本术语, 我们将动力系统的元素记为 f^t, 其中 t 依据适当情形在 $\mathbb{Z}, \mathbb{N}_0, \mathbb{R}$ 或 $\mathbb{R}_0^+$ 中变化. 对 $x \in X$, 定义正半轨 $\mathcal{O}_f^+(x) = \bigcup_{t \geqslant 0} f^t(x)$. 在可逆情形, 定义负半轨 $\mathcal{O}_f^-(x) = \bigcup_{t \leqslant 0} f^t(x)$ 和轨道 $\mathcal{O}_f(x) = \mathcal{O}_f^+(x) \cup \mathcal{O}_f^-(x) = \bigcup_t f^t(x)$ (如果上下文指示清楚就省略下标 "f"). 如果点 $x \in X$ 满足 $f^T(x) = x$, 则称它为周期 $T > 0$ 周期点. 周期点的轨道称为周期轨道. 如果对所有 t 有 $f^t(x) = x$, 则称 x 为不动点. 如果 x 是周期点但不是不动点, 则存在满足 $f^T(x) = x$ 的最小正数 T, 称它为 x 的最小周期. 如果对某个 $s > 0$, $f^s(x)$ 是周期的, 则说 x 是最终周期点, 对可逆动力系统, 最终周期点就是周期点.

对子集 $A \subset X$ 与 $t > 0$, 设 $f^t(A)$ 是 A 在 f^t 作用下的像, $f^{-t}(A)$ 是 A 在 f^t 作用下的原像, 即 $f^{-t}(A) = (f^t)^{-1}(A) = \{x \in X : f^t(x) \in A\}$. 注意, $f^{-t}(f^t(A))$ 包含 A, 但对不可逆动力系统, 一般它不等于 A. 子集 $A \subset X$ 称为是 f 不变的, 如果对所有 t 有 $f^t(A) \subset A$; 是向前 f 不变的, 如果对所有 $t \geqslant 0$ 有 $f^t(A) \subset A$; 是向后 f 不变的, 如果对所有 $t \geqslant 0$ 有 $f^{-t}(A) \subset A$.

为了将动力系统分类, 我们需要等价性概念. 设 $f^t : X \to X$ 与 $g^t : Y \to Y$ 是两个动力系统. 对所有 t 满足 $f^t \circ \pi = \pi \circ g^t$ 的满射 $\pi : Y \to X$ 称为从 (Y, g) 到 (X, f)(简记为从 g 到 f) 的半共轭. 用下面的交换图表示这个公式:

$$Y \xrightarrow{g} Y$$
$$\pi \downarrow \qquad \downarrow \pi .$$
$$X \xrightarrow{f} X$$

可逆的半共轭称为共轭. 如果从一个动力系统到另一个动力系统存在共轭, 则称这两个动力系统是共轭的. 共轭是一个等价关系. 为了研究一个特殊的动力系统, 通常寻求一个较易理解的模型的共轭或半共轭. 为了对动力系统进行分类, 研究由保持某些特殊结构的共轭所确定的等价类. 注意, 对某些动力系统类 (例如, 保测变换) 我们用同构这个词代替 "共轭".

如果存在从 g 到 f 的半共轭 π, 则称 (X, f) 是 (Y, g) 的因子, (Y, g) 是 (X, f) 的扩张. 映射 $\pi : Y \to X$ 也称为因子映射或投影. 最简单的一个扩张例子是两个动力系统 $f_i^t : X_i \to X_i$, $i = 1, 2$ 的直积

$$(f_1 \times f_2)^t : X_1 \times X_2 \to X_1 \times X_2,$$

其中 $(f_1 \times f_2)^t (x_1, x_2) = (f_1^t(x_1), f_2^t(x_2))$. $X_1 \times X_2$ 在 X_1 或在 X_2 上的投影是半共轭, 因此 (X_1, f_1) 和 (X_2, f_2) 是 $(X_1 \times X_2, f_1 \times f_2)$ 的因子.

称具有因子映射 $\pi : Y \to X$ 的 (X, f) 的扩张 (Y, g) 为 (X, f) 上的斜积, 如果 $Y = X \times F$, π 是第一个因子上的投影, 或者, 更一般地, 如果 Y 是 X 上具有投影 π 的纤维丛.

练习 1.1.1 求证向前不变集的补是向后不变集, 反之亦然. 求证, 如果 f 是双射, 则对所有 t, 不变集 A 满足 $f^t(A) = A$. 如果 f 不是双射, 证明这一般不成立.

练习 1.1.2 假设通过半共轭 $\pi : Y \to X$, (X, f) 是 (Y, g) 的因子. 求证, 如果 $y \in Y$ 是周期点, 则 $\pi(y) \in X$ 也是周期点. 试给出例子说明周期点的原像不必包含周期点.

1.2　圆 周 旋 转

考虑单位圆 $S^1 = [0,1]/ \sim$, 其中 $\sim$ 表示 0 与 1 等同. 加法 mod 1 使得 S^1 成为一个 Abel 群. 在 $[0,1]$ 上的自然距离诱导 S^1 上的距离; 特别地,

$$d(x,y) = \min \left(|x-y|, 1 - |x-y|\right).$$

在 $[0,1]$ 上的 Lebesgue 测度 λ 给出 S^1 上的自然测度 λ, 有时也称它为 Lebesgue 测度 λ.

也可通过复数乘法作为群运算, 用集合 $S^1 = \{z \in \mathbb{C} : |z| = 1\}$ 描述圆周. 这两个记号通过 $z = e^{2\pi ix}$ 相联系, 如果除以 2π 并乘上圆周的弧长, 则它是一个等距映射. 我们一般将用这个圆周的附加记号.

对 $\alpha \in \mathbb{R}$, 设 R_α 是 S^1 上的一个旋转, 旋转角度为 $2\pi\alpha$, 即

$$R_\alpha x = x + \alpha \bmod 1.$$

集合 $\{R_\alpha : \alpha \in [0,1]\}$ 是一个交换群, 群运算为复合 $R_\alpha \circ R_\beta = R_\gamma$, 其中 $\gamma = \alpha + \beta \bmod 1$. 注意, R_α 是等距的, 它保持距离 d. 它也保持 Lebesgue 测度 λ, 即集合的 Lebesgue 测度与其原像的 Lebesgue 测度相同.

如果 $\alpha = p/q$ 为有理数, 则 $R_\alpha^q = \mathrm{Id}$. 因此, 每条轨道都是周期轨道. 反之, 如果 α 是无理数, 则每个正半轨在 S^1 中稠密. 事实上, 由鸽舍原理①, 对任何 $\varepsilon > 0$, 存在 $m, n < 1/\varepsilon$, 使得 $m < n$ 和 $d(R_\alpha^m, R_\alpha^n) < \varepsilon$. 因此, R^{n-m} 是旋转角度小于 ε 的旋转, 从而每条正半轨在 S^1 中 ε 稠密 (即在 S^1 每一点的 ε 距离之内). 由于 ε 任意, 每条正半轨在 S^1 中稠密.

对无理数 α, 由 R_α 的每条轨道的稠密性得知, S^1 是仅有的 R_α 不变的非空闭子集. 非真闭非空的不变子集的动力系统称为是极小的. 第 4 章我们将证明 S^1 的任何可测 R_α 不变子集或者有零测度, 或者有全测度. 具有这一性质的可测动力系统称为是遍历的.

---

① 鸽舍原理: 如果有 n 只鸽子要放在 m 个鸽笼里 ($n > m$), 则至少有一个鸽笼内的鸽子多于一只. —— 译者注

　　圆周旋转是由群平移产生的动力系统的一类重要例子. 给定群 G 与元素 $h \in G$, 由

$$L_h g = hg \quad \text{和} \quad R_h g = gh$$

定义映射 $L_h : G \to G$ 和 $R_h : G \to G$. 这两个映射分别称为 h 的左平移和右平移. 如果 G 可交换, 则 $L_h = R_h$.

　　拓扑群是具有群结构的拓扑空间 G, 使得群乘法 $(g, h) \mapsto gh$ 和逆 $g \mapsto g^{-1}$ 是连续映射. 拓扑群到它自身的连续同胚称为自同态; 可逆的自同态称为自同构. 动力系统的许多重要例子都来自拓扑群的平移或自同态.

　　练习 1.2.1　证明对任何 $k \in \mathbb{Z}$, 存在从 R_α 到 $R_{k\alpha}$ 的连续半共轭.

　　练习 1.2.2　证明对十进制数字的任何有限序列, 存在整数 $n > 0$, 使得 2^n 的十进制表示以这个数字序列开始.

　　练习 1.2.3　设 G 是一个拓扑群. 证明对每个 $g \in G$, 集合 $\{g^n\}_{n=-\infty}^{\infty}$ 的闭包 $H(g)$ 是 G 的交换子群. 因此, 如果 G 有极小左平移, 则 G 是一个 Abel 群.

　　***练习 1.2.4**　证明 R_α 和 R_β 通过同胚共轭, 当且仅当 $\alpha = \pm\beta \bmod 1$.

1.3　圆周扩张自同态

　　对 $m \in \mathbb{Z}$, $|m| > 1$, 由

$$E_m x = mx \bmod 1$$

定义 m 次映射 $E_m : S^1 \to S^1$. 这个映射是 S^1 的不可逆群自同态. 每一点有 m 个原像. 对照圆周旋转, E_m 扩张弧长和邻近点之间的距离, 扩张因子为 m: 如果 $d(x, y) \leqslant 1/(2m)$, 则 $d(E_m x, E_m y) = md(x, y)$. 一个 (度量空间的) 映射如果通过因子至少是 $\mu > 1$ 扩张邻近点之间的距离, 则称为此映射为扩张映射.

　　映射 E_m 在 S^1 上按以下意义保持 Lebesgue 测度 λ: 如果 $A \subset S^1$ 可测, 则 $\lambda(E_m^{-1}(A)) = \lambda(A)$(练习 1.3.1). 但需注意, 对充分

小区间 I, $\lambda(E_m(I)) = m\lambda(I)$. 后面我们将证明 E_m 是遍历的 (命题 4.4.2).

固定正整数 $m > 1$. 现在我们构造从另一个自然动力系统到 E_m 的一个半共轭. 设 $\Sigma = \{0, \ldots, m-1\}^{\mathbb{N}}$ 为 $\{0, \ldots, m-1\}$ 中的元素序列的集合. 移位 $\sigma: \Sigma \to \Sigma$ 是去掉序列的第一个元素并将余下元素向左移动一个位置:

$$\sigma((x_1, x_2, x_3, \ldots)) = (x_2, x_3, x_4, \ldots).$$

$x \in [0, 1]$ 的基 m 展开是满足 $x = \sum_{i=1}^{\infty} \dfrac{x_i}{m^i}$ 的序列 $(x_i)_{i \in \mathbb{N}} \in \Sigma$. 类似于十进制记号, 记 $x = 0.x_1 x_2 x_3 \ldots$.

基 m 展开并不总是唯一的: 一个以 m 的方幂为分母的分数可以表示为以 $m-1$ 为结尾的序列, 也可以表示为以零结尾的序列. 例如, 在基 5, 我们有 $0.144\ldots = 0.200\ldots = 2/5$.

定义映射

$$\phi: \Sigma \to [0, 1], \quad \phi((x_i)_{i \in \mathbb{N}}) = \sum_{i=1}^{\infty} \frac{x_i}{m^i}.$$

通过 0 与 1 的等同可将 ϕ 考虑为到 S^1 中的映射. 除了在以 0 或 $m-1$ 结尾的序列的可数集上, 这个映射是满的且一对一. 如果 $x = 0.x_1 x_2 x_3 \ldots \in [0, 1)$, 则 $E_m x = 0.x_2 x_3 \ldots$. 因此, $\phi \circ \sigma = E_m \circ \phi$, 所以, ϕ 是从 σ 到 E_m 的半共轭.

我们可以利用 E_m 的半共轭性与移位 σ 来推断 E_m 的性质. 例如, 序列 $(x_i) \in \Sigma$ 是 σ 的周期 k 周期点, 当且仅当它是周期 k 周期序列, 即对所有 i 有 $x_{k+i} = x_i$. 由此得知, σ 的周期 k 周期点数是 m^k. 更一般地, (x_i) 是 σ 的最终周期的, 当且仅当序列 (x_i) 是最终周期的. 点 $x \in S^1 = [0, 1]/\sim$ 是 E_m 的周期 k 周期点, 当且仅当 x 有基 m 展开 $x = 0.x_1 x_2 \ldots$, 它是周期 k 周期点. 因此, E_m 的周期 k 周期点数等于 $m^k - 1$ (因为 0 与 1 等同).

设 $\mathcal{F}_m = \bigcup_{k=1}^{\infty} \{0, \ldots, m-1\}^k$ 是集合 $\{0, \ldots, m-1\}$ 元素的所有有限序列的集合. 子集 $A \subset [0, 1]$ 是稠密的, 当且仅当每个有限序列 $w \in \mathcal{F}_m$ 出现在 A 的某个元素的基 m 展开的开始. 由此得知, 周期点集在 S^1 中稠密. 点 $x = 0.x_1 x_2 \ldots$ 的轨道在 S^1 中稠密, 当

且仅当 $\mathcal{F}_m$ 中的每个有限序列出现在序列 (x_i) 中. 由于 $\mathcal{F}_m$ 可数, 可以通过拼接 $\mathcal{F}_m$ 的所有元素来构造这样的点.

虽然 ϕ 不是一对一的, 但可构造 ϕ 的右逆. 考虑 $S^1 = [0,1]/\sim$ 的一个区间分割

$$P_k = [k/m, (k+1)/m), \quad 0 \leqslant k \leqslant m-1.$$

对 $x \in [0,1]$, 若 $E_m^i x \in P_k$, 定义 $\psi_i(x) = k$. 由 $x \mapsto (\psi_i(x))_{i=0}^\infty$ 给出的映射 $\psi : S^1 \to \Sigma$ 是 ϕ 的右逆, 即 $\phi \circ \psi = \mathrm{Id} : S^1 \to S^1$. 特别地, $x \in S^1$ 由序列 $(\psi_i(x))$ 唯一确定.

利用分割通过序列编码点对符号动力学是一个主要启发, 对序列空间中的移位的研究是下一节和第 3 章的内容.

练习 1.3.1   证明对任何区间 $[a,b] \subset [0,1]$, $\lambda(E_m^{-1}([a,b])) = \lambda([a,b])$.

练习 1.3.2   证明 $E_k \circ E_l = E_l \circ E_k = E_{kl}$. 何时 $E_k \circ R_\alpha = R_\alpha \circ E_k$?

练习 1.3.3   证明具有稠密轨道的点集是不可数的.

练习 1.3.4   求证集合

$$C = \{x \in [0,1] : E_3^k x \notin (1/3, 2/3) \ \forall k \in \mathbb{N}_0\}$$

是标准 Cantor 三分集.

*练习 1.3.5   证明在 E_m 作用下具有稠密轨道的点集的 Lebesgue 测度为 1.

1.4 移位与子移位

这一节我们推广上一节引入的移位空间概念. 对整数 $m > 1$, 令 $\mathcal{A}_m = \{1, \ldots, m\}$. 视 $\mathcal{A}_m$ 为字母表, 它的元素为符号. 符号的有限序列称为字. 设 $\Sigma_m = \mathcal{A}_m^{\mathbb{Z}}$ 是 $\mathcal{A}_m$ 中的符号的双边无穷序列集合, $\Sigma_m^+ = \mathcal{A}_m^{\mathbb{N}}$ 是单边无穷序列集合. 我们说序列 $x = (x_i)$ 包含字 $w = w_1 w_2 \ldots w_k$ (或者 w 出现在 x 中), 如果存在某个 j 使得对 $i = 1, \ldots, k$ 有 $w_i = x_{j+i}$.

给定单边或双边序列 $x = (x_i)$, 令 $\sigma(x) = (\sigma(x)_i)$ 是将 x 向左移动一步所得的序列, 即 $\sigma(x)_i = x_{i+1}$. 这定义了 Σ_m 和 Σ_m^+ 的一个自映射, 称为移位. 偶 (Σ_m, σ) 称为全双边移位, (Σ_m^+, σ) 称为全单边移位. 双边移位是可逆的. 对单边序列, 最左边的符号消失, 所以单边移位是不可逆的, 且每一点有 m 个原像. 两个移位都有 m^n 个周期 n 的周期点.

移位空间 Σ_m 和 Σ_m^+ 在积拓扑下是紧拓扑空间. 这个拓扑有由柱体

$$C_{j_1,\ldots,j_k}^{n_1,\ldots,n_k} = \{x = (x_l) : x_{n_i} = j_i, i = 1, \ldots, k\}$$

组成的基, 其中 $n_1 < n_2 < \cdots < n_k$ 是 $\mathbb{Z}$ 或 $\mathbb{N}$ 中的指标, $j_i \in \mathcal{A}_m$. 由于柱体的原像是柱体, σ 在 Σ_m^+ 中连续, 从而是 Σ_m 的同胚. 度量

$$d(x, x') = 2^{-l}, \quad \text{其中 } l = \min\{|i| : x_i \neq x_i'\}$$

生成 Σ_m 和 Σ_m^+ 上的积拓扑 (练习 1.4.3). 在 Σ_m 中, 开球 $B(x, 2^{-l})$ 是对称柱体 $C_{x_{-l}, x_{-l+1}, \ldots, x_l}^{-l, -l+1, \ldots, l}$, 在 Σ_m^+ 中 $B(x, 2^{-l}) = C_{x_1, \ldots, x_l}^{1, \ldots, l}$. Σ_m^+ 上的移位是扩张的. 如果 $d(x, x') < 1/2$, 则 $d(\sigma(x), \sigma(x')) = 2d(x, x')$.

在积拓扑下周期点是稠密的, 且存在稠密轨道 (练习 1.4.5).

现在我们描述全移位空间中的闭移位不变子集的自然类. 这些子移位可借助邻接矩阵或它们相应的有向图刻画. 邻接矩阵 $A = (a_{ij})$ 是元素 0 和 1 的 $m \times m$ 矩阵. 与 A 相应的是有 m 个顶点的有向图 Γ_A, 其中 a_{ij} 是第 i 个顶点到第 j 个顶点的棱数. 反之, 如果 Γ 是顶点为 $v_1, \ldots, v_m$ 的有限有向图, 则 Γ 确定邻接矩阵 B, 且 $\Gamma = \Gamma_B$. 图 1.1 显示两个邻接矩阵和相应的图.

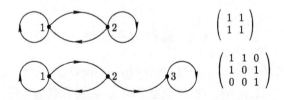

图 1.1   标有顶点的有向图例子以及相应的邻接矩阵

给定 $m \times m$ 邻接矩阵 $A = (a_{ij})$, 我们说字或无穷序列 x (在字母表 $\mathcal{A}_m$ 内) 是容许的, 如果对每个 i 有 $a_{x_i x_{i+1}} > 0$, 等价地, 如果

对每个 i 存在从 x_i 到 x_{i+1} 的有向棱. 不容许的字或者序列称为被禁用的. 设 $\Sigma_A \subset \Sigma_m$ 是容许的双边序列 (x_i) 集, $\Sigma_A^+ \subset \Sigma_m^+$ 是容许的单边序列集. 我们可视序列 $(x_i) \in \Sigma_A$ (或 Σ_A^+) 为图 Γ_A 中沿着有向棱的无穷通道, 其中 x_i 是在时间 i 被访问的顶点的指标. 集合 Σ_A 和 Σ_A^+ 是 Σ_m 和 Σ_m^+ 的闭移位不变子集, 并继承子空间拓扑. 偶 (Σ_A, σ) 和 (Σ_A^+, σ) 称为由 A 确定的双边和单边顶点移位.

点 $(x_i) \in \Sigma_A$ (或 Σ_A^+) 是周期 n 周期点, 当且仅当对每个 i 有 $x_{i+n} = x_i$. (在 Σ_A 或 Σ_A^+ 内) 周期 n 的周期点数等于 A^n 的迹 (练习 1.4.2).

练习 1.4.1 设 A 为元素是 0 和 1 的矩阵. 顶点 v_i 可从顶点 v_j (经 n 步) 到达, 如果沿着 Γ_A 中的有向棱, 存在从 v_i 到 v_j 的路径 (由 n 个棱组成). A 的什么性质对应于 Γ_A 的下面性质?

(a) 任何一个顶点可从某个其他顶点到达.

(b) 不存在最终顶点, 即在每个顶点开始至少存在一个有向棱.

(c) 任何顶点可从任何其他顶点经一步到达.

(d) 任何顶点可从任何其他顶点恰好经 n 步到达.

练习 1.4.2 设 A 是元素为 0 和 1 的 $m \times m$ 矩阵. 证明:

(a) Σ_A (或 Σ_A^+) 中的不动点数等于 A 的迹;

(b) 从符号 i 开始 j 结尾长度为 $n+1$ 的容许字的个数是 A^n 的第 i 行第 j 列 (i, j) 的元素;

(c) Σ_A (或 Σ_A^+) 中周期 n 周期点数是 A^n 的迹.

练习 1.4.3 验证在 Σ_m 和 Σ_m^+ 上的矩阵生成积拓扑.

练习 1.4.4 证明 1.3 节中的半共轭 $\phi : \Sigma \to [0, 1]$ 关于 Σ 上的积拓扑连续.

练习 1.4.5 假设 A 的某个方幂的所有元素为正. 证明在 Σ_A 和 Σ_A^+ 的积拓扑下, 周期点稠密, 并存在稠密轨道.

1.5 二 次 映 射

1.3 节引入的圆周扩张映射在它们来自实直线的线性映射意义下是线性映射. 一维情形最简单的非线性动力系统是二次映射

$$q_\mu(x) = \mu x(1 - x), \quad \mu > 0.$$

图 1.2 显示 q_3 的图与点 x_0 的相继像 $x_i = q_3^i(x_0)$.

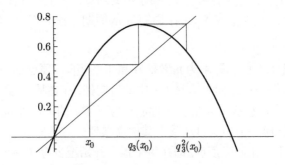

图 1.2 q_3 的二次映射

如果 $\mu > 1$ 且 $x \notin [0,1]$, 则当 $n \to \infty$ 时 $q_\mu^n(x) \to \infty$. 由于这个原因, 我们集中注意区间 $[0,1]$. 对 $\mu \in [0,4]$, 区间 $[0,1]$ 在 q_μ 作用下是向前不变的. 对 $\mu > 4$, 区间 $(1/2 - \sqrt{1/4 - 1/\mu}, 1/2 + \sqrt{1/4 - 1/\mu})$ 映到 $[0,1]$ 之外; 第 7 章我们将证明向前轨道停留在 $[0,1]$ 中的点集 Λ_μ 是 Cantor 集, (Λ_μ, q_μ) 等价于两个符号的全单边移位.

设 X 是局部紧度量空间, $f : X \to X$ 是连续映射. f 的不动点 p 称为是吸引的, 如果它有邻域 U 使得 $\bar{U}$ 是紧的, $f(\bar{U}) \subset U$, 以及 $\bigcap_{n \geqslant 0} f^n(U) = \{p\}$. 不动点 p 称为是排斥的, 如果它有邻域 U 使得 $\bar{U} \subset f(U)$, 以及 $\bigcap_{n \geqslant 0} f^{-n}(U) = \{p\}$. 注意, 如果 f 可逆, 则 p 是 f 的吸引点, 当且仅当它是 f^{-1} 的排斥点, 反之亦然. 不动点 p 称为是孤立的, 如果存在 p 的邻域不包含其他不动点.

如果 x 是 f 的周期 n 周期点, 则当 x 是 f^n 的吸引 (排斥) 不动点时, 就说 f 是吸引 (排斥) 周期点. 我们也分别称周期轨道 $\mathcal{O}(x)$ 为吸引的或排斥的.

q_μ 的不动点是 0 和 $1 - 1/\mu$. 注意, $q_\mu'(0) = \mu$ 且 $q_\mu'(1 - 1/\mu) = 2 - \mu$. 因此, 当 $\mu < 1$ 时 0 是吸引的, $\mu > 1$ 时是排斥的, 以及 $\mu \in (1,3)$ 时 $1 - 1/\mu$ 是吸引的, $\mu \notin [1,3]$ 时是排斥的 (练习 1.5.4).

$\mu > 4$ 时映射 q_μ 有有趣且繁杂的动力学性态. 特别地, 周期点大量存在. 例如, 因为

$$q_\mu([1/\mu, 1/2]) \supset [1 - 1/\mu, 1],$$
$$q_\mu([1 - 1/\mu, 1]) \supset [0, 1 - 1/\mu] \supset [1/\mu, 1/2].$$

因此, $q_\mu^2([1/\mu, 1/2]) \supset [1/\mu, 1/2]$, 由介值定理 q_μ^2 有不动点 $p_2 \in [1/\mu, 1/2]$. 从而, p_2 和 $q_\mu(p_2)$ 是非不动点周期 2 周期点. 证明周期点存在的这个方法常应用于许多一维映射. 在第 7 章我们将用这个方法证明 Sharkovsky 定理 (定理 7.3.1), 譬如, 这个定理断言, 对区间的连续自映射, 存在周期 3 轨道就意味着存在所有周期的周期轨道.

练习 1.5.1   证明对任何 $x \notin [0, 1]$, 当 $n \to \infty$ 时 $q_\mu^n(x) \to -\infty$.

练习 1.5.2   证明排斥不动点是孤立不动点.

练习 1.5.3   假设 p 是 f 的吸引不动点. 证明存在 p 的邻域 U, 使得 U 中每一点的向前轨道收敛于 p.

练习 1.5.4   设 $f : \mathbb{R} \to \mathbb{R}$ 是 C^1 映射, p 是不动点. 证明, 如果 $|f'(p)| < 1$, 则 p 是吸引的, 如果 $|f'(p)| > 1$, 则 p 是排斥的.

练习 1.5.5   对 $\mu = 1, 0$ 和 $1 - 1/\mu$ 是吸引的还是排斥的? 对 $\mu = 3$ 呢?

练习 1.5.6   对 $\mu > 4$, 证明 q_μ 的周期 3 非不动点周期点的存在性.

练习 1.5.7   对 $\mu > 4$, 周期 2 轨道 $\{p_2, q_\mu(p_2)\}$ 是排斥的还是吸引的?

1.6 Gauss 变换

对 $x \in \mathbb{R}$, 设 $[x]$ 是小于或等于 x 的最大整数. 由 C. Gauss 研究的

$$\varphi(x) = \begin{cases} 1/x - [1/x], & \text{若 } x \in (0, 1], \\ 0, & \text{若 } x = 0 \end{cases}$$

定义的映射 $\varphi : [0,1] \to [0,1]$ 现在称为 *Gauss* 变换. 注意, φ 连续且单调地将每个区间 $(1/(n+1), 1/n]$ 映到 $[0,1)$, 对所有 $n \in \mathbb{N}$ 它在 $1/n$ 间断. 图 1.3 显示 φ 的图像.

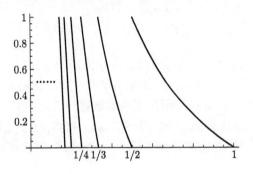

图 1.3　Gauss 变换

Gauss 发现 φ 的自然不变测度 μ. 区间 $A = (a, b)$ 的 Gauss 测度是

$$\mu(A) = \frac{1}{\log 2} \int_a^b \frac{dx}{1+x} = (\log 2)^{-1} \log \frac{1+b}{1+a}.$$

在对任何区间 $A = (a, b)$ 有 $\mu(\varphi^{-1}(A)) = \mu(A)$ 的意义下, 这个测度是 φ 不变的. 为了证明不变性, 注意到 (a, b) 的原像由无穷多个区间组成: 在区间 $(1/(n+1), 1/n)$ 内, 原像是 $(1/(n+b), 1/(n+a))$. 因此,

$$\mu(\varphi^{-1}((a,b))) = \mu \left(\bigcup_{n=1}^{\infty} \left(\frac{1}{n+b}, \frac{1}{n+a} \right) \right)$$

$$= \frac{1}{\log 2} \sum_{n=1}^{\infty} \log \left(\frac{n+a+1}{n+a} \cdot \frac{n+b}{n+b+1} \right) = \mu((a,b)).$$

注意, 一般 $\mu(\varphi(A)) \neq \mu(A)$.

Gauss 变换与连分数密切相关. 表达式

$$[a_1, a_2, \ldots, a_n] = \cfrac{1}{a_1 + \cfrac{1}{a_2 + \cdots + \cfrac{1}{a_n}}}, \quad a_1, \ldots, a_n \in \mathbb{N}$$

称为有限连分数. 对 $x \in (0, 1]$, 我们有 $x = 1 \Big/ \left(\left[\dfrac{1}{x} \right] + \varphi(x) \right)$. 更

一般地, 如果 $\varphi^{n-1}(x) \neq 0$, 对 $i \leqslant n$, 令 $a_i = [1/\varphi^{i-1}(x)] \geqslant 1$. 则

$$x = \cfrac{1}{a_1 + \cfrac{1}{a_2 + \cfrac{1}{\cdots + \cfrac{1}{a_n + \varphi^n(x)}}}}.$$

注意, x 是有理数, 当且仅当对某个 $m \in \mathbb{N}$ 有 $\varphi^m(x) = 0$ (练习 1.6.2). 因此, 任何有理数由有限连分数唯一表示.

对无理数 $x \in (0,1)$, 有限连分数序列

$$[a_1, a_2, \ldots, a_n] = \cfrac{1}{a_1 + \cfrac{1}{a_2 + \cfrac{1}{\cdots + \cfrac{1}{a_n}}}}$$

收敛于 x (其中 $a_i = [1/\varphi^{i-1}(x)]$) (练习 1.6.4). 简明地将它表示为无穷连分数记号

$$x = [a_1, a_2, \ldots] = \cfrac{1}{a_1 + \cfrac{1}{a_2 + \cdots}}.$$

反之, 给定序列 $(b_i)_{i \in \mathbb{N}}, b_i \in \mathbb{N}$, $n \to \infty$ 时序列 $[b_1, b_2, \ldots, b_n]$ 趋于数 $y \in [0,1]$, 表示 $y = [b_1, b_2, \ldots]$ 是唯一的 (练习 1.6.4). 因此 $\varphi(y) = [b_2, b_3, \ldots]$, 因为 $b_n = [1/\varphi^{n-1}(y)]$.

我们通过连分数表示共轭 Gauss 变换与有限或无穷整数值序列 $(b_i)_{i=1}^{\omega}, \omega \in \mathbb{N} \cup \{\infty\}, b_i \in \mathbb{N}$ 空间上的移位来概括这一讨论. (按惯例, 有限序列的移位是由去掉第一项得到, 空序列代表 0). 作为立即的推论, 我们得到 φ 的最终周期点的描述 (见练习 1.6.3).

练习 1.6.1 Gauss 变换的不动点是什么?

练习 1.6.2 求证 $x \in [0,1]$ 是有理数, 当且仅当对某个 $m \in \mathbb{N}$ 有 $\varphi^m(x) = 0$.

练习 1.6.3 证明:
(a) 具有周期连分数展开的数满足整系数二次方程; 以及
(b) 具有最终周期连分数展开的数满足整系数二次方程.
第二个论断的逆也成立, 但证明更加困难 [Arc70], [HW79].

*练习 1.6.4　求证给定任何一个无穷序列 $b_k \in \mathbb{N}, k = 1, 2, \ldots$, 有限连分数序列 $[b_1, \ldots, b_n]$ 收敛. 证明对任何 $x \in \mathbb{R}$, 连分数 $[a_1, a_2, \ldots], a_i = [1/\varphi^{i-1}(x)]$ 收敛于 x, 且这个连分数表示唯一.

1.7　双曲环面自同构

考虑由矩阵

$$A = \begin{pmatrix} 2 & 1 \\ 1 & 1 \end{pmatrix}$$

给出的 $\mathbb{R}^2$ 的线性映射. A 的特征值是 $\lambda = (3 + \sqrt{5})/2 > 1$ 和 $1/\lambda$. 这个映射在特征向量 $v_\lambda = ((1 + \sqrt{5})/2, 1)$ 方向扩张, 扩张因子为 λ, 在 $v_{1/\lambda} = ((1 - \sqrt{5})/2, 1)$ 方向压缩, 压缩因子为 $1/\lambda$. 因为 A 是对称的, 所以这两个特征向量垂直.

由于 A 有整数元素, 它保持整数格 $\mathbb{Z}^2 \subset \mathbb{R}^2$, 且诱导环面 $\mathbb{T}^2 = \mathbb{R}^2/\mathbb{Z}^2$ 上的映射 (仍叫 A). 环面可看作为单位正方形 $[0, 1] \times [0, 1]$ 的对边等同: $(x_1, 0) \sim (x_1, 1)$ 和 $(0, x_2) \sim (1, x_2), x_1, x_2 \in [0, 1]$. 映射 A 用坐标表示为 (见图 1.4)

$$A \begin{pmatrix} x_1 \\ x_2 \end{pmatrix} = \begin{pmatrix} (2x_1 + x_2) \bmod 1 \\ (x_1 + x_2) \bmod 1 \end{pmatrix}.$$

注意, $\mathbb{T}^2$ 是交换群, A 是自同构, 因为 A^{-1} 也是整数矩阵.

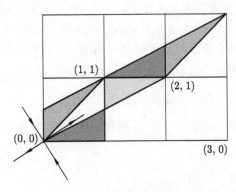

图 1.4　在 A 作用下的像

$A : \mathbb{T}^2 \to \mathbb{T}^2$ 的周期点是坐标为有理数的点 (练习 1.7.1).

$\mathbb{R}^2$ 中平行于特征向量 v_λ 的直线投影到 $\mathbb{T}^2$ 上的平行线族 W^u. 对 $x \in \mathbb{T}^2$, 通过 x 的直线 $W^u(x)$ 称为 x 的不稳定流形. 族 W^u 分割 $\mathbb{T}^2$, 称它为 A 的不稳定叶层. 这个叶层在 $A(W^u(x)) = W^u(Ax)$ 意义下不变. 此外, A 将 W^u 中的每条直线扩张, 扩张因子为 λ. 类似地, 稳定叶层 W^s 通过 $\mathbb{R}^2$ 中平行于 $v_{1/\lambda}$ 的直线族的投影得到. 这个叶层在 A 作用下也不变, A 以 $1/\lambda$ 压缩每个稳定流形 $W^s(x)$. 由于 v_λ 和 $v_{1/\lambda}$ 的斜率是无理数, 每个稳定和不稳定流形在 $\mathbb{T}^2$ 中稠密 (练习 1.11.1).

类似地, 任何 $n \times n$ 整数矩阵 B 诱导 n 维环面 $\mathbb{T} = \mathbb{R}^n/\mathbb{Z}^n = [0,1]^n/\sim$ 上的自同态. 这个映射可逆 (自同构), 当且仅当 B^{-1} 是整数矩阵, 这发生在当且仅当 $|\det B| = 1$ (练习 1.7.2). 如果 B 可逆且特征值不在单位圆上, 则 $B: \mathbb{T}^n \to \mathbb{T}^n$ 有维数互补的扩张和压缩子空间, 称它为双曲环面自同构. 双曲环面自同构的稳定和不稳定流形在 $\mathbb{T}^n$ 上稠密 (5.10 节). 这在二维是容易证明的 (练习 1.7.3 和练习 1.11.1).

双曲环面自同构是双曲动力系统更一般类的原型. 这些系统在每一点沿着互补方向有一致扩张和一致压缩. 我们将在第 5 章详细研究它们.

练习 1.7.1 考虑对应于 2×2 非奇异整数矩阵, 特征值不是 1 的根的 $\mathbb{T}^2$ 上的自同构.

(a) 证明坐标为有理数的每一点是最终周期点.

(b) 证明每个最终周期点的坐标是有理数.

练习 1.7.2 证明 $n \times n$ 整数矩阵 B 的逆也是整数矩阵, 当且仅当 $|\det B| = 1$.

练习 1.7.3 证明二维双曲环面自同构的特征值是无理数 (因此, 由练习 1.11.1 稳定和不稳定流形稠密).

练习 1.7.4 证明双曲环面自同构 A 的不动点数是 $\det(A-I)$(因此周期 n 的周期点数是 $\det(A^n - I)$).

1.8 马　　蹄

考虑由两个半圆区域 D_1 与 D_5 和一个单位正方形 $R = D_2 \cup D_3 \cup D_4$ 一起组成的区域 $D \subset \mathbb{R}^2$ (见图 1.5).

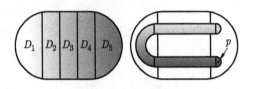

图 1.5　马蹄映射

设 $f : D \to D$ 是将 D 伸长并弯曲成如图 1.5 所示的马蹄的可微映射. 假设 f 沿水平方向以因子 $\mu > 2$ 一致伸长 $D_2 \cup D_4$, 沿铅直方向以因子 $\lambda < 1/2$ 一致压缩. 由于 $f(D_5) \subset D_5$, 由 Brouwer 不动点定理得知存在不动点 $p \in D_5$.

令 $R_0 = f(D_2) \cap R$ 与 $R_1 = f(D_4) \cap R$. 注意到 $f(R) \cap R = R_0 \cup R_1$. 集合 $f^2(R) \cap f(R) \cap R = f^2(R) \cap R$ 由四个高为 λ^2 的水平矩形 $R_{ij}, i, j \in \{0, 1\}$ 组成 (见图 1.6). 更一般地, 对 0 和 1 的任何有限序列 $\omega_0, \dots, \omega_n$,

$$R_{\omega_0 \omega_1 \dots \omega_n} = R_{\omega_0} \cap f(R_{\omega_1}) \cap \dots \cap f^n(R_{\omega_n})$$

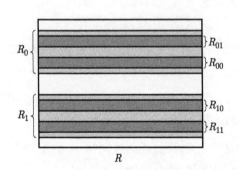

图 1.6　水平矩形

是高为 λ^n 的水平矩形, $f^n(R) \cap R$ 是 2^n 个这样的矩形的并. 对无穷序列 $\omega = (\omega_i) \in \{0, 1\}^{\mathbb{N}_0}$, 令 $R_\omega = \bigcap_{i=0}^{\infty} f^i(R_{\omega_i})$. 集合 $H^+ =$

$\bigcap_{n=0}^{\infty} f^n(R) = \bigcup_{\omega} R_{\omega}$ 是长为 1 的水平区间与铅直 Cantor 集 C^+ (Cantor 集是紧、完全、全不连通集) 的积. 注意, $f(H^+) = H^+$.

现在我们用类似方法利用原像构造集合 H^-. 注意到 $f^{-1}(R_0) = f^{-1}(R) \cap D_2$ 和 $f^{-1}(R_1) = f^{-1}(R) \cap D_4$ 是宽为 μ^{-1} 的铅直矩形. 对 0 和 1 的任何序列 $\omega_{-m}, \omega_{-m+1}, \ldots, \omega_{-1}, \bigcap_{i=1}^{m} f^{-i}(R_{\omega_i})$ 是宽为 μ^{-m} 的铅直矩形, $H^- = \bigcap_{i=1}^{\infty} f^{-i}(R)$ 是铅直区间 (长为 1) 和水平 Cantor 集 C^- 的积.

马蹄集 $H = H^+ \cap H^- = \bigcap_{i=-\infty}^{\infty} f^i(R)$ 是 Cantor 集 C^- 和 C^+ 的积, 是闭 f 不变的. 它又是局部极大的, 即存在包含 H 的开集 U, 使得 U 的任何包含 H 的 f 不变子集与 H 重合 (练习 1.8.2). 将每个无穷序列 $\omega = (\omega_i) \in \Sigma_2$ 映为唯一点 $\phi(\omega) = \bigcap_{-\infty}^{\infty} f^i(R_{\omega_i})$ 的映射 $\phi : \Sigma_2 = \{0,1\}^{\mathbb{Z}} \to H$ 是一个满射 (练习 1.8.3). 注意

$$f(\phi(\omega)) = \bigcap_{-\infty}^{\infty} f^{i+1}(R_{\omega_i}) = \phi(\sigma_r(\omega)),$$

其中 σ_r 是 Σ_2 中的右移位, $\sigma_r(\omega)_{i+1} = \omega_i$. 因此, ϕ 共轭 $f|H$ 与全双边 2 移位.

S. Smale 于 20 世纪 60 年代引入的马蹄是双曲集在小扰动下得到 "保持" 的一个例子. 我们将在第 5 章讨论双曲集.

练习 1.8.1 画出 $f^{-1}(R) \cap f(R)$ 与 $f^{-2}(R) \cap f^2(R)$ 的图像.

练习 1.8.2 证明 H 是局部极大的 f 不变集.

练习 1.8.3 求证 ϕ 是满射, 且 ϕ 与 ϕ^{-1} 都连续.

1.9 螺 线 管

考虑环体 $\mathcal{T} = S^1 \times D^2$, 其中 $S^1 = [0,1] \mod 1$ 且 $D^2 = \{(x,y) \in \mathbb{R}^2 : x^2 + y^2 \leqslant 1\}$. 给定 $\lambda \in (0, 1/2)$, 通过

$$F(\phi, x, y) = \left(2\phi, \lambda x + \frac{1}{2}\cos 2\pi\phi, \ \lambda y + \frac{1}{2}\sin 2\pi\phi\right)$$

定义映射 $F : \mathcal{T} \to \mathcal{T}$. 映射 F 沿着 S^1 方向以因子 2 伸长, 沿着 D^2 方向以因子 λ 压缩, 并在 $\mathcal{T}$ 内缠绕像两次 (见图 1.7).

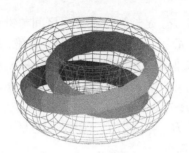

图 1.7　环体与它的像 $F(\mathcal{T})$

像 $F(\mathcal{T})$ 包含在 $\mathcal{T}$ 的内部 $\mathrm{int}(\mathcal{T})$, 且 $F^{n+1}(\mathcal{T}) \subset \mathrm{int}(F^n(\mathcal{T}))$. 注意, F 是一对一的 (练习 1.9.1). 切片 $F(\mathcal{T}) \cap \{\phi = 常数\}$ 由半径为 λ、中心在距切片中心 $1/2$ 的对径点的两个圆盘组成. 切片 $F^n(\mathcal{T}) \cap \{\phi = 常数\}$ 由 2^n 个半径为 λ^n 的圆盘组成: 两个圆盘在 $F^{n-1}(\mathcal{T}) \cap \{\phi = 常数\}$ 的 2^{n-1} 个圆盘的每个内部, 对 $\phi = 1/8$, $F(\mathcal{T})$, $F^2(\mathcal{T})$ 和 $F^3(\mathcal{T})$ 的切片如图 1.8 所示.

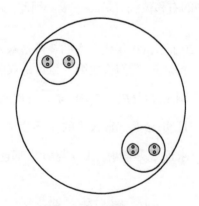

图 1.8　螺线管的横截面

集合 $S = \bigcap_{n=0}^{\infty} F^n(\mathcal{T})$ 称为 F 的螺线管. 它是 $\mathcal{T}$ 的 F 不变闭子集, 在它上面 F 是一个双射 (练习 1.9.1). 可以证明 S 局部地是区间与二维圆盘内的 Cantor 集的积.

螺线管是 F 的吸引子. 事实上, 对充分大 n, S 的任何邻域包含 $F^n(\mathcal{T})$, 因此 $\mathcal{T}$ 内每一点的向前轨道收敛于 S. 此外, S 是双曲集, 因此称它为双曲吸引子. 我们将在 1.13 节给出吸引子的确切定义.

令 Φ 表示序列 $(\phi_i)_{i=0}^\infty$ 的集合, 其中对所有 i, $\phi_i \in S^1$ 且 $\phi_i = 2\phi_{i+1} \bmod 1$. $(S^1)^{\mathbb{N}_0}$ 上的积拓扑诱导 Φ 上的子空间拓扑. 空间 Φ 在分量式的加法 (mod 1) 作用下是一个交换群. 映射 $(\phi, \psi) \mapsto \phi - \psi$ 连续, 因此 Φ 是一个拓扑群. 映射 $\alpha : \Phi \to \Phi, (\phi_0, \phi_1, \ldots) \mapsto (2\phi_0, \phi_0, \phi_1, \ldots)$ 是群自同构和同胚 (练习 1.9.3).

对 $s \in S$, 原像 $F^{-n}(s) = (\phi_n^-, x_n, y_n)$ 的第一个 (角) 坐标构成序列 $h(s) = (\phi_0, \phi_1, \ldots) \in \Phi$. 这定义映射 $h : S \to \Phi$, h 的逆是映射 $(\phi_0, \phi_1, \ldots) \mapsto \bigcap_{n=0}^\infty F^n(\{\phi_n\} \times D^2)$, h 是一个同胚 (练习 1.9.2). 注意, $h : S \to \Phi$ 共轭 F 与 α, 即 $h \circ F = \alpha \circ h$. 由这个共轭我们可通过研究代数系 (Φ, α) 的性质来研究 (S, F) 的性质.

练习 1.9.1　证明 (a) $F : \mathcal{T} \to \mathcal{T}$ 是一个单射, (b) $F : S \to S$ 是双射.

练习 1.9.2　证明对每个 $(\phi_0, \phi_1, \ldots) \in \Phi$, 交 $\bigcap_{n=0}^\infty F^n(\{\phi_n\} \times D^2)$ 由单点 s 组成, 且 $h(s) = (\phi_0, \phi_1, \ldots)$. 求证 h 是一个同胚.

练习 1.9.3　证明 Φ 是一个拓扑群, α 是自同构和同胚.

练习 1.9.4　求 F 的不动点和所有周期 2 周期点.

1.10　流与微分方程

流自然地出现在一阶自治微分方程系统中. 假设 $\dot{x} = F(x)$ 是 $\mathbb{R}^n$ 中的微分方程, 其中 $F : \mathbb{R}^n \to \mathbb{R}^n$ 是连续可微函数. 对每点 $x \in \mathbb{R}^n$, 存在在 x 点从时间 0 开始, 并对所有 t 在 0 的某个邻域内定义的唯一解 $f^t(x)$. 为简单起见, 假设解对所有 $t \in \mathbb{R}$ 都有定义, 例如, 如果 F 有界或者按范数它受线性函数所控制, 这个情况就成立. 对固定的 $t \in \mathbb{R}^n$, 时间 t 映射 $x \mapsto f^t(x)$ 是 $\mathbb{R}^n$ 中的 C^1 微分同胚. 因为这个方程是自治的, 故 $f^{t+s}(x) = f^t(f^s(x))$, 即 f^t 是流.

反之, 给定流 $f^t : \mathbb{R}^n \to \mathbb{R}^n$, 如果映射 $(t, x) \mapsto f^t(x)$ 可微, 则 f^t 是微分方程

$$\dot{x} = \frac{d}{dt}\bigg|_{t=0} f^t(x)$$

的时间 t 映射.

　　下面给出几个例子. 考虑 $\mathbb{R}^n$ 中的线性自治微分方程 $\dot{x} = Ax$, 其中 A 是 $n \times n$ 实矩阵. 这个微分方程的流是 $f^t(x) = e^{At}x$, 这里 e^{At} 是矩阵指数. 如果 A 非奇异, 则这个流正好有一个不动点在原点. 如果 A 的所有特征值都具有负实部, 则每个轨道都趋于原点, 原点是渐近稳定的. 如果某个特征值具有正实部, 则原点不稳定.

　　在应用中出现的大部分微分方程都是非线性的. 理想的无摩擦摆产生的微分方程

$$\ddot{\theta} + \sin\theta = 0$$

是最熟悉的一个. 这个方程不能求解为封闭形式, 但可用定性方法研究. 它等价于系统

$$\dot{x} = y,$$
$$\dot{y} = -\sin x.$$

这个系统的能量 E 是动能和势能之和 $E(x, y) = 1 - \cos x + y^2/2$. 通过 $E(x, y)$ 关于 t 的微分可以证明 (练习 1.10.2), E 沿着这个微分方程的解是常数. 等价地, 如果 f^t 是这个微分方程在 $\mathbb{R}^2$ 中的流, 则 E 关于这个流是不变的, 即对一切 $t \in \mathbb{R}$, $(x, y) \in \mathbb{R}^2$ 有 $E(f^t(x, y)) = E(x, y)$. 在动力系统轨道上是常数的函数称为这个系统的首次积分.

　　无阻尼摆在相平面上的不动点是 $(k\pi, 0)$, $k \in \mathbb{Z}$. 点 $(2k\pi, 0)$ 是能量的极小点. 点 $(2(k+1)\pi, 0)$ 是鞍点.

　　现在考虑阻尼摆 $\ddot{\theta} + \gamma\dot{\theta} + \sin\theta = 0$, 或等价系统

$$\dot{x} = y,$$
$$\dot{y} = -\sin x - \gamma y.$$

简单计算证明, 除了在能量有局部极值的不动点 $(k\pi, 0)$, $k \in \mathbb{Z}$ 外, $\dot{E} < 0$. 因此能量沿着每个非常数解严格递减. 特别地, 每个轨线趋于能量的临界点, 而且几乎每个轨线都趋于局部极小点.

　　摆的能量是 Lyapunov 函数的一个例子, 即沿着流的轨道不增的连续函数. Lyapunov 函数的任何一个严格局部极小点是微分方程的渐近稳定平衡点. 此外, 任何有界轨道必须收敛于满足 $\dot{E} = 0$ 的点集的最大不变子集 M. 在阻尼摆情形, $M = \{(k\pi, 0) : k \in \mathbb{Z}\}$.

下面是频繁出现在应用中的另一类例子, 特别出现在最优化问题中. 给定一个光滑函数 $f: \mathbb{R}^n \to \mathbb{R}$, 微分方程

$$\dot{x} = \operatorname{grad} f(x)$$

的流称为 f 的梯度流. 函数 $-f$ 是这个梯度流的 Lyapunov 函数. 轨线是沿着 f 的图像的最速上升路径到 $\mathbb{R}^n$ 中的投影, 它们与 f 的等位集垂直 (练习 1.10.3).

Hamilton 系统是 $\mathbb{R}^{2n}$ 中的微分方程系统

$$\dot{q}_i = \frac{\partial H}{\partial p_i}, \quad \dot{p}_i = -\frac{\partial H}{\partial q_i}, \quad i = 1, \ldots, n.$$

Hamilton 流由 Hamilton 系统给出, 其中假设 *Hamilton* 函数 $H(p, q)$ 光滑. 由于右端的散度为 0, 流保持体积. Hamilton 函数是首次积分, 因此 H 的等位曲面在流作用下不变. 如果对 $C \in \mathbb{R}$, $H(p, q) = C$ 是紧的, 则流在等位曲面上的限制保持具有光滑密度的有限测度. Hamilton 流在物理学和数学中有许多应用. 例如, 相应无阻尼摆的流是 Hamilton 流, 其中 Hamilton 函数是摆的总能量 (练习 1.10.5).

练习 1.10.1 求证由纯量微分方程 $\dot{x} = x \log x$ 导出的流 $f^t(x) = x^{\exp(t)}$ 在直线上.

练习 1.10.2 求证能量沿着无阻尼摆方程的解是常数, 沿着阻尼摆方程的非常数解严格递减.

练习 1.10.3 证明 $-f$ 是 f 的梯度流的 Lyapunov 函数, 轨线垂直于 f 的等位集.

练习 1.10.4 证明 $\mathbb{R}$ 的线性映射的任何可微单参数群是微分方程 $\dot{x} = kx$ 的流.

练习 1.10.5 证明无阻尼摆的流是 Hamilton 流.

1.11 扭扩与截面

存在通过映射到流的自然结构, 反之亦然. 给定映射 $f: X \to X$, 以及有界异于 0 的函数 $c: X \to \mathbb{R}^+$, 考虑商空间

$$X_c = \{(x, t) \in X \times \mathbb{R}^+ : 0 \leqslant t \leqslant c(x)\} / \sim,$$

其中 $\sim$ 是等价关系 $(x, c(x)) \sim (f(x), 0)$. f 取整函数 c 的扭扩是由 $\phi^t(x, s) = (f^n(x), s')$ 给出的半流 $\phi^t : X_c \to X_c$, 其中 n 和 s' 满足

$$\sum_{i=0}^{n-1} c(f^i(x)) + s' = t + s, \quad 0 \leqslant s' \leqslant c(f^n(x)).$$

换言之, 流沿着 $\{x\} \times \mathbb{R}^+$ 到 $(x, c(x))$, 然后跳到 $(f(x), 0)$, 再继续沿着 $\{f(x)\} \times \mathbb{R}^+$, 等等. 见图 1.9. 扭扩流也称为在函数作用下的流.

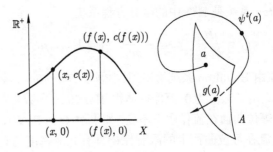

图 1.9　扭扩与截面

反之, 流或半流 $\psi^t : Y \to Y$ 的截面是具有下面性质的子集 $A \subset Y$: 对每个 $y \in Y$, 集合 $T_y = \{t \in \mathbb{R}^+ : \psi^t(y) \in A\}$ 是 $\mathbb{R}^+$ 的非空离散子集. 对 $a \in A$, 令 $\tau(a) = \min T_a$ 是回到 A 的回复时间. 由 $g(a) = \psi^{\tau(a)}(a)$ 定义第一回复映射 $g : A \to A$, 即 $g(a)$ 是 $\mathcal{O}_\psi^+(x) \cap A$ 中 a 以后的第一点 (见图 1.9). 第一回复映射通常也称为 Poincaré 映射. 由于截面的维数少 1, 在许多情形下, n 维映射表示的困难程度与 $n+1$ 维中流的困难程度一样.

扭扩与截面互逆构造: 上取整函数 τ 的 g 的扭扩是 ψ^t, $X \times \{0\}$ 是 ϕ 的截面, 它的第一回复映射为 f. 如果 ϕ 是 f 的扭扩, 则 f 与 ϕ 的动力学性质密切相关, 例如, f 的周期轨道对应于 ϕ 的周期轨道. 这两个构造可适用于特殊场合 (拓扑的, 可测的, 光滑的等).

作为例子, 考虑具有由 $\mathbb{R}^2$ 中的拓扑和度量诱导的拓扑和度量的二维环面 $\mathbb{T}^2 = \mathbb{R}^2/\mathbb{Z}^2 = S^1 \times S^1$. 固定 $\alpha \in \mathbb{R}$, 由

$$\phi_\alpha^t(x, y) = (x + \alpha t, y + t) \bmod 1$$

定义线性流 $\phi_\alpha^t : \mathbb{T} \to \mathbb{T}$. 注意, ϕ_α^t 是具有上取整函数 1 的圆周旋转 R_α 的扭扩, $S^1 \times \{0\}$ 是 ϕ_α 的常数回复时间 $\tau(y) = 1$ 和第一回

复映射 R_α 的截面. 流 ϕ_α^t 由元素 $g^t = (\alpha t, t) \bmod 1$ 的左平移组成, 它们组成 $\mathbb{T}^2$ 的一个单参数子群.

练习 1.11.1　求证如果 α 是无理数, 则 ϕ_α 的每个轨道在 $\mathbb{T}^2$ 中稠密, 如果 α 是有理数, 则 ϕ_α 的每个轨道是周期的.

练习 1.11.2　设 ϕ^t 是 f 的扭扩. 求证 ϕ^t 的周期轨道对应于 f 的周期轨道, ϕ^t 的稠密轨道对应于 f 的稠密轨道.

*练习 1.11.3　假设 $1, s$ 和 αs 是实数, 它们在 $\mathbb{Q}$ 上线性无关. 求证时间 s 映射 ϕ_α^s 的每个轨道在 $\mathbb{T}^2$ 中稠密.

1.12　混沌与 Lyapunov 指数

在由特殊映射描述的系统的发展意义下动力系统是确定性的, 所以现在 (初始状态) 完全确定将来 (状态的向前轨道). 但同时当它们对初始条件具有敏感依赖性时, 即初始条件的微小改变导致长期项性态的显著不同, 这时的动力系统通常出现混沌. 特别地, 动力系统 (X, f) 敏感依赖于在子集 $X' \subset X$ 上的初始条件, 如果存在 $\varepsilon > 0$, 使得对每个 $x \in X'$ 和 $\delta > 0$ 存在 $y \in X$ 和 $n \in \mathbb{N}$, 满足 $d(x, y) < \delta$ 时有 $d(f^n(x), f^n(y)) > \varepsilon$. 虽然现在对混沌的定义还没有一个统一协定, 但是一般认同混沌动力系统应该具有对初始条件的敏感依赖性. 混沌系统通常还假设有某些附加性质, 例如存在稠密轨道.

对混沌性态的研究已成为过去 20 多年动力系统的中心课题之一. 在实践中混沌这个术语被用于具有某类随机性态的各种不同系统. 这种随机性态在某些情况下可被实验观察到, 其他的则从系统的特殊性质得到. 通常断言一个系统是混沌的是基于观察到典型轨道出现随机分布, 且出现的不同轨道是不相关的. 由于在这个领域人们使用不同观点和不同方法, 这就排除了 "混沌" 这个词的统一定义.

混沌系统的最简单例子是圆周自同态 $(S^1, E_m), m > 1$ (1.3 节). 如果 $d(x, y) \leqslant 1/(2m)$, 点 x 与 y 之间的距离以因子 m 扩张, 因此任何两点在 E_m 的某个迭代下至少以 $1/(2m)$ 的距离离开, 所以 E_m 关于初始条件有敏感依赖性. 典型轨道是稠密的 (1.3 节), 且在圆

周上一致分布 (命题 4.4.2).

一维最简单的非线性混沌动力系统是限制在向前不变集 $\Lambda_\mu \subset [0,1]$ 上的二次映射 $q_\mu(x) = \mu x(1-x), \mu > 4$ (见 1.5 节和第 7 章).

通常关于初始条件的敏感依赖性与正 *Lyapunov* 指数相关. 设 f 是开子集 $U \subset \mathbb{R}^m$ 到它自己的可微映射, $df(x)$ 表示 f 在 x 的导数. 对 $x \in U$ 以及非零向量 $v \in \mathbb{R}^m$, 定义 *Lyapunov* 指数 $\chi(x,v)$ 为

$$\chi(x,v) = \varlimsup_{n\to\infty} \frac{1}{n} \log \|df^n(x)v\|.$$

如果 f 有一致有界的一阶导数, 则 χ 对每个 $x \in U$ 和每个非零向量 v 有定义.

Lyapunov 指数沿着轨道测量切向量的指数增长率, 而且具有下述性质:

$$\chi(x, \lambda v) = \chi(x,v), \quad \text{对所有实数 } \lambda \neq 0,$$
$$\chi(x, v+w) \leqslant \max(\chi(x,v), \chi(x,w)), \tag{1.1}$$
$$\chi(f(x), df(x)v) = \chi(x,v).$$

见练习 1.12.1.

如果对某个向量 v 有 $\chi(x,v) = \chi > 0$, 则存在序列 $n_j \to \infty$, 使得对每个 $\eta > 0$ 有

$$\|df^{n_j}(x)v\| \geqslant e^{(\chi-\eta)n_j} \|v\|.$$

由此得知, 对固定的 j, 存在点 $y \in U$, 使得

$$d(f^{n_j}(x), f^{n_j}(y)) \geqslant \frac{1}{2} e^{(\chi-\eta)n_j} d(x,y).$$

一般地, 这并不得到关于初始条件的敏感依赖性, 因为 x 和 y 之间的距离是不能控制的. 但是, 大部分具有正 Lyapunov 指数的动力系统有关于初始条件的敏感依赖性.

反之, 如果两个接近点在 f^n 作用下远离, 由介值定理, 必须存在点 x 与方向 v 使得 $\|df^n(x)v\| > \|v\|$. 因此, 如果它有对初始条件的敏感依赖性, 我们期望 f 有正 Lyapunov 指数, 虽然这并不永远成立.

圆周自同态 $E_m, m > 1$ 在所有点有正指数. 二次映射 $q_\mu, \mu > 2 + \sqrt{5}$ 在它的向前轨道不包含 0 的任何点有正指数.

练习 1.12.1 证明 (1.1).

练习 1.12.2 计算 E_m 的 Lyapunov 指数.

练习 1.12.3 计算 1.9 节中螺线管的 Lyapunov 指数.

练习 1.12.4 利用计算机计算 $\sqrt{2}-1$ 在映射 E_2 作用下的轨道的前 100 个点. 这些点的哪部分包含在 $\left[0,\dfrac{1}{4}\right), \left[\dfrac{1}{4},\dfrac{1}{2}\right), \left[\dfrac{1}{2},\dfrac{3}{4}\right)$ 和 $\left[\dfrac{3}{4},1\right)$ 的每个区间内?

1.13 吸 引 子

设 X 是一个紧拓扑空间, $f: X \to X$ 是连续映射. 推广吸引不动点概念到吸引子, 我们说紧集 $C \subset X$ 是一个吸引子, 如果存在包含 C 的开集 U, 使得 $f(\overline{U}) \subset U$ 和 $C = \bigcap_{n \geqslant 0} f^n(U)$. 由此得知 $f(C) = C$, 因为 $f(C) = \bigcap_{n \geqslant 1} f^n(U) \subset C$; 另一方面, 由于 $f(U) \subset U$, 有 $C = \bigcap_{n \geqslant 1} f^n(U) = f(C)$. 此外, 任何点 $x \in U$ 的向前轨道收敛于 C, 即对任何包含 C 的开集 V, 存在某个 $N > 0$, 使得对所有 $n \geqslant N$ 有 $f^n(x) \in V$. 为看到这一点, 注意到 V 与开集 $X \backslash f^n(\overline{U})$, $n \geqslant 0$ 一起覆盖 X. 由紧性, 存在有限子覆盖, 又因为 $f^n(U) \subset f^{n-1}(U)$, 存在某个 $N > 0$, 使得对所有 $n \geqslant N$ 有 $X = V \cup (X \backslash f^n(\overline{U}))$. 因此, 对 $n \geqslant N$ 有 $f^n(x) \in f^n(U) \subset V$.

C 的吸引盆是集合 $\mathrm{BA}(C) = \bigcup_{n \geqslant 0} f^{-n}(U)$. 盆 $\mathrm{BA}(C)$ 确切地是其向前轨道收敛于 C 的点集 (练习 1.13.1).

使得 $\overline{U}$ 是紧的, 且 $f(\overline{U}) \subset U$ 的开集 $U \subset X$ 称为 f 的捕获区域. 假若 U 是捕获区域, 那么 $\bigcap_{n \geqslant 0} f^n(U)$ 是一个吸引子. 对由微分方程产生的流, 沿着区域的边界向量场指向区域的任何区域是流的捕获区域. 实践中, 吸引子的存在性是通过构造捕获区域证明. 吸引子可通过从捕获区域开始的轨道的数值近似实验进行研究.

最简单的吸引子的例子有: 整个空间的像之交 (如果这个空间是紧的), 吸引不动点, 以及吸引周期轨道. 对于流, 这些例子包括渐近稳定不动点和渐近稳定周期轨道.

许多动力系统具有更加复杂特性的吸引子. 例如, 回忆螺线管 $S(1.9$ 节$)$ 是 $(\mathcal{T}, F)$ 的 (双曲) 吸引子. 局部地, S 是区间与 Cantor

集的积. 人们对双曲吸引子的结构的了解相对较清楚. 但是, 有些非线性系统有混沌吸引子 (关于初始条件具有敏感依赖性), 但它不是双曲的. 这些吸引子通常称为奇异吸引子. Hénon 吸引子和 Lorenz 吸引子是大家熟悉的两个奇异吸引子例子.

对奇异吸引子的研究开始于 E. N. Lorenz 在 1963 年发表的文章 "确定的非周期流" [Lor63]. 在对气象模型的研究过程中, Lorenz 研究了现在称为 *Lorenz* 系统的非线性微分方程系统

$$
\begin{aligned}
\dot{x} &= \sigma(y - x), \\
\dot{y} &= Rx - y - xz, \\
\dot{z} &= -bz + xy.
\end{aligned}
\tag{1.2}
$$

他观察到在参数值 $\sigma = 10, b = 8/3$ 和 $R = 28$, (1.2) 的解最终将开始围绕两个排斥平衡点 $(\pm\sqrt{72}, \pm\sqrt{72}, 27)$ 交替地旋转. 解在转到另一个平衡点之前围绕一个平衡点的旋转次数是无法辨别的. 存在包含 0 但不包含两个排斥平衡点的捕获区域 U. 包含在 U 内的吸引子称为 Lorenz 吸引子. 它是一个包含不可数多个轨道 (包括在 0 的鞍点不动点) 和称为打结的非不动点周期轨道的非常复杂的集合 [Wil84]. 这个吸引子在通常意义下不是双曲的, 虽然它有强扩张和强压缩, 以及关于初始条件的敏感依赖性. 这个吸引子对参数值的微小改变得到保持 (见图 1.10).

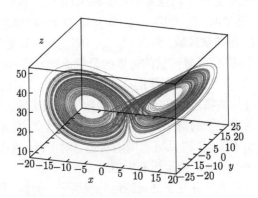

图 1.10　Lorenz 吸引子

Hénon 映射 $H = (f, g): \mathbb{R}^2 \to \mathbb{R}^2$ 由

$$f(x, y) = a - by - x^2,$$
$$g(x, y) = x$$

定义, 其中 a 和 b 是常数 [Hén76]. Jacobi 导数 dH 等于 b. 如果 $b \neq 0$, Hénon 映射是可逆的, 其逆是

$$(x, y) \mapsto (y, (a - x - y^2)/b).$$

这个映射通过因子 $|b|$ 改变面积, 如果 $b < 0$, 则定向相反.

对特殊的参数值 $a = 1.4, b = -0.3$, Hénon 证明存在同胚于圆盘的捕获区域 U. 他的数值实验建议所得的吸引子有稠密轨道和关于初始条件的敏感依赖性, 但这些性质还没有得到严格的证明. 图 1.11 显示从捕获区域出发的轨道的长段, 相信它近似于吸引子. 已经知道, 对参数值 $a \in [1, 2], b \in [-1, 0]$ 的大集合, 这个吸引子有稠密轨道和正 Lyapunov 指数, 但不是双曲的 [BC91].

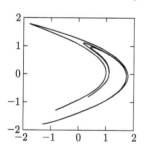

图 1.11   Hénon 吸引子

练习 1.13.1   设 A 是一个吸引子. 求证 $x \in B(A)$, 当且仅当 x 的向前轨道收敛于 A.

练习 1.13.2   求由参数值 $\sigma = 10, b = 8/3$ 和 $R = 28$ 的 Lorenz 方程产生的流的捕获区域.

练习 1.13.3   求参数值 $a = 1.4, b = -0.3$ 的 Hénon 映射的捕获区域.

练习 1.13.4   利用计算机画出从 Hénon 映射捕获区域出发的轨道的前 1000 个点.

第 2 章　拓扑动力学

拓扑动力系统是拓扑空间 X 和连续映射 $f : X \to X$ 或 X 上的连续流 (半流) f^t, 即对 (半) 流 f^t 映射 $(t,x) \mapsto f^t(x)$ 连续. 为叙述简单起见, 通常我们假设 X 是局部紧、可度量化和第二可数的, 虽然这一章的许多结果对 X 的更弱假设也成立. 如我们在前面指出的, 我们将集中讨论离散时间系统, 尽管这一章的所有一般结果对连续时间系统也成立.

设 X 和 Y 是两个拓扑空间. 连续映射 $f : X \to Y$ 是一个同胚, 如果它是一对一的, 且其逆也连续.

设 $f : X \to X$ 和 $g : Y \to Y$ 是两个拓扑动力系统. 从 g 到 f 的拓扑半共轭是满足 $f \circ h = h \circ g$ 的满连续映射 $h : Y \to X$. 如果 h 是一个同胚, 就称它为拓扑共轭, f 和 g 称为拓扑共轭或同构. 拓扑共轭的动力系统具有相同的拓扑性质. 因此, 这一章介绍的所有性质和不变量, 包括极小性、拓扑传递性、拓扑混合以及拓扑熵都由拓扑共轭所保持.

在整个这一章中, 具有度量 d 的度量空间 X 记为 (X,d). 如果 $x \in X, r > 0$, 则 $B(x,r)$ 表示半径为 r、中心在 x 的开球. 如果 (X,d) 和 (Y,d') 是两个度量空间, 又若对所有 $x_1, x_2 \in X$ 有 $d'(f(x_1), f(x_2)) = d(x_1, x_2)$, 那么 $f : X \to Y$ 是一个等距.

2.1 极限集与回复

设 $f : X \to X$ 是拓扑动力系统, x 是 X 中的点. 点 $y \in X$ 称为 x 的 ω 极限点, 如果存在自然数序列 $n_k \to \infty$ (当 $k \to \infty$ 时), 使得 $f^{n_k}(x) \to y$. x 的 ω 极限集是 x 的所有 ω 极限点的集合 $\omega(x) = \omega_f(x)$. 等价地,

$$\omega(x) = \bigcap_{n \in \mathbb{N}} \overline{\bigcup_{t \geqslant n} f^i(x)}.$$

如果 f 可逆, 则 x 的 α 极限集是 $\alpha(x) = \alpha_f(x) = \bigcap_{n \in \mathbb{N}}$ $\overline{\bigcup_{i \geqslant n} f^{-i}(x)}$. $\alpha(x)$ 中的点是 x 的 α 极限点. α 极限集和 ω 极限集都是闭的且 f 不变 (练习 2.1.1).

点 x 称为 (正) 回复点, 如果 $x \in \omega(x)$, 则回复点的集合 $\mathcal{R}(f)$ 是 f 不变的. 周期点是回复点.

点 x 称为非游荡点, 如果对 x 的任何邻域 U 存在 $n \in \mathbb{N}$, 使得 $f^n(U) \cap U \neq \varnothing$. 非游荡点集 $\mathrm{NW}(f)$ 是闭 f 不变的, 且对所有 $x \in X$, 包含 $\omega(x)$ 和 $\alpha(x)$ (练习 2.1.2). 每个回复点是非游荡点, 事实上 $\overline{\mathcal{R}(f)} \subset \mathrm{NW}(f)$ (练习 2.1.3); 但是, 一般地, $\mathrm{NW}(f) \not\subset \overline{\mathcal{R}(f)}$ (练习 2.1.11).

回忆对可逆映射 f 的记号 $\mathcal{O}(x) = \bigcup_{n \in \mathbb{Z}} f^n(x)$ 和 $\mathcal{O}^+(x) = \bigcup_{n \in \mathbb{N}_0} f^n(x)$.

命题 2.1.1　1. 设 f 是同胚, $y \in \overline{\mathcal{O}(x)}$ 且 $z \in \overline{\mathcal{O}(y)}$, 则 $z \in \overline{\mathcal{O}(x)}$.

2. 设 f 是连续映射, $y \in \overline{\mathcal{O}^+(x)}$ 且 $z \in \overline{\mathcal{O}^+(y)}$, 则 $z \in \overline{\mathcal{O}^+(x)}$.

证明　练习 2.1.7.　　　　　　　　　　　　　　　　　□

设 X 是紧的. 一个闭、非空、向前 f 不变子集 $Y \subset X$ 称为 f 的极小集, 如果它不包含闭、非空、向前 f 不变的真子集. 紧不变集 Y 是极小的, 当且仅当 Y 中的每一点的向前轨道在 Y 中稠密 (练习 2.1.4). 注意, 周期轨道是极小集. 如果 X 自己是极小集, 就说 f 是极小的.

命题 2.1.2　设 $f : X \to X$ 是拓扑动力系统. 如果 X 是紧的, 那么 X 包含 f 的极小集.

证明　证明是 Zorn 引理的直接应用. 设 $\mathcal{C}$ 是由包含给出的偏序的 X 的非空、闭、f 不变子集, 则 $\mathcal{C}$ 是非空的, 因为 $X \in \mathcal{C}$. 假设 $\mathcal{K} \subset \mathcal{C}$ 是全序子集, 则 $\mathcal{K}$ 中元素的任何有限交是非空的, 故由紧集的有限交性质, $\bigcap_{K \in \mathcal{K}} K \neq \varnothing$, 从而由 Zorn 引理, $\mathcal{C}$ 含有极小元素, 它是 f 的极小集. □

在紧拓扑空间中, 极小集的每一点是回复点 (练习 2.1.4), 所以存在极小集意味着存在回复点.

子集 $A \subset \mathbb{N}$ (或 $\mathbb{Z}$) 称为是相对稠密的 (或连结的 (*syndetic*)), 如果存在 $k > 0$, 使得对任何 n 有 $\{n, n+1, \ldots, n+k\} \cap A \neq \varnothing$. 点 $x \in X$ 称为概周期点, 如果对 x 的任何邻域 U, 集合 $\{i \in \mathbb{N} : f^i(x) \in U\}$ 在 $\mathbb{N}$ 中相对稠密.

命题 2.1.3　如果 X 是紧 Hausdorff 空间, 以及 $f : X \to X$ 连续, 则 $\overline{\mathcal{O}^+(x)}$ 对 f 是极小的, 当且仅当 x 是概周期点.

证明　假设 x 是概周期点, 且 $y \in \overline{\mathcal{O}^+(x)}$. 我们需要证明 $x \in \overline{\mathcal{O}^+(y)}$. 设 U 是 x 的邻域. 存在开集 $U' \subset X, x \in U' \subset U$ 和包含对角线元素的开集 $V \subset X \times X$, 使得如果 $x_1 \in U'$ 且 $(x_1, x_2) \in V$, 则 $x_2 \in U$. 由于 x 是概周期点, 存在 $K \in \mathbb{N}$, 使得对每个 $j \in \mathbb{N}$ 和某个 $0 \leqslant k \leqslant K$ 有 $f^{j+k}(x) \in U'$. 令 $V' = \bigcap_{i=0}^{K} f^{-i}(V)$. 注意 V' 是开集且包含 $X \times X$ 的对角线元素. 存在邻域 $W, y \in W$ 使得 $W \times W \subset V'$. 选择 n 使得 $f^n(x) \in W$, 选择 k 使得 $f^{n+k}(x) \in U'$, 其中 $0 \leqslant k \leqslant K$. 于是 $(f^{n+k}(x), f^k(y)) \in V$, 从而 $f^k(y) \in U$.

反之, 假设 x 不是概周期点, 则存在 x 的邻域 U, 使得 $A = \{i : f^i(x) \in U\}$ 不相对稠密. 因此, 存在序列 $a_i \in \mathbb{N}$ 和 $k_i \in \mathbb{N}$, $k_i \to \infty$, 使得对 $j = 0, \ldots, k_i$ 有 $f^{a_i + j}(x) \notin U$. 设 y 是 $\{f^{a_i}(x)\}$ 的极限点. 通过取子序列可假设 $f^{a_i}(x) \to y$. 固定 $j \in \mathbb{N}$. 注意, 对充分大的 i, 有 $f^{a_i + j}(x) \to f^j(y)$ 与 $f^{a_i + j}(x) \notin U$. 因此, 对所有 $j \in \mathbb{N}$ 有 $f^j(y) \notin U$, 故 $x \notin \overline{\mathcal{O}^+(y)}$, 由此得知 $\overline{\mathcal{O}^+(x)}$ 不是极小的. □

回忆圆周的无理旋转 R_α 是极小的 (1.2 节). 因此每一点是非游荡、回复和概周期的. 扩张的圆周自同态 E_m 有稠密轨道 (1.3 节), 但不是极小的, 因为它有周期点. 每一点是它的非游荡点, 但不是所有点都是回复的 (练习 2.1.5).

练习 2.1.1　证明点的 α 极限集与 ω 极限集都是闭不变集.

练习 2.1.2　证明非游荡点集是闭 f 不变的, 且对所有 $x \in X$, 包含 $\omega(x)$ 和 $\alpha(x)$.

练习 2.1.3　求证 $\overline{\mathcal{R}(f)} \subset \mathrm{NW}(f)$.

练习 2.1.4　设 X 是紧的, $f : X \to X$ 连续.

(a) 求证 $Y \subset X$ 是极小的, 当且仅当对每个 $y \in Y$ 有 $\omega(y) = Y$.

(b) 求证 Y 是极小的, 当且仅当 Y 中的每一点的向前轨道在 Y 中稠密.

练习 2.1.5　证明对扩张的圆周自同态 E_m, 存在非回复和非最终周期的点.

练习 2.1.6　对双曲环面自同构 $A : \mathbb{T}^2 \to \mathbb{T}^2$, 求证:

(a) $\mathcal{R}(A)$ 是稠密的, 因此 $\mathrm{NW}(A) = \mathbb{T}^2$, 但是

(b) $\mathcal{R}(A) \neq \mathbb{T}^2$.

练习 2.1.7　证明命题 2.1.1.

练习 2.1.8　证明同胚 $f : X \to X$ 是极小的, 当且仅当对每个非空开集 $U \subset X$, 存在 $n \in \mathbb{N}$ 使得 $\bigcup_{k=-n}^{n} f^k(U) = X$.

练习 2.1.9　证明紧度量空间 X 的同胚 f 是极小的, 当且仅当对每个 $\varepsilon > 0$ 存在 $N = N(\varepsilon) \in \mathbb{N}$, 使得对每个 $x \in X$ 集合 $\{x, f(x), \ldots, f^N(x)\}$ 在 X 内是 ε 稠密的.

练习 2.1.10　设 $f : X \to X$ 和 $g : Y \to Y$ 是紧度量空间的两个连续映射. 证明 $\overline{\mathcal{O}_{f \times g}^+(x, y)} = \overline{\mathcal{O}_f^+(x)} \times \overline{\mathcal{O}_g^+(y)}$, 当且仅当 $(x, g(y)) = \overline{\mathcal{O}_{f \times g}^+(x, y)}$.

假设 f 和 g 是极小的. 求 $f \times g$ 是极小的充分必要条件.

*__练习 2.1.11__　给出动力系统的例子, 使得其中 $\mathrm{NW}(f) \not\subset \overline{\mathcal{R}(f)}$.

2.2　拓扑传递性

整个这一节我们都假设 X 是第二可数的.

拓扑动力系统 $f: X \to X$ 是拓扑传递的, 如果存在点 $x \in X$, 它的向前轨道在 X 中稠密. 如果 X 中没有孤立点, 这个条件等价于存在点, 它的 ω 极限集在 X 中稠密 (练习 2.2.1).

命题 2.2.1 设 $f: X \to X$ 是局部紧 Hausdorff 空间 X 的一个连续映射. 假设对任何两个非空开集 U 与 V, 存在 $n \in \mathbb{N}$ 使得 $f^n(U) \cap V \neq \varnothing$, 那么 f 是拓扑传递的.

证明 由命题假设, 任给开集 $V \subset X$, 集合 $\bigcup_{n \in \mathbb{N}} f^{-n}(V)$ 在 X 中稠密, 因为它与每个开集相交. 设 $\{V_i\}$ 是 X 的拓扑的可数基. 则 $Y = \bigcap_i \bigcup_{n \in \mathbb{N}} f^{-n}(V_i)$ 是开稠集的可数交, 由 Baire 范畴定理[①]它是非空的. 任何点 $y \in Y$ 的向前轨道进入每个 V_i, 因此在 X 中稠密. □

如我们在下面命题证明的, 在大多数拓扑空间中, 同胚的稠密全轨道的存在性意味着稠密的向前轨道的存在性. 但要注意, 由特殊的全轨道 $\mathcal{O}(x)$ 的稠密性并不能得知对应的向前轨道 $\mathcal{O}^+(x)$ 的稠密性 (见练习 2.2.2).

命题 2.2.2 设 $f: X \to X$ 是紧度量空间的一个同胚, 又假设 X 没有孤立点. 如果存在稠密的全轨道 $\mathcal{O}(x)$, 那么存在稠密的向前轨道 $\mathcal{O}^+(y)$.

证明 由于 $\overline{\mathcal{O}(x)} = X$, 轨道 $\mathcal{O}(x)$ 访问每个非空开集 U 至少一次, 因此有无穷多次, 因为 X 没有孤立点. 从而存在序列 $n_k, |n_k| \to \infty$, 使得 $f^{n_k}(x) \in B(x, 1/k), k \in \mathbb{N}$, 即当 $k \to \infty$ 时 $f^{n_k} \to x$. 因此, 对任何 $l \in \mathbb{Z}$ 有 $f^{n_k+l}(x) \to f^l(x)$. 存在或者无穷多个正的, 或者无穷多个负的指标 n_k, 因此, 或者 $\mathcal{O}(x) \subset \overline{\mathcal{O}^+(x)}$, 或者 $\mathcal{O}(x) \subset \overline{\mathcal{O}^-(x)}$. 对前者, $\overline{\mathcal{O}^+(x)} = X$, 这我们证明了. 对后者, 设 U, V 是非空开集. 由于 $\overline{\mathcal{O}^-(x)} = X$, 存在整数 $i < j < 0$, 使得 $f^i(x) \in U$ 和 $f^j(x) \in V$, 故 $f^{j-i}(U) \cap V \neq \varnothing$. 从而, 由命题 2.2.1, f 是拓扑传递的. □

[①]Baire 范畴定理: 非空的完备度量空间内, 稠密开子集的任何可数交是非空的. Baire 范畴定理有几个等价形式和许多重要推论. 它是一般拓扑和泛函分析中的一个重要工具. 例如, 它是泛函分析中开映射定理和闭图像定理证明的基础. —— 译者注

练习 2.2.1　求证如果 X 没有孤立点, 且 $\mathcal{O}^+(x)$ 稠密, 则 $\omega(x)$ 稠密. 给出例子说明, 若 X 有孤立点, 则这个结论不成立.

练习 2.2.2　给出有稠密全轨道但没有稠密向前轨道的动力系统例子.

练习 2.2.3　两个拓扑传递系统的积是否是拓扑传递的? 拓扑传递系统的因子是否是拓扑传递的?

练习 2.2.4　设 $f : X \to X$ 是一个同胚. 求证若 f 有非常数首次积分或 Lyapunov 函数 (1.10 节), 那么它不是拓扑传递的.

练习 2.2.5　设 $f : X \to X$ 是至少有两个轨道的拓扑动力系统. 求证若 f 有吸引的周期点, 则它不是拓扑传递的.

练习 2.2.6　设 α 为无理数, $f : \mathbb{T}^2 \to \mathbb{T}^2$ 是由 $f(x, y) = (x + \alpha, x + y)$ 给出的二维环面的同胚.

(a) 求证每个非空、开的 f 不变集是稠密的, 即 f 是拓扑传递的.

(b) 假设 (x_0, y_0) 的向前轨道是稠密的. 证明对每个 $y \in S^1$, (x_0, y) 的向前轨道稠密.

此外, 如果集合 $\bigcup_{k=0}^{n} f^k(x_0, y_0)$ 是 ε 稠密的, 则 $\bigcup_{k=0}^{n} f^k(x_0, y)$ 是 ε 稠密的.

(c) 证明每个向前轨道是稠密的, 即 f 是极小的.

2.3　拓扑混合性

拓扑动力系统 $f : X \to X$ 是拓扑混合的, 如果对任何两个非空开集 $U, V \subset X$, 存在 $N > 0$ 使得对 $n \geqslant N$ 有 $f^n(U) \cap V \neq \varnothing$. 由命题 2.2.1, 从拓扑混合得知拓扑传递, 但反之不成立. 例如, 圆周的无理旋转是极小的, 因此是拓扑传递的, 但不是拓扑混合的 (练习 2.3.1).

下面几个命题确定第 1 章中某些例子的拓扑混合性.

命题 2.3.1　任何双曲环面自同构 $A : \mathbb{T}^2 \to \mathbb{T}^2$ 是拓扑混合的.

证明   由练习 1.7.3, 对每一点 $x \in \mathbb{T}^2$, A 的不稳定流形 $W^u(x)$ 在 $\mathbb{T}^2$ 中稠密. 因此, 对每个 $\varepsilon > 0$, 半径为 ε 中心在 $W^u(x)$ 中的点的球的集合覆盖 $\mathbb{T}^2$. 由紧性, 这些球的有限子族也覆盖 $\mathbb{T}^2$. 因此, 存在有界线段 $S_0 \subset W^u(x)$, 它的 ε 邻域覆盖 $\mathbb{T}^2$. 由于 $\mathbb{T}^2$ 的群平移是等距的, 任何平移 $L_g S_0 = g + S_0 \subset W^u(g + x)$ 的 ε 邻域覆盖 $\mathbb{T}^2$. 总之, 对每个 $\varepsilon > 0$, 存在 $L(\varepsilon) > 0$, 使得不稳定流形内长为 $L(\varepsilon)$ 的每个线段 S 在 $\mathbb{T}^2$ 中 ε 稠密, 即对每个 $y \in \mathbb{T}^2$ 有 $d(y, S) \leqslant \varepsilon$.

设 U 和 V 是 $\mathbb{T}^2$ 中的两个非空开集. 选择 $y \in V$ 和 $\varepsilon > 0$ 使得 $\overline{B(y, \varepsilon)} \subset V$. 开集 U 包含某个不稳定流形 $W^u(x)$ 内长为 $\delta > 0$ 的线段. 设 $\lambda, |\lambda| > 1$ 是 A 的扩张特征值, 选择 $N > 0$ 使得 $|\lambda|^N \delta \geqslant L(\varepsilon)$. 于是对任何 $n \geqslant N$, 像 $A^n U$ 包含不稳定流形内长度至少为 $L(\varepsilon)$ 的某个线段, 所以 $A^n U$ 在 $\mathbb{T}^2$ 中 ε 稠密, 从而与 V 相交. $\qquad \square$

命题 2.3.2   全双边移位 (Σ_m, σ) 和全单边移位 (Σ_m^+, σ) 是拓扑混合的.

证明   回忆 1.4 节, Σ_m 上的拓扑有开度量球 $B(\omega, 2^{-l}) = \{\omega' : \omega_i' = \omega_i, |i| < l\}$ 组成的基. 因此, 只需证明对任何两个球 $B(\omega, 2^{-l_1})$ 和 $B(\omega', 2^{-l_2})$, 存在 $N > 0$ 使得对 $n \geqslant N$ 有 $\sigma^n B(\omega, 2^{-l_1}) \cap B(\omega', 2^{-l_2}) \neq \varnothing$. $\sigma^n B(\omega, 2^{-l_1})$ 的元素是在 $-n - l_1, \ldots, -n + l_1$ 中指定值的序列. 因此, 当 $-n + l_1 < -l_2$, 即 $n \geqslant N = l_1 + l_2 + 1$ 时这个交非空. 这证明 (Σ_m, σ) 是拓扑混合的; 对 (Σ_m^+, σ) 的证明作为练习 (练习 2.3.4). $\qquad \square$

推论 2.3.3   马蹄 (H, f) (1.8 节) 是拓扑混合的.

证明   马蹄 (H, f) 拓扑共轭于全双边移位 (Σ_2, σ) (见练习 1.8.3). $\qquad \square$

命题 2.3.4   螺线管 (S, F) 是拓扑混合的.

证明   回忆 (练习 1.9.2), (S, F) 拓扑共轭于 (Φ, α), 其中

$$\Phi = \{(\phi_i) : \phi_i \in S^1, \phi_i = 2\phi_{i+1}, \forall i\} \subset \prod_{i=0}^{\infty} S^i = \mathbb{T}^{\infty},$$

以及 $(\phi_0, \phi_1, \phi_2, \ldots) \overset{\alpha}{\mapsto} (2\phi_0, \phi_0, \phi_1, \ldots)$. 因此, 只需证明 (Φ, α) 是

拓扑混合的. $\mathbb{T}^\infty$ 中的拓扑有开集 $\prod\limits_{k=0}^{\infty} I_k$ 组成的基, 其中诸 I_k 是 S^1 中的开集, 且所有但有限多个等于 S^1. 设 $U = (I_0 \times I_1 \times \cdots \times I_k \times S^1 \times S^1 \times \cdots) \cap \Phi$ 和 $V = (J_0 \times J_1 \times \cdots \times J_l \times S^1 \times S^1 \times \cdots) \cap \Phi$ 是这个基中的非空开集. 选择 $m > 0$ 使得 $2^m I_0 = S^1$. 于是对 $n > m+l$,

$$\alpha^n(U) = (2^n I_0 \times 2^{n-1} I_0 \times \cdots \times I_0 \times I_1 \times \cdots \times I_k \times S^1 \times S^1 \times \cdots) \cap \Phi$$

中的前 $n-m$ 个分量是 S^1, 所以 $\alpha^n(U) \cap V \neq \varnothing$. $\qquad\square$

练习 2.3.1 求证圆周旋转不是拓扑混合的. 如果这个空间多于一点, 证明等距不是拓扑混合的.

练习 2.3.2 证明 S^1 的扩张自同态是拓扑混合的 (见 1.3 节).

练习 2.3.3 证明拓扑混合系统的因子也是拓扑混合的.

练习 2.3.4 求证 (Σ_m^+, σ) 是拓扑混合的.

2.4 可 扩 性

一个同胚 $f: X \to X$ 是扩张的, 如果存在 $\delta > 0$, 使得对任何两个不同点 $x, y \in X$, 存在某个 $n \in \mathbb{Z}$ 使得 $d(f^n(x), f^n(y)) \geqslant \delta$. 不可逆连续映射 $f: X \to X$ 是正向扩张的, 如果存在 $\delta > 0$, 使得对任何两个不同点 $x, y \in X$, 存在某个 $n \geqslant 0$ 使得 $d(f^n(x), f^n(y)) \geqslant \delta$. 具有这个性质的 δ 称为 f 的扩张常数.

在第 1 章的例子中, 下面的映射都是扩张 (或正向扩张) 的: 圆周自同态 $E_m, |m| > 2$; 全单边移位; 双曲环面自同构; 马蹄以及螺线管 (练习 2.4.2). 对充分大的参数值 μ, 二次映射 q_μ 在不变集 Λ_μ 上是扩张的. 圆周旋转、群平移以及其他等度连续的同胚 (见 2.7 节) 都不是扩张的.

命题 2.4.1 设 f 是无穷紧度量空间 X 的同胚. 则对每个 $\varepsilon > 0$ 存在相异点 $x_0, y_0 \in X$, 使得对所有 $n \in \mathbb{N}_0$ 有 $d(f^n(x_0), f^n(y_0)) \leqslant \varepsilon$.

证明 [Kin90] 固定 $\varepsilon > 0$. 设 E 是自然数 m 的集合, 对此,

存在一对 $x, y \in X$, 满足

$$d(x, y) \geqslant \varepsilon \quad \text{和} \quad d(f^n(x), f^n(y)) \leqslant \varepsilon \quad \text{对} \quad n = 1, \dots, m. \qquad (2.1)$$

若 $E \neq \varnothing$, 则令 $M = \sup E$; 若 $E = \varnothing$, 则令 $M = 0$.

如果 $M = \infty$, 则对每个 $m \in \mathbb{N}$, 存在满足 (2.1) 的一对 x_m, y_m. 由紧性, 存在序列 $m_k \to \infty$, 使得极限

$$\lim_{k \to \infty} x_{m_k} = x', \quad \lim_{k \to \infty} y_{m_k} = y'$$

存在. 由 (2.1), $d(x', y') \geqslant \varepsilon$, 又因为 f^j 连续, 对每个 $j \in \mathbb{N}$,

$$d(f^j(x'), f^j(y')) = \lim_{k \to \infty} d(f^j(x_{m_k}), f^j(y_{m_k})) \leqslant \varepsilon.$$

因此, $x_0 = f(x'), y_0 = f(y')$ 是所求的点.

现在假设 M 有限. 由于 f 迭代的任何有限族等度连续, 存在 $\delta > 0$, 使得如果 $d(x, y) < \delta$, 则对 $0 \leqslant n \leqslant M$ 有 $d(f^n(x), f^n(y)) < \varepsilon$; 于是由 M 的定义得 $d(f^{-1}(x), f^{-1}(y)) < \varepsilon$. 由归纳法, 对 $d(x, y) < \delta$, $j \in \mathbb{N}$ 有 $d(f^{-j}(x), f^{-j}(y)) < \varepsilon$. 由紧性存在开 $\delta/2$ 球的有限族 $\mathcal{B}$ 覆盖 X. 设 K 是 $\mathcal{B}$ 的势. 由于 X 是无穷的, 可选择由 $K+1$ 个不同点组成的集合 $W \subset X$. 由鸽舍原理, 对每个 $j \in \mathbb{Z}$, 存在不同点 $a_j, b_j \in W$, 使得 $f^j(a_j)$ 和 $f^j(b_j)$ 属于同一个球 $B_j \in \mathcal{B}$, 所以 $d(f^j(a_j), f^j(b_j)) < \delta$. 因此, 对 $-\infty < n \leqslant j$ 有 $d(f^n(a_j), f^n(b_j)) < \varepsilon$. 由于 W 有限, 存在不同点 $x_0, y_0 \in W$, 使得对无穷多个正 j, 有

$$a_j = x_0 \quad \text{和} \quad b_j = y_0.$$

因此, 对所有 $n \geqslant 0$ 有 $d(f^n(x_0), f^n(y_0)) < \varepsilon$. $\qquad \square$

对不可逆映射, 命题 2.4.1 也成立 (练习 2.4.3).

推论 2.4.2 设 f 是无穷紧度量空间 X 的一个扩张同胚. 则存在 $x_0, y_0 \in X$, 使得当 $n \to \infty$ 时 $d(f^n(x_0), f^n(y_0)) \to 0$.

证明 设 $\delta > 0$ 是 f 的扩张常数. 由命题 2.4.1, 存在 $x_0, y_0 \in X$, 使得对所有 $n \in \mathbb{N}$ 有 $d(f^n(x_0), f^n(y_0)) < \delta$. 假设 $d(f^n(x_0), f^n(y_0)) \nrightarrow 0$. 由紧性, 存在序列 $n_k \to \infty$, 使得 $f^{n_k}(x_0) \to x'$ 和 $f^{n_k}(y_0) \to y'$, 其中 $x' \neq y'$. 于是对任何 $m \in \mathbb{Z}$, $f^{n_k+m}(x_0) \to$

$f^m(x')$ 和 $f^{n_k+m}(y_0) \to f^m(y')$. 对大的 k, $n_k + m > 0$, 因此对所有 $m \in \mathbb{Z}$, 有 $d(f^m(x'), f^m(y')) \leqslant \delta$, 这与 f 的可扩性矛盾.　　□

练习 2.4.1　证明紧度量空间到它自己的每个等距映射是满射, 从而是同胚.

练习 2.4.2　求证扩张的圆周自同态 $E_m(|m| \geqslant 2)$、全单边和双边移位、双曲环面自同构、马蹄以及螺线管都是扩张的, 并对每一个计算扩张常数.

练习 2.4.3　求证命题 2.4.1 对无穷维度量空间的不可逆连续映射也成立.

2.5　拓　扑　熵

拓扑熵是指长度为 n 的、本质上不同的轨道段个数的指数增长率. 它是测量动力系统轨道结构复杂性的一个拓扑不变量. 拓扑熵类似于第 9 章介绍的测度论熵.

设 (X, d) 是紧度量空间, $f : X \to X$ 是连续映射. 对每个 $n \in \mathbb{N}$, 函数

$$d_n(x, y) = \max_{0 \leqslant k \leqslant n-1} d(f^k(x), f^k(y))$$

测量 x 和 y 前面 n 次迭代之间的最大距离. 每一个 d_n 是 X 上的度量, 其中 $d_n \geqslant d_{n-1}$, $d_1 = d$. 此外, 在 d_i 于 X 中诱导相同拓扑的意义下, 它们都是等价的度量 (练习 2.5.1).

固定 $\varepsilon > 0$. 子集 $A \subset X$ 称为 (n, ε) 生成的, 如果对每个 $x \in X$ 存在 $y \in A$, 使得 $d_n(x, y) < \varepsilon$. 由紧性, 存在有限个 (n, ε) 生成集. 令 $\mathrm{span}(n, \varepsilon, f)$ 是 (n, ε) 生成集的最小势.

子集 $A \subset X$ 是 (n, ε) 分离的, 如果 A 中任何两个不同点在度量 d_n 下至少分离 ε. 任何 (n, ε) 分离集是有限的. 令 $\mathrm{sep}(n, \varepsilon, f)$ 是 (n, ε) 分离集的最大势.

令 $\mathrm{cov}(n, \varepsilon, f)$ 是 X 的 d_n 直径小于 ε 的集覆盖的最小势 (集合的直径是集合中一对点之间距离的上确界). 再由紧性, 得 $\mathrm{cov}(n, \varepsilon, f)$ 是有限的.

量 span (n, ε, f), sep (n, ε, f) 与 cov (n, ε, f) 都是计算长度 n 的轨道段个数的, 它们以精度 ε 区分. 这些量通过下面引理相联系.

引理 2.5.1 cov $(n, 2\varepsilon, f) \leqslant$ span $(n, \varepsilon, f) \leqslant$ sep $(n, \varepsilon, f) \leqslant$ cov (n, ε, f).

证明 假设 A 是最小势的 (n, ε) 生成集, 则半径为 ε、中心在 A 中的点的开球覆盖 X. 由紧性, 存在 $\varepsilon_1 < \varepsilon$, 使得半径为 ε_1 中心在 A 中的点的球也覆盖 X. 它们的直径 $2\varepsilon_1 < 2\varepsilon$, 因此 cov $(n, 2\varepsilon, f) \leqslant$ span (n, ε, f). 其他不等式的证明留作练习 (练习 2.5.2). □

令

$$h_\varepsilon(f) = \varlimsup_{n \to \infty} \frac{1}{n} \log(\mathrm{cov}(n, \varepsilon, f)). \tag{2.2}$$

显然, 当 ε 减少时量 cov (n, ε, f) 单调增加, 所以 $h_\varepsilon(f)$ 也单调增加. 因此极限

$$h_{\mathrm{top}} = h(f) = \lim_{\varepsilon \to 0^+} h_\varepsilon(f)$$

存在, 称此极限为 f 的拓扑熵. 利用 span (n, ε, f) 或 sep (n, ε, f), 由引理 2.5.1 中的不等式, 得到 $h(f)$ 的等价定义, 即

$$h(f) = \lim_{\varepsilon \to 0^+} \varlimsup_{n \to \infty} \log(\mathrm{span}\,(n, \varepsilon, f)) \tag{2.3}$$

$$= \lim_{\varepsilon \to 0^+} \varlimsup_{n \to \infty} \log(\mathrm{sep}\,(n, \varepsilon, f)). \tag{2.4}$$

引理 2.5.2 极限 $\lim\limits_{n \to \infty} \frac{1}{n} \log(\mathrm{cov}\,(n, \varepsilon, f)) = h_\varepsilon(f)$ 存在且有限.

证明 设 U 的 d_m- 直径小于 ε, V 的 d_n-直径小于 ε. 则 $U \cap f^{-m}(V)$ 的 d_{m+n}-直径小于 ε. 因此,

$$\mathrm{cov}\,(m + n, \varepsilon, f) \leqslant \mathrm{cov}\,(m, \varepsilon, f) \cdot \mathrm{cov}\,(n, \varepsilon, f),$$

所以, 序列 $a_n = \log(\mathrm{cov}\,(n, \varepsilon, f)) \geqslant 0$ 是次可加的. 由微积分的标准引理, 得知 $n \to \infty$ 时 a_n/n 收敛于有限极限 (练习 2.5.3). □

由引理 2.5.1 和 2.5.2, 得知公式 (2.2), (2.3) 和 (2.4) 中的 lim sup

是有限的. 此外, 对应的 lim inf 也有限, 而且

$$h(f) = \lim_{\varepsilon \to 0^+} \lim_{n \to \infty} \frac{1}{n} \log(\text{cov }(n, \varepsilon, f)) \tag{2.5}$$

$$= \lim_{\varepsilon \to 0^+} \lim_{n \to \infty} \frac{1}{n} \log(\text{span }(n, \varepsilon, f)) \tag{2.6}$$

$$= \lim_{\varepsilon \to 0^+} \lim_{n \to \infty} \frac{1}{n} \log(\text{sep }(n, \varepsilon, f)). \tag{2.7}$$

拓扑熵或者是 $+\infty$, 或者是有限的非负数. 具有正拓扑熵的动力系统与具有零拓扑熵的动力系统之间有着惊人的差异. 任何等距映射具有零拓扑熵 (练习 2.5.4). 下一节我们将证明第 1 章中的几个例子的拓扑熵是正的.

命题 2.5.3　　连续映射 $f: X \to X$ 的拓扑熵不依赖于生成 X 拓扑的特殊度量的选择.

证明　　假设 d 和 d' 是生成 X 拓扑的度量. 对 $\varepsilon > 0$, 令 $\delta(\varepsilon) = \sup\{d'(x, y) : d(x, y) \leqslant \varepsilon\}$. 由紧性, $\varepsilon \to 0$ 时 $\delta(\varepsilon) \to 0$. 如果 U 是 d_n-直径小于 ε 的集合, 则 U 的 d'_n-直径至多是 $\delta(\varepsilon)$. 因此 $\text{cov}'(n, \delta(\varepsilon), f) \leqslant \text{cov }(n, \varepsilon, f)$, 其中 cov 和 cov$'$ 分别对应于度量 d 和 d'. 因此

$$\lim_{\delta \to 0^+} \lim_{n \to \infty} \frac{1}{n} \log(\text{cov}'(n, \delta, f)) \leqslant \lim_{\varepsilon \to 0^+} \lim_{n \to \infty} \frac{1}{n} \log(\text{cov }(n, \varepsilon, f)).$$

交换 d 和 d' 给出反向不等式.　　　　　　　　　　　　　　　　□

推论 2.5.4　　拓扑熵是一个拓扑共轭不变量.

证明　　假设 $f: X \to X$ 和 $g: Y \to Y$ 是两个拓扑共轭的动力系统, 它们之间的共轭是 $\phi: Y \to X$. 设 d 是 X 上的一个度量, 则 $d'(y_1, y_2) = d(\phi(y_1), \phi(y_2))$ 是 Y 上生成 Y 拓扑的度量. 由于 ϕ 是 (X, d) 和 (Y, d') 之间的等距映射, 由命题 2.5.3 这个熵与度量无关, 由此得知 $h(f) = h(g)$.　　　　　　　　　　　　　　　□

命题 2.5.5　　设 $f: X \to X$ 是紧度量空间 X 上的一个连续映射. 那么

1. 对 $m \in \mathbb{N}$ 有 $h(f^m) = m \cdot h(f)$.

2. 如果 f 可逆, 则 $h(f^{-1}) = h(f)$. 因此对所有 $m \in \mathbb{Z}$ 有 $h(f^m) = |m| \cdot h(f)$.

3. 如果 $A_i, i = 1, \ldots, k$ 是 X 的闭 (不必不相交) 向前 f 不变子集, 它的并是 X, 则

$$h(f) = \max_{1 \leqslant i \leqslant k} h(f|A_i).$$

特别地, 如果 A 是 X 的闭向前不变子集, 则 $h(f|A) \leqslant h(f)$.

证明 1. 注意到,

$$\max_{0 \leqslant i < n} d(f^{mi}(x), f^{mi}(y)) \leqslant \max_{0 \leqslant j < mn} d(f^j(x), f^j(y)).$$

因此, span $(n, \varepsilon, f^m) \leqslant$ span (mn, ε, f), 故 $h(f^m) \leqslant m \cdot h(f)$. 反之, 对 $\varepsilon > 0$, 存在 $\delta(\varepsilon) > 0$, 使得对 $i = 0, \ldots, m$ 由 $d(x, y) < \delta(\varepsilon)$ 得 $d(f^i(x), f^i(y)) < \varepsilon$. 因而, span $(n, \delta(\varepsilon), f^m) \geqslant$ span (mn, ε, f), 从而 $h(f^m) \geqslant m \cdot h(f)$.

2. f 的 (n, ε) 分离集的第 n 次像是 f^{-1} 的 (n, ε) 分离集, 反之亦然.

3. A_i 中的任何一个 (n, ε) 分离集是 X 中的 (n, ε) 分离集, 所以 $h(f|A_i) \leqslant h(f)$. 反之, 诸 A_i 的 (n, ε) 生成集的并是 X 的 (n, ε) 生成集. 因此, 如果 span$_i(n, \varepsilon, f)$ 是 A_i 的 (n, ε) 生成子集的最小势, 则

$$\text{span}\,(n, \varepsilon, f) \leqslant \sum_{i=1}^{k} \text{span}_i(n, \varepsilon, f) \leqslant k \cdot \max_{1 \leqslant i \leqslant k} \text{span}_i(n, \varepsilon, f).$$

因此

$$\varliminf_{n \to \infty} \frac{1}{n} \log(\text{span}\,(n, \varepsilon, f)) \leqslant \varliminf_{n \to \infty} \frac{1}{n} \log k$$
$$+ \varliminf_{n \to \infty} \frac{1}{n} \log \left(\max_{1 \leqslant i \leqslant k} \text{span}_i(n, \varepsilon, f) \right)$$
$$= 0 + \max_{1 \leqslant i \leqslant k} \varliminf_{n \to \infty} \frac{1}{n} \log(\text{span}_i(n, \varepsilon, f)).$$

令 $\varepsilon \to 0$, 取极限得命题结果. $\qquad \square$

命题 2.5.6 设 (X, d^X) 和 (Y, d^Y) 是两个紧度量空间, $f : X \to X$, $g : Y \to Y$ 是两个连续映射. 则

1. $h(f \times g) = h(f) + h(g)$, 以及

2. 如果 g 是 f 的因子 (或等价地, f 是 g 的扩张), 则 $h(f) \geqslant h(g)$.

证明　为了证明 1, 注意到, 度量

$$d((x,y),(x',y')) = \max\{d^X(x,x'), d^Y(y,y')\}$$

生成 $X \times Y$ 上的积拓扑, 而且

$$d_n((x,y),(x',y')) = \max\{d_n^X(x,x'), d_n^Y(y,y')\}.$$

如果 $U \subset X$ 和 $V \subset Y$ 的直径小于 ε, 则 $U \times V$ 的直径 $d < \varepsilon$. 因此

$$\mathrm{cov}\,(n, \varepsilon, f \times g) \leqslant \mathrm{cov}\,(n, \varepsilon, f) \cdot \mathrm{cov}\,(n, \varepsilon, g),$$

从而 $h(f \times g) \leqslant h(f) + h(g)$. 另一方面, 如果 $A \subset X$ 和 $B \subset Y$ 是 (n, ε) 分离集, 则 $A \times B$ 对 d 是 (n, ε) 分离集. 因此

$$\mathrm{sep}\,(n, \varepsilon, f \times g) \geqslant \mathrm{sep}\,(n, \varepsilon, f) \cdot \mathrm{sep}\,(n, \varepsilon, g),$$

从而由 (2.7), $h(f \times g) \geqslant h(f) + h(g)$.

2 的证明留作练习 (练习 2.5.5).　　　　　　　　　　　　　□

命题 2.5.7　设 (X, d) 是紧度量空间, $f: X \to X$ 是扩张同胚, 扩张常数为 δ, 则对任何 $\varepsilon < \delta$ 有 $h(f) = h_\varepsilon(f)$.

证明　固定 γ 和 ε, 使得 $0 < \gamma < \varepsilon < \delta$. 我们证明 $h_{2\gamma}(f) = h_\varepsilon(f)$. 由单调性, 只需证明 $h_{2\gamma}(f) \leqslant h_\varepsilon(f)$.

由可扩性, 对不同点 x 和 y, 存在某个 $i \in \mathbb{Z}$, 使得 $d(f^i(x), f^i(y)) \geqslant \delta > \varepsilon$. 由于集合 $\{(x, y) \in X \times X : d(x, y) \geqslant \gamma\}$ 是紧的, 存在 $k = k(\gamma, \varepsilon) \in \mathbb{N}$, 使得如果 $d(x, y) \geqslant \gamma$, 则对某个 $|i| \leqslant k$ 有 $d(f^i(x), f^i(y)) > \varepsilon$. 因此, 如果 A 是 (n, γ) 分离集, 则 $f^{-k}(A)$ 是 $(2n + k, \varepsilon)$ 分离集. 从而由引理 2.5.1, $h_\varepsilon(f) \geqslant h_{2\gamma}(f)$.　　　□

注 2.5.8　连续 (半) 流的拓扑熵可以作为时间 1 映射的熵定义. 另外, 它也可利用与距离 d_n 类似的 $d_T, T > 0$ 定义. 这两个定义等价, 因为时间 t 映射族在 $t \in [0, 1]$ 上等度连续.

练习 2.5.1　设 (X, d) 是紧度量空间. 求证所有度量 d_i 诱导 X 上的相同拓扑.

练习 2.5.2 求证引理 2.5.1 中的余下的不等式.

练习 2.5.3 设 $\{a_n\}$ 是非负实数的次可加序列, 即对所有 m, $n \geqslant 0$ 有 $0 \leqslant a_{m+n} \leqslant a_m + a_n$. 证明 $\lim\limits_{n\to\infty} \dfrac{a_n}{n} = \inf\limits_{n\geqslant 0} \dfrac{a_n}{n}$.

练习 2.5.4 证明等距映射的拓扑熵为零.

练习 2.5.5 设 $g : Y \to Y$ 是 $f : X \to X$ 的因子. 证明 $h(f) \geqslant h(g)$.

练习 2.5.6 设 Y 和 Z 是紧度量空间, $X = Y \times Z$, π 是到 Y 的投影. 假设 $f : X \to X$ 是连续映射 $g : Y \to Y$ 的一个等距扩张, 即 $\pi \circ f = g \circ \pi$, 且对满足 $\pi(x_1) = \pi(x_2)$ 的所有 $x_1, x_2 \in Y$, 有 $d(f(x_1), f(x_2)) = d((x_1), (x_2))$. 证明 $h(f) = h(g)$.

练习 2.5.7 证明紧流形上的连续可微映射的拓扑熵是有限的.

2.6 某些例子的拓扑熵

这一节我们计算第 1 章中一些例子的拓扑熵.

命题 2.6.1 设 $\widetilde{A}$ 是行列式为 1、特征值为 $\lambda, \lambda^{-1}, |\lambda| > 1$ 的 2×2 整数矩阵; $A : \mathbb{T}^2 \to \mathbb{T}^2$ 是相应的双曲环面自同构. 那么 $h(A) = \log |\lambda|$.

证明 自然投影 $\pi : \mathbb{R}^2 \to \mathbb{R}^2/\mathbb{Z}^2 = \mathbb{T}^2$ 是一个局部同胚, $\pi\widetilde{A} = A\pi$. $\mathbb{R}^2$ 上的任何度量 $\tilde{d}$ 在整数平移诱导 $\mathbb{T}^2$ 上的度量 d 下不变, 其中 $d(x,y)$ 是集合 $\pi^{-1}(x)$ 与集合 $\pi^{-1}(y)$ 之间的 $\tilde{d}$ 距离. 对这些度量, π 是局部等距的.

设 v_1, v_2 是 A 的 (Euclid) 长度为 1 对应于特征值 λ, λ^{-1} 的特征向量. 对 $x, y \in \mathbb{R}^2$, 记 $x - y = a_1 v_1 + a_2 v_2$, 并定义 $d(x,y) = \max(|a_1|, |a_2|)$. 这是 $\mathbb{R}^2$ 上的平移不变度量. 半径为 ε 的 $\tilde{d}$ 球是平行四边形, 它的两条边的 (Euclid) 长度为 2ε 且平行于 v_1 和 v_2. 在度量 $\tilde{d}_n$ (由 $\widetilde{A}$ 定义) 下, 半径为 ε 的球是 v_1 方向边长为 $2\varepsilon|\lambda|^{-n}$, v_2 方向边长为 2ε 的矩形. 特别地, 半径为 ε 的 $\tilde{d}_n$ 球的面积不大于 $4\varepsilon^2|\lambda|^{-n}$. 由于在 $\mathbb{T}^2$ 上诱导的度量 d 局部等距于 $\tilde{d}$, 得知对充分小

的 ε, $\mathbb{T}^2$ 中半径为 ε 的 d_n 球的 Euclid 面积至多是 $4\varepsilon^2|\lambda|^{-n}$. 由此得知, 覆盖 $\mathbb{T}^2$ 所需 d_n 半径 ε 球的个数至少是

$$\text{area}\,(\mathbb{T}^2)/4\varepsilon^2|\lambda|^{-n} = |\lambda|^n/4\varepsilon^2.$$

由于直径为 ε 的集合包含在半径为 ε 的开球内, 故 $\text{cov}\,(n,\varepsilon,A) \geqslant |\lambda|^n/4\varepsilon^2$. 因此, $h(A) \geqslant \log|\lambda|$.

反之, 由于闭 $\tilde{d}_n$ 球是平行四边形, 存在 ε 球的平面平铺, 其内部不相交. 这样的球的 Euclid 面积是 $C\varepsilon^2|\lambda|^{-n}$, 其中 C 依赖于 v_1 与 v_2 之间的角度. 对足够小的 ε, 任何与单位正方形 $[0,1]\times[0,1]$ 相交的 ε 球整个地位于更大正方形 $[-1,2]\times[-1,2]$ 内. 因此, 这种与单位正方形相交的球的个数不超过被半径为 ε 的 $\tilde{d}_n$ 球的面积所分割的更大正方形的面积. 因此, 环面可被 $9\lambda^n/C\varepsilon^2$ 个半径为 ε 的闭 d_n 球所覆盖. 由此得知 $\text{cov}\,(n,2\varepsilon,A) \leqslant 9\lambda^n/C\varepsilon^2$, 从而 $h(A) \leqslant \log|\lambda|$. □

为了在高维建立对应的结果, 需要线性代数的某些结果. 设 B 是 $k\times k$ 复矩阵. 如果 λ 是 B 的特征值, 令

$$V_\lambda = \{v\in\mathbb{C}^k : (B-\lambda I)^i v = 0,\ \text{对某个}\ i\in\mathbb{N}\}.$$

如果 B 是实的, γ 是实特征值, 令

$$V_\gamma^{\mathbb{R}} = \mathbb{R}^k \cap V_\gamma = \{v\in\mathbb{R}^k : (B-\gamma I)^i = 0,\ \text{对某个}\ i\in\mathbb{N}\}.$$

如果 B 是实的, $\lambda,\overline{\lambda}$ 是一对复特征值, 令

$$V_{\lambda,\overline{\lambda}}^{\mathbb{R}} = \mathbb{R}^k \cap (V_\lambda \oplus V_{\overline{\lambda}}).$$

这些空间称为广义特征空间.

引理 2.6.2 设 B 是 $k\times k$ 复矩阵, λ 是 B 的特征值. 那么对每个 $\delta>0$ 存在 $C(\delta)>0$, 使得对每个 $n\in\mathbb{N}$ 与每个 $v\in V_\lambda$ 有

$$C(\delta)^{-1}(|\lambda|-\delta)^n\|v\| \leqslant \|B^n v\| \leqslant C(\delta)(|\lambda|+\delta)^n\|v\|.$$

证明 只需对 Jordan 块证明这个引理. 因此, 不失一般性, 假设 B 的对角线元素是 λ, 对角线上方是 1, 其他地方是 0. 按此假设,

$V_\lambda = \mathbb{C}^k$, 且在标准基 $e_1, \ldots, e_k$ 下有 $Be_1 = \lambda e_1$, 以及对 $i = 2, \ldots, k$, 有 $Be_i = \lambda e_i + e_{i-1}$. 对 $\delta > 0$, 考虑基 $e_1, \delta e_2, \delta^2 e_3, \ldots, \delta^{k-1} e_k$. 在此基下, 线性映射 B 由矩阵

$$B_\delta = \begin{pmatrix} \lambda & \delta & & & \\ & \lambda & \delta & & \\ & & \ddots & \ddots & \\ & & & \lambda & \delta \\ & & & & \lambda \end{pmatrix}$$

表示. 注意到 $B_\delta = \lambda I + \delta A$, 其中 $||A|| \leqslant 1$, 这里 $||A|| = \sup\limits_{v \neq 0} \dfrac{||Av||}{||v||}$. 因此

$$(|\lambda| - \delta)^n ||v|| \leqslant ||B_\delta^n v|| \leqslant (|\lambda| + \delta)^n ||v||.$$

由于 B_δ 共轭于 B, 存在常数 $C(\delta) > 0$ 界定基变换的畸变. $\qquad\square$

引理 2.6.3 设 B 是 $k \times k$ 实矩阵, λ 是 B 的特征值. 那么对每个 $\delta > 0$ 存在 $C(\delta) > 0$, 使得对每个 $n \in \mathbb{N}$ 与每个 $v \in V_\lambda$ (如果 $\lambda \in \mathbb{R}$), 或者对每个 $v \in V_{\lambda, \bar\lambda}$ (如果 $\lambda \notin \mathbb{R}$),

$$C(\delta)^{-1}(|\lambda| - \delta)^n ||v|| \leqslant ||B^n v|| \leqslant C(\delta)(|\lambda| + \delta)^n ||v||.$$

证明 如果 λ 是实数, 则结论由引理 2.6.2 得知. 如果 λ 是复数, 则由引理 2.6.2 对 V_λ 和 $V_{\bar\lambda}$ 的估计得到对 $V_{\lambda, \bar\lambda}$ 的类似估计, 其中新常数 $C(\delta)$ 依赖 V_λ 和 $V_{\bar\lambda}$ 之间的角度与 V_λ 和 $V_{\bar\lambda}$ 估计中的常数 (因为 $|\lambda| = |\bar\lambda|$). $\qquad\square$

命题 2.6.4 设 $\tilde{A}$ 是行列式为 1、特征值为 $\alpha_1, \ldots, \alpha_k$ 的 $k \times k$ 整数矩阵, 其中

$$|\alpha_1| \geqslant |\alpha_2| \geqslant \cdots \geqslant |\alpha_m| > 1 > |\alpha_{m+1}| \geqslant \cdots \geqslant |\alpha_k|.$$

又设 $A : \mathbb{T}^k \to \mathbb{T}^k$ 是相应的双曲环面自同构. 那么

$$h(A) = \sum_{i=1}^{m} \log |\alpha_i|.$$

证明　设 $\gamma_1, \ldots, \gamma_j$ 是 $\tilde{A}$ 的相异实特征值, $\lambda_1, \overline{\lambda_1}, \ldots, \lambda_m, \overline{\lambda_m}$ 是 $\tilde{A}$ 的相异复特征值. 则

$$\mathbb{R}^k = \bigoplus_{i=1}^{j} V_{\gamma_i} \oplus \bigoplus_{i=1}^{m} V_{\lambda_i, \overline{\lambda_i}},$$

任何向量 $v \in \mathbb{R}^k$ 可唯一分解为 $v = v_1 + \cdots + v_{j+m}$, 其中 v_i 在对应的广义特征空间内. 给定 $x, y \in \mathbb{R}^k$, 令 $v = x - y$, 定义 $\tilde{d}(x, y) = \max(|v_1|, \ldots, |v_{j+m}|)$. 这是 $\mathbb{R}^k$ 上的平移不变度量, 因此继承 $\mathbb{T}^k$ 上的度量. 现在, 利用引理 2.6.3, 命题的证明由命题 2.6.1 (练习 2.6.3) 证明的类似论述得到.　　　　□

接下来考虑的例子是 1.9 节介绍的螺线管.

命题 2.6.5　螺线管映射 $F : S \to S$ 的拓扑熵是 $\log 2$.

证明　回忆 1.9 节, F 拓扑共轭于自同构 $\alpha : \Phi \to \Phi$, 其中

$$\Phi = \{(\phi_i)_{i=0}^{\infty} : \phi_i \in [0, 1), \phi_i = 2\phi_{i+1} \bmod 1\},$$

α 是坐标乘以 $2 \pmod 1$. 因此 $h(F) = h(\alpha)$. 设 $|x - y|$ 表示 $S^1 = [0, 1] \bmod 1$ 上的距离. 距离函数

$$d(\phi, \phi') = \sum_{n=0}^{\infty} \frac{1}{2^n} |\phi_n - \phi_n'|$$

生成 1.9 节引入的 Φ 的拓扑.

映射 $\pi : \Phi \to S^1$, $(\phi_i)_{i=0}^{\infty} \mapsto \phi_0$ 是 α 到 E_2 的半共轭. 因此, $h(\alpha) \geqslant h(E_2) = \log 2$ (练习 2.6.1). 我们通过构造 (n, ε) 生成集来建立不等式 $h(\alpha) \leqslant \log 2$.

固定 $\varepsilon > 0$ 并选择 $k \in \mathbb{N}$ 使得 $2^{-k} < \varepsilon/2$. 对 $n \in \mathbb{N}$, 设 $A_n \subset \Phi$ 是由 2^{n+2k} 个序列 $\psi^j = (\psi_i^j)$ 组成, 其中 $\psi_i^j = j \cdot 2^{-(n+k+i)} \bmod 1$, $j = 0, \ldots, 2^{n+2k} - 1$. 我们希望 A_n 是 (n, ε) 生成集. 设 $\phi = (\phi_i)$ 是 Φ 中的点. 选择 $j \in \{0, \ldots, 2^{n+2k} - 1\}$ 使得 $|\phi_k - j \cdot 2^{-(n+2k)}| \leqslant 2^{-(n+2k+1)}$. 于是对 $0 \leqslant i \leqslant k$ 有 $|\phi_i - \psi_i^j| \leqslant 2^{k-i} 2^{-(n+2k+1)}$. 由此

得知, 对 $0 \leqslant m \leqslant n$, 有

$$d(\alpha^m \phi, \alpha^m \psi^j) = \sum_{i=0}^{\infty} \frac{|2^m \phi_i - 2^m \psi_i^j|}{2^i} < \sum_{i=0}^{k} \frac{2^m |\phi_i - \psi_i^j|}{2^i} + \frac{1}{2^k}$$

$$< 2^m \sum_{i=0}^{k} \frac{2^{k-i} 2^{-(n+2k+1)}}{2^i} + \frac{1}{2^k} < \frac{1}{2^{k-1}} < \varepsilon.$$

因此 $d_n(\phi, \psi^j) < \varepsilon$, 所以 A_n 是一个 (n, ε) 生成集. 从而

$$h(\alpha) \leqslant \lim_{n \to \infty} \frac{1}{n} \log \operatorname{card} A_n = \log 2. \qquad \Box$$

注意, $\alpha : \Phi \to \Phi$ 是扩张常数为 $1/3$ 的扩张映射 (练习 2.6.4), 因此, 由命题 2.5.7, 对任何 $\varepsilon < 1/3$ 有 $h_\varepsilon(\alpha) = h(\alpha)$.

练习 2.6.1 计算扩张自同态 $E_m : S^1 \to S^1$ 的拓扑熵.

练习 2.6.2 计算全单边和全双边 m 移位的拓扑熵.

练习 2.6.3 完成命题 2.6.4 的证明.

练习 2.6.4 证明螺线管映射 (1.9 节) 是扩张的.

2.7 等度连续性、远距性与邻近性[①]

这一节我们描述一对轨道上有关对应点之间的距离的渐近性态的许多性质.

设 $f : X \to X$ 是紧 Hausdorff 空间的一个同胚. 点 $x, y \in X$ 称为邻近的, 如果 (x, y) 的轨道闭包 $\overline{\mathcal{O}((x, y))}$ 在 $f \times f$ 作用下交于对角线集合 $\Delta = \{(z, z) \in X \times X : z \in X\}$. 每一点是它自己的邻近. 如果两点 $x, y \in X$ 不邻近, 即如果 $\overline{\mathcal{O}((x, y))} \cap \Delta = \varnothing$, 则称它们为远距的. 同胚 $f : X \to X$ 是远距的, 如果不同的每对点 $x, y \in X$ 是远距的. 若 (X, d) 是一个紧度量空间, 则 $x, y \in X$ 是邻近的, 如果存在序列 $n_k \in \mathbb{Z}$, 使得当 $k \to \infty$ 时 $d(f^{n_k}(x), f^{n_k}(y)) \to 0$; 点 $x, y \in X$ 是远距的, 如果存在 $\varepsilon > 0$, 使得对所有 $n \in \mathbb{Z}$ 有 $d(f^n(x), f^n(y)) > \varepsilon$ (练习 2.7.2).

[①]这一节的某些论述是 J. Auslander 转让给我们的.

紧度量空间 (X, d) 的同胚 f 称为是等度连续的, 如果 f 所有的迭代族是等度连续族, 即对任何 $\varepsilon > 0$, 存在 $\delta > 0$ 使得由 $d(x, y) < \delta$, 对所有 $n \in \mathbb{Z}$ 有 $d(f^n(x), f^n(y)) < \varepsilon$. 等距映射保持距离, 因此是等度连续的. 等度连续映射与等距映射共享许多动力学性质. 第 1 章中等度连续的例子只有群平移, 包括圆周旋转.

用 $f \times f$ 记 f 在 $X \times X$ 上的诱导作用, 定义为 $f \times f(x, y) = (f(x), f(y))$.

命题 2.7.1　无穷紧度量空间的扩张同胚不是远距的.

证明　练习 2.7.1.　　　　　　　□

命题 2.7.2　等度连续的同胚是远距的.

证明　假设等度连续的同胚 $f: X \to X$ 不是远距的. 则存在一对邻近点 $x, y \in X$, 使得对某个序列 $n_k \in \mathbb{Z}$ 有 $d(f^{n_k}(x), f^{n_k}(y)) \to 0$. 设 $x_k = f^{n_k}(x)$ 和 $y_k = f^{n_k}(y)$. 令 $\varepsilon = d(x, y)$. 于是, 对任何 $\delta > 0$, 存在某个 $k \in \mathbb{N}$ 使得 $d(x_k, y_k) < \delta$, 但是 $d(f^{-n_k}(x_k), f^{-n_k}(y_k)) = \varepsilon$, 所以 f 不等度连续.　　　　　□

远距的同胚不必等度连续. 考虑由
$$x \mapsto x + \alpha \bmod 1,$$
$$y \mapsto x + y \bmod 1$$
定义的映射 $F: \mathbb{T}^2 \to \mathbb{T}^2$. 视 $\mathbb{T}^2$ 为单位正方形对边的等同, 并用 Euclid 度量继承度量. 为看到这个映射是远距的, 设 $(x, y), (x', y')$ 是 $\mathbb{T}^2$ 中两个不同点. 如果 $x \neq x'$, 则 $d(F^n(x, y), F^n(x', y'))$ 至少是 $d((x, 0), (x', 0))$, 它是常数. 如果 $x = x'$, 则 $d(F^n(x, y), F^n(x', y')) = d((x, y), (x', y'))$. 因此这对点 $(x, y), (x', y')$ 是远距的. 为看到 F 不等度连续, 令 $p = (0, 0)$ 和 $q = (\delta, 0)$, 则对所有 n, $F^n(p)$ 与 $F^n(q)$ 的第 1 个坐标之间的差是 δ. $F^n(p)$ 与 $F^n(q)$ 的第 2 个坐标之间的差是 $n\delta$, 只要 $n\delta < 1/2$. 因此, 存在任意接近在一起但函数值至少分开 $1/4$ 的点, 所以 F 不等度连续.

上面的映射是远距扩张的一个例子. 假设同胚 $g: Y \to Y$ 是同胚 $f: X \to X$ 的一个扩张, 投影为 $\pi: Y \to X$. 我们说扩张是远距的, 如果满足 $\pi(y) = \pi(y')$ 的任何一对不同点 $y, y' \in Y$ 是远距的.

上一节的映射 $F:\mathbb{T}^2\to\mathbb{T}^2$ 是圆周旋转的远距扩张, 它在第一个因子上的投影是因子映射. 前一节论述的直接推广显示, 远距同胚的远距扩张是远距的. 此外, 如我们在这一节后面证明的, 远距映射的任何因子是远距的. 因此, (X_1,f_1) 和 (X_2,f_2) 是远距的, 当且仅当 $(X_1\times X_2,f_1\times f_2)$ 是远距的.

类似地, $\pi:Y\to X$ 是一个等距扩张, 如果当 $\pi(y)=\pi(y')$ 时 $d(g(y),g(y'))=d(y,y')$. 扩张 $\pi:Y\to X$ 是一个等度连续扩张, 如果对任何 $\varepsilon>0$, 存在 $\delta>0$ 使得只要 $\pi(y)=\pi(y')$ 和 $d(y,y')<\delta$, 则对所有 n 有 $d(g^n(y),g^n(y'))<\varepsilon$. 等距扩张是等度连续扩张; 等度连续扩张是远距扩张.

为了证明定理 2.7.4, 我们需要下面的概念: 对子集 $A\subset X$ 和同胚 $f:X\to X$, 用 f_A 记 f 在积空间 X^A 上的诱导作用 (X^A 的元素 z 是函数 $z:A\to X$, $f_A(z)=f\circ z$). 我们说 $A\subset X$ 是概周期的, 如果值域为 A 的每一点 $z\in X^A$ 是 (X^A,f_A) 的概周期点. 就是说, A 是概周期的, 如果对每个有限子集 $a_1,\ldots,a_n\in A$, 以及邻域 $U_1,\ldots,U_n(a_1\in U_1,\ldots,a_n\in U_n)$, 集合 $\{k\in\mathbb{Z}:f^k(a_i)\in U_i,1\leqslant i\leqslant n\}$ 在 $\mathbb{Z}$ 中是连结的 (syndetic). 概周期集的每个子集都是概周期集. 注意, 如果 x 是 f 的概周期点, 则 $\{x\}$ 是概周期集.

引理 2.7.3　每个概周期集包含在最大概周期集中.

证明　设 A 是概周期集, $\mathcal{C}$ 是包含 A 的概周期集的全序集族, 以包含为序. 集合 $\bigcup_{C\in\mathcal{C}}C$ 是概周期集且是 $\mathcal{C}$ 的最大元素. 由 Zorn 引理, 存在包含 A 的最大概周期集.　□

定理 2.7.4　设 f 是紧 Hausdorff 空间 X 的一个同胚. 则每个 $x\in X$ 邻近于概周期点.

证明　如果 x 是概周期点, 则定理已经得证, 因为 x 邻近于它自己. 假设 x 不是概周期点, 设 A 是最大概周期集. 由定义 $x\notin A$. 设 $z\in X^A$ 有值域 A, 考虑 $(x,z)\in(X\times X^A)$. 令 (x_0,z_0) 是 $\overline{\mathcal{O}(x,z)}$ 中 $((f\times f_A)$ 的) 概周期点. 由于 z 是概周期的, $z\in\overline{\mathcal{O}(z_0)}$. 因此存在 $x'\in X$ 使得 (x',z) 是概周期的, 且 $(x',z)\in\overline{\mathcal{O}(x,z)}$ (命题 2.1.1). 从而 $\{x'\}\cup\mathrm{range}\,(z)=\{x'\}\cup A$ 是概周期集. 因为 A 是最大集, $x'\in A$, 即 x' 作为 z 的一个坐标出现. 由此得知 $(x',x')\in\overline{\mathcal{O}(x,x')}$,

x 邻近于 x'.　　　　　　　　　　　　　　　　　　　□

　　紧 Hausdorff 空间 X 的同胚 f 称为逐点概周期的, 如果每一点是概周期点. 由命题 2.1.3, 这发生在当且仅当 X 是极小集的并.

　　命题 2.7.5　设 f 是紧 Hausdorff 空间 X 的远距同胚. 那么 f 是逐点概周期的.

　　证明　设 $x \in X$. 于是, 由定理 2.7.4, x 邻近于概周期点 $y \in X$. 由于 f 是远距的, $x = y$ 且 x 是概周期的.　　　　□

　　命题 2.7.6　紧 Hausdorff 空间的同胚是远距的, 当且仅当积系统 $(X \times X, f \times f)$ 是逐点概周期的.

　　证明　如果 f 是远距的, 则 $f \times f$ 也是, 因此 $f \times f$ 是逐点概周期的. 反之, 假设 $f \times f$ 是逐点概周期的, 又设 $x, y \in X$ 是不同点. 若 x 和 y 是邻近的, 则存在 z 满足 $(z, z) \in \overline{\mathcal{O}(x, y)}$. 回忆 $\overline{\mathcal{O}(x, y)}$ 是极小的 (命题 2.1.3). 但由于 $(x, y) \notin \overline{\mathcal{O}(z, z)}$, 矛盾.　　　　□

　　命题 2.7.7　紧 Hausdorff 空间的远距同胚 f 的因子是远距的.

　　证明　设 $g : Y \to Y$ 是 f 的因子. 由命题 2.7.6, $f \times f$ 是逐点概周期的. 由于 $(g \times g)$ 是 $f \times f$ 的因子, 它是逐点概周期的 (练习 2.7.5), 因此它是远距的.　　　　□

　　我们对远距动力系统类具有特殊的兴趣, 因为它在因子扩张和等距扩张下是闭的. 极小远距系统类是这类极小系统的最小的: 按照 Furstenberg 的结构定理 [Fur63], 每个极小远距同胚 (或流) 可通过从单点动力系统开始的等距扩张 (可能超限) 序列来得到.

　　练习 2.7.1　证明命题 2.7.1.

　　练习 2.7.2　证明在这节开始的远距点和邻近点的拓扑定义与度量定义的等价性.

　　练习 2.7.3　给出紧度量空间 (X, d) 同胚 f 的一个例子, 使得当 $n \to \infty$ 时, 对每对 $x, y \in X$ 有 $d(f^n(x), f^n(y)) \to 0$.

　　练习 2.7.4　证明 Σ_m 的任何无穷闭移位不变子集包含一对

邻近点.

练习 2.7.5 证明逐点概周期系统的因子是逐点概周期的.

2.8 拓扑回复在 Ramsey 理论中的应用[①]

在这一节中我们建立几个 Ramsey 型结果, 以阐明如何将拓扑动力系统应用到组合数论. Ramsey 理论的一个主要原理是相当丰富的结构不被有限分割所破坏 (关于 Ramsey 理论更多的信息见 [Ber96]). 这种论述的一个例子是这一节后面我们要证明的 van der Waerden 定理. 我们通过证明有限域上的无穷维向量空间的 Ramsey 理论的结果来结束本节.

定理 2.8.1 (van der Waerden) 对每个有限分割 $\mathbb{Z} = \bigcup_{k=1}^m S_k$, 集合 S_k 之一包含任意长 (有限) 的等差数列.

我们将 van der Waerden 定理作为拓扑动力系统的一般回复性质的结果来得到.

从 1.4 节我们回忆, 具有度量 $d(\omega, \omega') = 2^{-k}$ 的 $\Sigma_m = \{1, 2, \dots, m\}^{\mathbb{Z}}$ 是紧度量空间, 其中 $k = \min\{|i| : \omega_i \neq \omega_i'\}$. 移位 $\sigma : \Sigma_m \to \Sigma_m, (\sigma\omega)_i = \omega_{i+1}$ 是同胚. 有限分割 $\mathbb{Z} = \bigcup_{k=1}^m S_k$ 可看作为序列 $\xi \in \Sigma_m$, 对此当 $i \in S_k$ 时 $\xi_i = k$. 令 $X = \overline{\bigcup_{i=1}^{\infty} \sigma^i \xi}$ 是 ξ 在 σ 作用下的轨道的闭包, 令 $A_k = \{\omega \in X : \omega_0 = k\}$. 如果 $\omega \in A_k, \omega' \in X$ 且 $d(\omega, \omega') < 1$, 则 $\omega' \in A_k$. 因此, 如果存在整数 $p, q \in \mathbb{N}$ 和 $\omega \in X$, 使得对 $0 \leqslant i \leqslant q-1$ 有 $d(\sigma^{ip}\omega, \omega) < 1$, 则存在 $r \in \mathbb{Z}$, 使得对 $i = r, r+p, \dots, r+(q-1)p$ 有 $\xi_j = \omega_0$. 因此, 定理 2.8.1 由下面的多重回复性质得到 (练习 2.8.1).

命题 2.8.2 设 T 是紧度量空间 X 的同胚. 则对每个 $\varepsilon > 0$ 和 $q \in \mathbb{N}$, 存在 $p \in \mathbb{N}$ 和 $x \in X$, 使得对 $0 \leqslant j \leqslant q$ 有 $d(T^{jp}(x), x) < \varepsilon$.

我们将命题 2.8.2 作为更一般叙述 (定理 2.8.3) 的结论得到, 它的其他推论在组合数论中也有应用.

设 $\mathcal{F}$ 是 $\mathbb{N}$ 的所有有限非空子集族. 对 $\alpha, \beta \in \mathcal{F}$, 记 $\alpha < \beta$, 若 α 的每个元素小于 β 的每个元素. 对可交换群 G, 映射 $T : \mathcal{F} \to$

[①]这一节的叙述大部分引用 [Ber00].

$G, \alpha \mapsto T_\alpha$ 在 G 中定义一个 IP 系统, 如果对每个 $\{i_1, \ldots, i_k\} \in \mathcal{F}$ 有

$$T_{\{i_1, \ldots, i_k\}} = T_{\{i_1\}} \cdot \cdots \cdot T_{\{i_k\}},$$

特别地, 如果 $\alpha, \beta \in \mathcal{F}$ 以及 $\alpha \cap \beta = \varnothing$, 则 $T_{\alpha \cup \beta} = T_\alpha T_\beta$. 每个 IP 系统 T 由元素 $T_{\{n\}} \in G, n \in \mathbb{N}$ 生成.

设 G 是拓扑空间 X 的同胚群. 对 $x \in X$ 用 Gx 表示 x 在 G 作用下的轨道. 我们说 G 极小地作用在 X 上, 如果对每个 $x \in X$, 轨道 Gx 在 X 中稠密.

定理 2.8.3 (Furstenberg-Weiss [FW78]) 设 G 是极小地作用在紧拓扑空间 X 上的交换群. 那么对每个非空开集 $U \subset X$, 每个 $n \in \mathbb{N}$, 每个 $\alpha \in \mathcal{F}$, 以及 G 中任何 IP 系统 $T^{(1)}, \ldots, T^{(n)}$, 存在 $\beta \in \mathcal{F}$ 使得 $\alpha < \beta$, 以及

$$U \cap T_\beta^{(1)}(U) \cap \cdots \cap T_\beta^{(n)}(U) \neq \varnothing.$$

证明 [Ber00] 由于 G 极小作用, 又 X 是紧的, 故存在元素 $g_1, \ldots, g_m \in G$, 满足 $\bigcup_{i=1}^m g_i(U) = X$ (练习 2.8.2).

对 n 用归纳法. 对 $n = 1$, 设 T 是 IP 系统, $U \subset X$ 是非空开集. 令 $V_0 = U$. 递归定义 $V_k = T_{\{k\}}(V_{k-1}) \cap g_{i_k}(U)$, 其中选择 i_k, 使得 $1 \leqslant i_k \leqslant m$ 且 $T_{\{k\}}(V_{k-1}) \cap g_{i_k}(U) \neq \varnothing$. 由构造, $T_{\{k\}}^{-1}(V_k) \subset V_{k-1}$ 和 $V_k \subset g_{i_k}(U)$. 特别地, 由鸽舍原理, 存在 $1 \leqslant i \leqslant m$ 和任意大 $p < q$ 使得 $V_p \cup V_q \subset g_i(U)$. 选择 p 使得 $\beta = \{p+1, p+2, \ldots, q\} > \alpha$. 于是集合 $W = g_i^{-1}(V_q) \subset U$ 是非空的, 而且

$$\begin{aligned} T_\beta^{-1}(W) &= g_i^{-1}(T_{\{p+1\}}^{-1} \cdots T_{\{q\}}^{-1}(V_q)) \\ &\subset g_i^{-1}(T_{\{p+1\}}^{-1}(V_{p+1})) \subset g_i^{-1}(V_p) \subset U. \end{aligned}$$

因此, $U \cap T_\beta(U) \supset W \neq \varnothing$.

假设定理对 G 中的任何 n 个 IP 系统成立. 令 $U \subset X$ 为非空开集, $T^{(1)}, \ldots, T^{(n+1)}$ 是 G 中的 IP 系统. 我们构造非空开子集序列 $V_k \subset X$ 和递增序列 $\alpha_k \in \mathcal{F}, \alpha_k > \alpha$, 使得 $V_0 = U, \bigcup_{j=1}^{n+1} (T_{\alpha_k}^{(j)})^{-1}(V_k) \subset V_{k-1}$, 并且, 对某个 $1 \leqslant i_k \leqslant m$, 有 $V_k \subset g_{i_k}(U)$.

将归纳法假设应用于 $V_0 = U$ 和 n 个 IP 系统 $(T^{(n+1)})^{-1} T^{(j)}$,

$j = 1, \ldots, n$, 则存在 $\alpha_1 > \alpha$ 使得

$$V_0 \cap (T_{\alpha_1}^{(n+1)})^{-1} T_{\alpha_1}^{(1)}(V_0) \cap \cdots \cap (T_{\alpha_1}^{(n+1)})^{-1} T_{\alpha_1}^{(n)}(V_0) \neq \varnothing.$$

应用 $T_{\alpha_1}^{(n+1)}$, 并对适当的 $1 \leqslant i_1 \leqslant m$, 令

$$V_1 = g_{i_1}(V_0) \cap T_{\alpha_1}^{(1)}(V_0) \cap T_{\alpha_1}^{(2)}(V_0) \cap \cdots \cap T_{\alpha_1}^{(n+1)}(V_0) \neq \varnothing.$$

如果 V_{k-1} 和 α_{k-1} 已经构造了, 应用归纳法假设于 V_{k-1} 和 IP 系统 $(T^{(n+1)})^{-1} T^{(j)}, j = 1, \ldots, n$, 得到 $\alpha_k > \alpha_{k-1}$, 使得

$$V_{k-1} \cap (T_{\alpha_k}^{(n+1)})^{-1} T_{\alpha_k}^{(1)}(V_{k-1}) \cap \cdots \cap (T_{\alpha_k}^{(n+1)})^{-1} T_{\alpha_k}^{(n)}(V_{k-1}) \neq \varnothing.$$

应用 $T_{\alpha_k}^{(n+1)}$, 并对适当的 $1 \leqslant i_k \leqslant m$, 令

$$V_k = g_{i_k}(V_0) \cap T_{\alpha_k}^{(1)}(V_{k-1}) \cap T_{\alpha_k}^{(2)}(V_{k-1}) \cap \cdots \cap T_{\alpha_k}^{(n+1)}(V_{k-1}) \neq \varnothing.$$

由构造, 序列 α_k 和 V_k 有所要求的性质. 由于 $V_k \subset g_{i_k}(U)$, 存在 $1 \leqslant i \leqslant m$, 使得对无穷多个 k 有 $V_k \subset g_i(U)$. 因此存在任意大的 $p < q$, 使得 $V_p \cup V_q \subset g_i(U)$. 设 $W = g_i^{-1}(V_q) \subset U$ 和 $\beta = \alpha_{p+1} \cup \cdots \cup \alpha_q$. 因此 $W \neq \varnothing$, 且对每个 $1 \leqslant j \leqslant n+1$, 有

$$
\begin{aligned}
(T_\beta^{(j)})^{-1}(W) &= g_i^{-1}(T_{\alpha_{s+1}}^{(j)})^{-1}(V_q) \\
&\subset g_i^{-1}(T_{\alpha_{s+1}}^{(j)})^{-1}(V_{q-1}) \subset \cdots \subset g_i^{-1}(V_p) \subset U.
\end{aligned}
$$

因此, $\bigcup_{j=1}^{n+1} (T_\beta^{(j)})^{-1} W \subset U$, 从而 $\bigcup_{j=1}^{n+1} (T_\beta^{(j)})^{-1} U \neq \varnothing$. $\qquad \square$

推论 2.8.4 设 G 是紧度量空间 X 上的一个同胚交换群, $T^{(1)}, \ldots, T^{(n)}$ 是 G 中的 IP 系统. 那么对每个 $\alpha \in \mathcal{F}$ 和每个 $\varepsilon > 0$, 存在 $x \in X$ 和 $\beta > \alpha$, 使得对每个 $1 \leqslant i \leqslant n$ 有 $d(x, T_\beta^{(i)}(x)) < \varepsilon$.

证明 类似于命题 2.1.2, 存在非空闭 G 不变子集 $X' \subset X$, G 在其上极小作用 (练习 2.8.3). 从而, 推论由定理 2.8.3 得知. $\qquad \square$

命题 2.8.2 的证明 设 $G = \{T^k\}_{k \in \mathbb{Z}}$. 对 $\alpha \in \mathcal{F}$, 用 $|\alpha|$ 记 α 中元素之和. 应用推论 2.8.4 于 G, X 和 IP 系统 $T_\alpha^{(j)} = T^{j|\alpha|}, 1 \leqslant j \leqslant q-1$. 命题得证. $\qquad \square$

定理 2.8.1 的下面推广也由推论 2.8.4 得到.

定理 2.8.5　设 $d \in \mathbb{N}$, A 是 $\mathbb{Z}^d$ 的有限子集. 那么对每个有限分割 $\mathbb{Z}^d = \bigcup_{k=1}^m S_k$, 存在 $k \in \{1, \ldots, m\}$, $z_0 \in \mathbb{Z}^d$ 和 $n \in \mathbb{N}$, 使得对每个 $a \in A$ 有 $z_0 + na \in S_k$, 即 $z_0 + nA \subset S_k$.

证明　练习 2.8.5.　　　　　　　　　　　　　　　　　　　□

设 V_F 是有限域 F 上的一个无穷维向量空间. 子集 $A \subset V_F$ 是 d 维仿射子空间, 如果存在 $v \in V_F$, 以及线性无关的 $x_1, \ldots, x_d \in V_F$, 使得 $A = v + \mathrm{span}\,(x_1, \ldots, x_d)$.

定理 2.8.6 [GLR72], [GLR73]　对每个有限分割 $V_F = \bigcup_{k=1}^m S_k$, 集合 S_k 之一包含任意大 (有限) 维数的仿射子空间.

证明 ([Ber00]; 见定理 2.8.3)　我们说子集 $L \subset V_F$ 是色 j 的单色, 如果 $L \subset S_j$.

由于 V_F 是无穷的, 它包含可数多个同构于 Abel 群

$$F_\infty = \{\mathbf{a} = (a_i)_{i=1}^\infty \in F^{\mathbb{N}} : a_i = 0, \quad \text{对所有但有限个 } i \in \mathbb{N}\}$$

的子空间. 不失一般性, 假设 $V_F = F_\infty$. 所有函数 $F_\infty \to \{1, \ldots, m\}$ 的集合 $\Omega = \{1, \ldots, m\}^{F_\infty}$ 与 F_∞ 划分为 m 个子集的所有分割自然等同. $\{1, \ldots, m\}$ 上的离散拓扑与 Ω 上的积拓扑使得它是一个紧 Hausdorff 空间.

设 $\xi \in \Omega$ 对应于分割 $F_\infty = \bigcup_{k=1}^m S_k$, 即 $\xi : F_\infty \to \{1, \ldots, m\}$, $\xi(\mathbf{a}) = k$, 当且仅当 $\mathbf{a} \in S_k$. 每个 $\mathbf{b} \in F_\infty$ 诱导同胚 $T_{\mathbf{b}} : \Omega \to \Omega, (T_{\mathbf{b}}\eta)(\mathbf{a}) = \eta(\mathbf{a} + \mathbf{b})$. 用 $X \subset \Omega$ 表示 ξ 轨道的闭包, $X = \overline{\{\bigcup_{\mathbf{b} \in F_\infty} T_{\mathbf{b}}\xi\}}$. 类似于命题 2.1.2 证明的论述, 由 Zorn 引理, 存在非空闭子集 $X' \subset X$, 群 F_∞ 在其上极小作用.

设 $g : \mathcal{F} \to F_\infty$ 是 F_∞ 中的 IP 系统, 使得元素 $g_n, n \in \mathbb{N}$ 线性无关. 通过令 $T_\alpha = T_{g_\alpha}$ 定义 X 同胚的 IP 系统 T. 对每个 $f \in F$, 令 $T_\alpha^{(f)} = T_{fg_\alpha}$, 得到 $|F| = \mathrm{card} F$ 个 X 的交换同胚的 IP 系统. 令 $\mathbf{0} = (0, 0, \ldots)$ 是 F_∞ 的零元素, $A_i = \{\eta \in \Omega : \eta(\mathbf{0}) = i\}$. 于是每个 A_i 是开的, 且 $\bigcup_{i=1}^m A_i = \Omega$. 因此, 存在 $j \in \{1, \ldots, m\}$ 使得 $U = A_j \cap X' \neq \varnothing$. 由定理 8.2.3, 存在 $\beta_1 \in \mathcal{F}$ 使得 $U_1 = \bigcap_{f \in F} T_{\beta_1}^{(f)}(U) \neq \varnothing$. 如果 $\eta \in U_1$, 则对每个 $f \in F$ 有 $\eta(fg_{\beta_1}) = j$. 换句话说, η 包含色 j 的单色仿射线. 由于 ξ 的轨道在 X' 中稠密,

存在 $\mathbf{b}_1 \in F_\infty$, 使得 $\xi(fg_{\beta_1} + \mathbf{b}_1) = \eta(fg_{\beta_1}) = j$. 因此 S_j 包含仿射线.

为了得到 S_j 中的二维仿射子空间, 应用定理 2.8.3 于 U_1, β_1, 以及 IP 系统的相同族得到 $\beta_2 > \beta_1$, 使得 $U_2 = \bigcap_{f \in F} T^{(f)}_{\beta_2}(U_1) \neq \varnothing$. 由于 g_{β_2} 与每个 $g_\alpha, \alpha < \beta_2$ 线性无关, 每个 $\eta \in U_2$ 包含色 j 的单色二维仿射子空间. 因为 η 可由 ξ 的移位任意逼近, 后者也包含色 j 的单色二维仿射子空间.

按相同方式证明, 可得到任意高维的单色子空间.　　　□

练习 2.8.1　利用命题 2.8.2 证明定理 2.8.1.

练习 2.8.2　证明群 G 极小作用在紧拓扑空间 X 上, 当且仅当对每个非空开集 $U \subset X$, 存在元素 $g_1, \ldots, g_n \in G$, 使得 $\bigcup_{i=1}^n g_i(U) = X$.

练习 2.8.3　证明命题 2.1.2 的下面推广. 如果群 G 由紧度量空间 X 的同胚作用, 则存在非空闭 G 不变子集 X', 在它上面 G 极小作用.

练习 2.8.4　证明 van der Waerden 定理 2.8.1 等价于下面的有限形式: 对每个 $m, n \in \mathbb{N}$, 存在 $k \in \mathbb{N}$, 使得如果集合 $\{1, 2, \ldots, k\}$ 划分为 m 个子集, 则它们中之一包含长度为 n 的等差数列.

*练习 2.8.5　对 $z \in \mathbb{Z}^d$, $\mathbb{Z}^d$ 中由 z 平移诱导 $\Sigma = \{1, \ldots, m\}^{\mathbb{Z}^d}$ 中的同胚 (移位)T_z. 通过考虑对应于 $\mathbb{Z}^d$ 的分割的元素 $\xi \in \Sigma$ 的移位群作用下的轨道闭包, 以及由平移 $T_f, f \in A$ 产生的 $\mathbb{Z}^d$ 中的 IP 系统证明定理 2.8.5.

第 3 章 符号动力学

在 1.4 节中我们介绍了符号动力系统 (Σ_m, σ) 和 (Σ_m^+, σ), 并通过第 1 章的例子说明这两个移位空间是如何自然地出现在其他动力系统的研究中的. 在所有这些例子中, 我们通过不相交子集的有限族对动力系统的轨道用旅程进行编码. 特别地, 根据追溯到 J. Hadamard 的思想, 假设 $f : X \to X$ 是一个离散动力系统. 考虑 X 的一个分割 $\mathcal{P} = \{P_1, P_2, \ldots, P_m\}$, 即 $P_1 \cup P_2 \cup \cdots \cup P_m = X$, 且 $P_i \cap P_j = \varnothing$, $i \neq j$. 对每个 $x \in X$, 令 $\psi_i(x)$ 是包含 $f^i(x)$ 的 $\mathcal{P}$ 的元素的指标. 序列 $(\psi_i(x))_{i \in \mathbb{N}_0}$ 称为 x 的旅程. 这定义了一个映射

$$\psi : X \to \Sigma_m^+ = \{1, 2, \ldots, m\}^{\mathbb{N}_0}, \quad x \mapsto \{\psi_i(x)\}_{i=0}^{\infty},$$

它满足 $\psi \circ f = \sigma \circ \psi$. 空间 Σ_m^+ 是全不连通的, 映射 ψ 通常不连续. 如果 f 可逆, 则 f 的正负迭代定义类似的映射 $X \to \Sigma_m = \{1, 2, \ldots, m\}^{\mathbb{Z}}$. ψ 在 Σ_m 或 Σ_m^+ 中的像是移位不变的, ψ 半共轭 f 于 ψ 像上的移位. 指标 $\psi_i(x)$ 是符号, 因此名为符号动力学. 任何有限集可适用于符号动力系统的符号集, 或字母表. 整个这一章我们把每个有限字母表看成与 $\{1, 2, \ldots, m\}$ 等同.

回忆柱体集

$$C_{j_1, \ldots, j_k}^{n_1, \ldots, n_k} = \{\omega = (\omega_l) : \omega_{n_i} = j_i, i = 1, \ldots, k\}$$

对 Σ_m 与 Σ_m^+ 的积拓扑组成一个基, 度量

$$d(\omega, \omega') = 2^{-l}, \quad \text{其中 } l = \min\{|i| : \omega_i \neq \omega_i'\}$$

生成积拓扑.

3.1　子移位与编码[①]

在这一节中我们集中考虑双边移位. 单边移位类似.

子移位是在移位 σ 和它的逆作用下不变的闭子集 $X \subset \Sigma_m$. 我们称 Σ_m 为全 m 移位.

设 $X_i \subset \Sigma_{m_i}, i = 1, 2$ 是两个子移位. 连续映射 $c : X_1 \to X_2$ 是一个编码, 如果它与移位可交换, 即 $\sigma \circ c = c \circ \sigma$ (这里以及以后, σ 都表示任何序列空间中的移位). 注意, 满编码是因子映射. 单射编码称为嵌入; 双射编码给出子移位的拓扑共轭, 称它为同构 (因为 Σ_m 是紧的, 双射编码是同胚).

对子移位 $X \subset \Sigma_m$, 用 $W_n(X)$ 表示出现在 X 中长度为 n 的字集, 用 $|W_n(X)|$ 表示它的势. 由于 X 中的不同元素至少差一个位置, 限制 $\sigma|_X$ 是扩张. 因此, 利用命题 2.5.7 我们可通过 $|W_n(X)|$ 的渐近增长率计算 $\sigma|_X$ 的拓扑熵.

命题 3.1.1　设 $X \subset \Sigma_m$ 是子移位. 那么

$$h(\sigma|_X) = \lim_{n \to \infty} \frac{1}{n} \log |W_n(X)|.$$

证明　练习 3.1.1.　　　　　　　　　　　　　　　　　　□

设 X 是子移位, $k, l \in \mathbb{N}_0$, $n = k + l + 1$, α 是 $W_n(X)$ 到字母表 $\mathcal{A}_{m'}$ 的映射. 从 X 到全移位 $\Sigma_{m'}$ 的 (k, l) 分组码 c_α 指定序列 $x = (x_i) \in X$ 为满足 $c_\alpha(x)_i = \alpha(x_{i-k}, \ldots, x_i, \ldots, x_{i+l})$ 的序列 $c_\alpha(x)$, 其中 $c_\alpha(x)_i = \alpha(x_{i-k}, \ldots, x_i, \ldots, x_{i+l})$. 任何分组码是编码, 因为它连续且与移位可交换.

命题 3.1.2 (Curtis-Lyndon-Hedlund)　每个编码 $c : X \to Y$ 是分组码.

[①] 这一节以及 3.2, 3.4 和 3.5 节的叙述, 部分引用 M. Boyle [Boy93] 的报告.

证明 设 $\mathcal{A}$ 是 Y 的符号集, 用 $\tilde\alpha(x) = c(x)_0$ 定义 $\tilde\alpha : X \to \mathcal{A}$. 由于 X 是紧的, $\tilde\alpha$ 一致连续, 所以存在 $\delta > 0$, 使得当 $d(x,x') < \delta$ 时 $\tilde\alpha(x) = \tilde\alpha(x')$. 选择 $k \in \mathbb{N}$ 使得 $2^{-k} < \delta$. 因此 $\tilde\alpha(x)$ 仅依赖于 $x_{-k},\ldots,x_0,\ldots,x_k$, 从而定义的映射 $\alpha : W_{2k+1} \to \mathcal{A}$ 满足 $c(x)_0 = \alpha(x_{-k},\ldots,x_0,\ldots,x_k)$. 由于 c 与移位可交换, 得到结论 $c = c_\alpha$. □

存在分组码的典范类, 它通过取目标移位的字母表为原移位中长度为 n 的字集得到. 特别地, 设 $k,l \in \mathbb{N}, l < k$, X 为子移位. 对 $x \in X$, 令

$$c(x)_i = x_{i-k+l+1},\ldots,x_i,\ldots,x_{i+l}, \quad i \in \mathbb{Z}.$$

这定义了从 X 到字母表 $W_k(X)$ 上的全移位的分组码 c, 它是到它的像的一个同构 (练习 3.1.2). 这样的编码 (或者有时是它的像) 称为 X 的高分组表示.

练习 3.1.1 证明命题 3.1.1.

练习 3.1.2 证明 X 的高分组表示是一个同构.

练习 3.1.3 利用高分组表示证明对任何分组码 $c : X \to Y$, 存在子移位 Z 和同构 $f : Z \to X$, 使得 $c \circ f : Z \to Y$ 是 $(0,0)$ 分组码.

练习 3.1.4 求证全移位有点其全轨道稠密, 但它的向前轨道无处稠密.

3.2 有限型子移位

子移位 $X \subset \Sigma_m$ 的补集是开的, 因此至多是可数多个柱体的并. 由移位不变性, 如果 C 是柱体, 且 $C \subset \Sigma_m \backslash X$, 则对所有 $n \in \mathbb{Z}$, $\sigma^n(C) \subset \Sigma_m \backslash X$, 即存在可数多个禁用字的列表, 使得 X 中没有序列包含禁用字, 而且 $\Sigma_m \backslash X$ 中的每个序列至少包含一个禁用字. 如果存在有限字的有限列表, 使得 X 恰好由 Σ_m 中不含任何这些字的序列组成, 则 X 称为有限型子移位 (SFT); X 是 k 步 SFT, 如果它由长度至多是 $k+1$ 的字的集合定义. 1 步 SFT 称为拓扑 *Markov* 链.

在 1.4 节中我们引入由元素为 0 和 1 的邻接矩阵 A 确定的顶点移位 Σ_A^v 就是 SFT 的一个例子. 那里禁用字的长度是 2, 且它恰好不被 A 所容许, 即字 uv 被禁用, 如果在由 A 确定的图 Γ_A 中没有从 u 到 v 的棱. 由于禁用字列表是有限的, Σ_A^v 是一个 SFT. Σ_A^v 中的序列可看作为由顶点所标志的有向图 Γ_A 中的无穷路径.

图 Γ_A 中的无穷路径也可由棱 (不是顶点) 的序列指定. 这给出字母表是 Γ_A 中的棱的集合的子移位 Σ_A^e. 更一般地, 有限有向图 Γ 可能具有对应于邻接矩阵 B 的连接几对顶点的多个有向棱, 矩阵 B 的第 (i,j) 个元素是 $\Gamma = \Gamma_B$ 中从第 i 个顶点到第 j 个顶点的指定有向棱个数的非负整数. Γ_B 中由棱标号的无穷有向路径的集合 Σ_A^e 是闭移位不变集, 称它为由 B 确定的棱移位. 任何棱移位是有限型子移位 (练习 3.2.3).

对元素为 0 和 1 的任何矩阵 A, 映射 $uv \mapsto e$ 定义一个从 Σ_A^v 到 Σ_A^e 的 2 分组同构, 其中 e 是 u 到 v 的棱. 反之, 任何棱移位自然同构于顶点移位 (练习 3.2.4).

命题 3.2.1 每个 SFT 同构于顶点移位.

证明 设 X 是 k 步 SFT, 其中 $k > 0$, $W_k(X)$ 是出现在 X 中长度为 k 的字集合. 又设 Γ 是其顶点集为 $W_k(X)$ 的有向图; 顶点 $x_1, \ldots, x_k$ 通过有向棱连接顶点 $x_1', \ldots, x_k'$, 如果 $x_1 \ldots x_k x_k' = x_1 x_1' \ldots x_k' \in W_{k+1}(X)$. 设 A 是 Γ 的邻接矩阵. 编码 $c(x)_i = x_i \ldots x_{i+k-1}$ 给出 X 到 Σ_A^v 的同构. □

推论 3.2.2 每个 SFT 同构于棱移位.

从最后这个命题得知, SFT 中的 "未来与过去无关", 即利用适当的 1 步编码, 若序列 $\ldots x_{-2} x_{-1} x_0$ 和 $x_0 x_1 x_2 \ldots$ 是容许的, 则 $\ldots x_{-2} x_{-1} x_0 x_1 x_2 \ldots$ 是容许的.

练习 3.2.1 求证有限型子移位的所有同构类族是可数的.

*练习 3.2.2 求证 Σ_2 的所有子移位族是不可数的.

练习 3.2.3 求证每个棱移位是 SFT.

练习 3.2.4 求证每个棱移位自然同构于顶点移位. 顶点是什么?

3.3 Perron-Frobenius 定理

Perron-Frobenius 定理保证特殊不变测度的存在性, 对有限型子移位称这个不变测度为 *Markov* 测度.

所有坐标为正 (非负) 的向量或矩阵称为正 (非负) 的. 设 A 是非负方阵. 如果对任何 i, j 存在 $n \in \mathbb{N}$ 使得 $(A^n)_{ij} > 0$, 则称 A 为不可约的; 否则称 A 为可约的. 如果 A 的某个方幂是正的, 则 A 称为本原的.

一个非负整数方阵 A 是本原的, 当且仅当有向图 Γ_A 有性质: 存在 $n \in \mathbb{N}$ 使得对每对顶点 u 和 v, 存在从 u 到 v 长度为 n 的有向路径 (见练习 1.4.2). 一个非负整数方阵 A 是不可约的, 当且仅当有向图 Γ_A 有性质: 对每对顶点 u 和 v, 存在从 u 到 v 的有向路径 (练习 1.4.2).

一个非负 $m \times m$ 实矩阵是随机的, 如果它的每行元素之和为 1, 或者等价地, 所有元素为 1 的列向量是特征值 1 的特征向量.

定理 3.3.1 (Perron) 设 A 是 $m \times m$ 本原矩阵. 则 A 有具有下述性质的正特征值 λ:

1. λ 是 A 的特征多项式的单根,

2. λ 有正特征向量 v,

3. A 的任何其他特征值的模严格小于 λ,

4. A 的任何非负特征向量是 v 的正数倍.

证明 用 $\text{int}(W)$ 表示集合 W 的内部. 我们需要下面的引理.

引理 3.3.2 设 $L : \mathbb{R}^k \to \mathbb{R}^k$ 是一个线性算子, 假设存在非空紧集 P, 使得对某个 $i > 0$ 有 $0 \in \text{int}(P)$ 和 $L^i(P) \subset \text{int}(P)$. 那么 L 的任何特征值的模严格小于 1.

证明 如果对某个 $i > 0$ 引理结论对 L^i 成立, 则它对 L 成立. 因此可假设 $L(P) \subset \text{int}(P)$. 由此得知, 对所有 $n > 0$ 有 $L^n(P) \subset \text{int}(P)$. 矩阵 L 不可能有模大于 1 的特征值, 因为否则 L 的迭代将开集 $\text{int}(P)$ 中某个向量移向 ∞.

假设 σ 是 L 的特征值且 $|\sigma| = 1$. 如果 $\sigma^j = 1$, 则 L^j 在 ∂P 上有不动点, 矛盾.

如果 σ 不是单位根, 则存在 2 维子空间 U, L 在其上的作用如无理旋转, 且任何点 $p \in \partial P \cap U$ 是 $\bigcup_{n \geqslant 0} L^n(P)$ 的极限点, 矛盾. □

由于 A 是非负的, 它诱导单位单形 $S = \{x \in \mathbb{R}^m : \sum x_j = 1, x_j \geqslant 0, j = 1, \ldots, m\}$ 到它自己的连续映射 f; $f(x)$ 是 Ax 到 S 的径向投影. 由 Brouwer 不动点定理, 存在 f 的不动点 $v \in S$, 它是 A 的特征值 $\lambda > 0$ 的非负特征向量. 由于 A 的某个方幂是正的, v 的所有坐标为正.

设 V 是对角矩阵, 其对角线元素是 v 的元素. 矩阵 $M = \lambda^{-1} V^{-1}$. AV 是本原的, 且所有元素 1 的列向量 $\mathbf{1}$ 是 M 的特征值为 1 的特征向量, 即 M 是随机矩阵. 为了证明 1 和 3, 只需证明 1 是 M 的特征多项式的单根, 而且 M 的其他所有特征值的模严格小于 1. 考虑 M 对行向量的作用. 由于 M 是随机且非负的, 它的行作用保持单位单形 S. 由 Brouwer 不动点定理, 存在不动的行向量 $w \in S$, 它的所有坐标为正. 设 $P = S - w$ 是 S 通过 $-w$ 的平移. 由于对某个 $j > 0$, M^j 的所有元素为正, $M^j(P) \subset \text{int}(P)$, 由引理 3.3.2, 在由 P 张成的 $(m-1)$ 维不变子空间内, M 的行作用的任何特征值的模严格小于 1.

定理最后的论述由下面事实得到: 由 P 张成的余维 1 子空间是 M^t 不变的, 它与 $\mathbb{R}^n$ 中非负向量的锥的交是 $\{0\}$.　　　　□

推论 3.3.3　设 A 是本原随机矩阵, 则 1 是 A 的特征多项式的单根, A 和 A 的转置都有特征值 1 的正特征向量, A 的任何其他特征值的模严格小于 1.

Frobenius 把定理 3.3.1 推广到不可约矩阵.

定理 3.3.4 (Frobenius)　设 A 是非负的不可约方阵. 则存在 A 的具有下述性质的特征值 λ: (i) $\lambda > 0$, (ii) λ 是特征多项式的单根, (iii) λ 有正特征向量, (iv) 如果 μ 是 A 的任何其他特征值, 则 $|\mu| \leqslant \lambda$, (v) 如果 k 是模为 $|\lambda|$ 的特征值个数, 则 A 的谱 (包括重次) 在复平面以角度 $2\pi/k$ 的旋转下不变.

定理 3.3.4 的证明概述于练习 3.3.3. 完全的论述可在 [Gan59] 或 [BP94] 中找到.

练习 3.3.1 证明如果 A 是本原整数矩阵, 则棱移位 Σ_A^e 是拓扑混合的.

练习 3.3.2 求证如果 A 是不可约整数矩阵, 则棱移位 Σ_A^e 是拓扑传递的.

练习 3.3.3 这个练习概述定理 3.3.4 证明的主要步骤. 设 A 是不可约非负矩阵, B 是元素满足 $b_{ij} = 0$ 若 $a_{ij} = 0$, $b_{ij} = 1$ 若 $a_{ij} > 0$ 的矩阵. 又设 Γ 是其邻接矩阵为 B 的图. 对 Γ 中的顶点 v, 令 $d = d(v)$ 是 Γ 中从 v 开始的闭路的长度的最大公约数. 设 $V_k, k = 0, 1, \ldots, d-1$ 是 Γ 的顶点集, 它可通过长度与 $k \bmod d$ 同余的路径连接 v.

(a) 证明 d 不依赖于 v.

(b) 证明从 V_k 中开始终止于 V_m 的长度为 l 的任何路径满足 m 与 $k + l \bmod d$ 同余.

(c) 证明存在顶点的排列, 使得 B^d 共轭于分块对角矩阵, 对角线元素是方块 $B_k, k = 0, 1, \ldots, d-1$, 其他元素为 0. 每个 B_k 是本原矩阵, 它的大小等于 V_k 的势.

(d) A 的谱意味着什么?

(e) 推导定理 3.3.4.

3.4 拓扑熵与 SFT ζ 函数

对棱移位或顶点移位, 动力不变量可由邻接矩阵计算. 在这一节中我们计算棱移位的拓扑熵并引入 ζ 函数, 该函数是收集了周期点的组合信息的一个不变量.

命题 3.4.1 设 A 是一个非负整数方阵. 那么棱移位 Σ_A^e 和顶点移位 Σ_A^v 的拓扑熵等于 A 的最大特征值的对数.

证明 我们仅考虑棱移位. 由命题 3.1.1, 只需计算 $W_n(\Sigma_A)$ (Σ_A 中长度为 n 的字) 的势, 它是 A^n 所有元素的和 S_n (练习 1.4.2). 现在, 命题由 3.4.1 得到. $\qquad\square$

对离散动力系统 f, 用 $\mathrm{Fix}(f)$ 表示 f 的周期点集, $|\mathrm{Fix}(f^n)|$ 表示它的势. 如果 $|\mathrm{Fix}(f^n)|$ 对每个 n 有限, 则定义 f 的 ζ 函数 $\zeta_f(z)$

为形式幂级数

$$\zeta_f(z) = \exp \sum_{n=1}^{\infty} \frac{1}{n} |\mathrm{Fix}(f^n)| z^n.$$

ζ 函数也可用积公式

$$\zeta_f(z) = \prod_{\gamma} (1 - z^{|\gamma|})^{-1}$$

表示. 其中的积取遍 f 所有的周期轨道 γ, $|\gamma|$ 是 γ 中的点数 (练习 3.4.4). 收集 f 周期点的信息的另一个方法是用生成函数 $g_f(z)$:

$$g_f(z) = \sum_{n=1}^{\infty} |\mathrm{Fix}(f^n)| z^n.$$

生成函数与 ζ 函数通过 $\zeta_f(z) = \exp(z g_f'(z))$ 相联系.

棱移位的 ζ 函数由邻接矩阵 A 确定, 记为 ζ_A. 按定义, ζ 函数仅是一个形式级数. 下一个命题显示 SFT 的 ζ 函数是有理函数.

命题 3.4.2 $\zeta_A(z) = (\det(I - zA))^{-1}$.

证明 注意到

$$\exp\left(\sum_{n=1}^{\infty} \frac{x^n}{n} \right) = \exp(-\log(1-x)) = \frac{1}{1-x},$$

以及 $|\mathrm{Fix}\,(\sigma^n|\Sigma_A)| = \mathrm{tr}\,(A^n) = \sum_{\lambda} \lambda^n$, 其中的和取遍 A 的所有特征值, 并重复真重次 (见练习 1.4.2). 因此, 如果 A 是 $N \times N$ 矩阵, 则

$$\zeta_A(z) = \exp\left(\sum_{n=1}^{\infty} \sum_{\lambda} \frac{(\lambda z)^n}{n} \right) = \prod_{\lambda} \exp\left(\sum_{n=1}^{\infty} \frac{(\lambda z)^n}{n} \right)$$

$$= \prod_{\lambda} (1 - \lambda z)^{-1}$$

$$= \frac{1}{z^N} \prod_{\lambda} \left(\frac{1}{z} - \lambda \right)^{-1}$$

$$= \left(z^N \det\left(\frac{1}{z} I - A \right) \right)^{-1} = (\det(I - zA))^{-1}. \qquad \square$$

下面定理讨论一般子移位的 ζ 函数的有理性.

定理 3.4.3 (Bowen-Lanford [BL70]) 子移位 $X \subset \Sigma_m$ 的 ζ 函数是有理函数, 当且仅当存在矩阵 A 和 B, 使得对所有 $n \in \mathbb{N}_0$ 有 $|\mathrm{Fix}\,(\sigma^n|X)| = \mathrm{tr}\,A^n - \mathrm{tr}\,B^n$.

练习 3.4.1 设 A 是非负非零方阵, S_n 是 A^n 的元素之和, λ 是 A 的最大模特征值. 证明 $\lim\limits_{n\to\infty} \dfrac{1}{n} \log S_n = \log \lambda$.

练习 3.4.2 计算全 2 移位的 ζ 函数和生成函数.

练习 3.4.3 设 $A = \begin{pmatrix} 1 & 1 \\ 1 & 0 \end{pmatrix}$. 计算 Σ_A^e 的 ζ 函数.

练习 3.4.4 证明 ζ 函数的积公式.

练习 3.4.5 计算具有邻接矩阵 A 的棱移位的生成函数.

练习 3.4.6 计算双曲环面自同构的 ζ 函数 (见练习 1.7.4).

练习 3.4.7 证明如果 ζ 函数是有理函数, 则生成函数也是有理函数.

3.5 强移位等价性与移位等价性

我们已经在 3.2 节看到, 任何一个有限型子移位同构于某个邻接矩阵 A 的棱移位 Σ_A^e. 在这一节中我们给出邻接矩阵对的代数条件, 它等价于对应的棱移位的拓扑共轭性.

方阵 A 和 B 是基本强移位等价的, 如果存在非负整数矩阵 U 和 V (不必是方阵), 使得 $A = UV$ 和 $B = VU$. 矩阵 A 和 B 是强移位等价的, 如果存在矩阵 (方阵) $A_1, \ldots, A_n$, 使得 $A_1 = A, A_n = B$, 而且矩阵 A_i 和 A_{i+1} 是基本强移位等价的. 例如, 矩阵

$$\begin{pmatrix} 1 & 1 & 0 \\ 1 & 1 & 1 \\ 2 & 2 & 1 \end{pmatrix} \quad \text{和} \quad (3)$$

强移位等价但不是基本强移位等价的 (练习 3.5.1).

定理 3.5.1 (Williams [Wil73])　棱移位 Σ_A^e 与 Σ_B^e 拓扑共轭, 当且仅当矩阵 A 和 B 是强移位等价的.

证明　我们在这里仅证明由强移位等价性得到棱移位的同构. 另一方向的证明比较困难 (见 [LM95]).

只需考虑 A 和 B 是基本强移位等价情形. 设 $A = UV, B = VU$, Γ_A, Γ_B 是邻接矩阵 A 和 B 的 (不相交) 有向图. 如果 A 是 $k \times k$ 矩阵, B 是 $l \times l$ 矩阵, 则 U 是 $k \times l$ 矩阵, V 是 $l \times k$ 矩阵. 元素 U_{ij} 解释为从 Γ_A 的顶点 i 到 Γ_B 的顶点 j 的 (其他) 棱的个数, 类似地, V_{ji} 解释为从 Γ_B 的顶点 j 到 Γ_A 的顶点 i 的棱的个数. 由于 $A_{pq} = \sum\limits_{j=1}^{l} U_{pj} V_{jq}$, Γ_A 内从顶点 p 到顶点 q 的棱的个数与通过 Γ_B 中的顶点从顶点 p 到顶点 q 长度为 2 的路径的个数相同. 因此可以在 Γ_A 的棱 a 与一对由 U 和 V 确定的棱 uv 之间选择一一对应 ϕ, 即 $\phi(a) = uv$, 从而, u 的开始顶点是 a 的开始顶点, u 的最终顶点是 v 的开始顶点, 以及 v 的最终顶点是 a 的最终顶点. 类似地, 存在从 Γ_B 的棱 b 到由 U 和 V 确定的一对棱 uv 的双射 ψ. 对每个序列 $\ldots a_{-1} a_0 a_1 \ldots \in \Sigma_A^e$ 应用 ϕ, 得到

$$\ldots \phi(a_{-1}) \phi(a_0) \phi(a_1) \ldots = \ldots u_{-1} v_{-1} u_0 v_0 u_1 v_1 \ldots,$$

然后应用 ψ^{-1} 得到 $\ldots b_{-1} b_0 b_1 \ldots \in \Sigma_B^e$, 其中 $b_i = \psi^{-1}(v_i u_{i+1})$ (见图 3.1). 这给出 Σ_A^e 到 Σ_B^e 的同构.　　　□

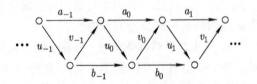

图 3.1　由基本强移位等价性构造的图

方阵 A 和 B 是移位等价的, 如果存在非负整数矩阵 (不必为方阵) U, V 和正整数 k (称为滞后) 使得

$$A^k = UV, \quad B^k = VU, \quad AU = UB, \quad BV = VA.$$

移位等价性概念是由 R. Williams 引入的, 他猜测, 如果两个本原矩阵是移位等价的, 则它们是强等价的, 或者按照定理 3.5.1, 移位等

价性将有限型子移位进行分类. K. Kim 和 F. Roush [KR99] 对这个猜测构造了一个反例.

对 SFT 的其他等价性概念见 [Boy93].

练习 3.5.1 求证矩阵

$$A = \begin{pmatrix} 1 & 1 & 0 \\ 1 & 1 & 1 \\ 2 & 2 & 1 \end{pmatrix} \quad \text{和} \quad B = (3)$$

是强移位等价的, 但不是基本强移位等价的. 写出 (Σ_A, σ) 到 (Σ_B, σ) 的明显同构.

练习 3.5.2 求证强移位等价性与移位等价性是等价关系, 而基本强移位等价性则不是.

3.6 代 换[①]

对字母表 $\mathcal{A}_m = \{0, 1, \ldots, m-1\}$, 用 $\mathcal{A}_m^*$ 记 $\mathcal{A}_m$ 中的所有有限字族, 用 $|w|$ 表示 $w \in \mathcal{A}_m^*$ 的长度. 对每个符号 $a \in \mathcal{A}_m$, 代换 $s: \mathcal{A}_m \to \mathcal{A}_m^*$ 指定一个有限字 $s(a) \in \mathcal{A}_m^*$. 整个这一节我们假设对某个 $a \in \mathcal{A}_m$ 有 $|s(a)| > 1$, 因此, 对每个 $b \in \mathcal{A}_m$ 有 $|s^n(b)| \to \infty$. 应用这个代换到序列或字的每个元素, 给出映射 $s: \mathcal{A}_m^* \to \mathcal{A}_m^*$ 和 $s: \Sigma_m^+ \to \Sigma_m^+$,

$$x_0 x_1 \ldots \overset{s}{\mapsto} s(x_0) s(x_1) \ldots .$$

这些映射连续但不是满射. 如果对所有 $a \in \mathcal{A}_m$, $s(a)$ 有相同长度, 则称 s 有常数长度.

考虑例子 $m = 2, s(0) = 01, s(1) = 10$. 我们有 $s^2(0) = 0110$, $s^3(0) = 01101001$, $s^4(0) = 0110100110010110, \ldots$. 如果 $\bar{w}$ 是 w 通过交换 0 和 1 得到的字, 则 $s^{n+1}(0) = s^n(0)\overline{s^n(0)}$. 有限字序列 $s^n(0)$ 稳定化为一个无穷序列

$$\mathcal{M} = 0110100110010110100101100110 1001 \ldots ,$$

称它为 *Morse* 序列. 序列 $\mathcal{M}$ 和 $\bar{\mathcal{M}}$ 是 s 在 Σ_m^+ 中的仅有不动点.

[①]这一节的几个论述部分是按照 [Que87].

命题 3.6.1 每个代换 s 在 Σ_m^+ 中有周期点.

证明 考虑映射 $a \mapsto s(a)_0$. 由于 $\mathcal{A}_m$ 包含 m 个元素, 存在 $n \in \{1,\ldots,m\}$ 和 $a \in \mathcal{A}_m$, 使得 $s^n(a)_0 = a$. 如果 $|s^n(a)| = 1$, 则序列 $aaa\ldots$ 是 s^n 的不动点. 否则, $|s^{ni}(a)| \to \infty$, 且有限字序列 $s^{ni}(a)$ 在 Σ_m^+ 中稳定化为 s^n 的不动点. □

如果代换 s 有不动点 $x = x_0 x_1 \ldots \in \Sigma_m^+$ 且 $|s(x_0)| > 1$, 则 $s(x_0)_0 = x_0$, 序列 $s^n(x_0)$ 稳定化为 x, 记为 $x = s^\infty(x_0)$. 如果对每个 $a \in \mathcal{A}_m$ 有 $|s(a)| > 1$, 则 s 在 Σ_m 中至多有 m 个不动点.

不动点 $s^\infty(a)$ 在移位 σ 作用下的 (向前) 轨道的闭包 $\Sigma_s(a)$ 是子移位.

我们称代换 $s : \mathcal{A}_m \to \mathcal{A}_m^*$ 是不可约的, 如果对任何 $a, b \in \mathcal{A}_m$ 存在 $n(a,b) \in \mathbb{N}$, 使得 $s^{n(a,b)}(a)$ 包含 b; 称 s 是本原的, 如果存在 $n \in \mathbb{N}$, 使得对所有 $a, b \in \mathcal{A}_m$, $s^n(a)$ 含有 b.

从现在起, 假设对每个 $b \in \mathcal{A}_m$ 有 $|s^n(b)| \to \infty$.

命题 3.6.2 设 s 是 $\mathcal{A}_m$ 上的一个不可约代换. 如果对某个 $a \in \mathcal{A}_m$ 有 $s(a)_0 = a$, 则 s 是本原的, 且子移位 $(\Sigma_s(a), \sigma)$ 是极小的.

证明 注意到对所有 $n \in \mathbb{N}$ 有 $s^n(a)_0 = a$. 由于 s 是不可约的, 对每个 $b \in \mathcal{A}_m$ 存在 $n(b)$, 使得 b 出现在 $s^{n(b)}(a)$ 中, 因此对所有 $n \geqslant n(b)$, 出现在 $s^n(a)$ 中. 从而, 如果 $n \geqslant N = \max n(b)$, 则 $s^n(a)$ 包含 $\mathcal{A}_m$ 中所有符号. 由于 s 不可约, 对每个 $b \in \mathcal{A}_m$ 存在 $k(b)$, 使得 a 出现在 $s^{k(b)}(b)$ 中, 因此出现在 $s^n(b)$ 中, 其中 $n \geqslant k(b)$. 由此得知, 对每个 $c \in \mathcal{A}_m$, 如果 $n \geqslant 2(N + \max k(b))$, $s^n(c)$ 包含 $\mathcal{A}_m$ 中的所有符号. 所以 s 是本原的.

回忆 (命题 2.1.3) $(\Sigma_s(a), \sigma)$ 是极小的, 当且仅当 $s^\infty(a)$ 是概周期的, 即对每个 $n \in \mathbb{N}$, 字 $s^n(a)$ 通常出现在 $s^\infty(a)$ 中无穷多次, 相继出现之间的间隙是有界的, 这情况发生, 当且仅当 a 重现在有有界间隙的 $s^\infty(a)$ 中, 这成立, 因为 s 是本原的 (练习 3.6.1). □

对两个字 $u, v \in \mathcal{A}_m^*$, 用 $N_u(v)$ 表示 u 出现在 v 中的次数. 代换 s 的复合矩阵 $M = M(s)$ 是元素为 $M_{ij} = N_i(s(j))$ 的非负整数矩阵. 矩阵 $M(s)$ 是本原的 (相应地, 不可约的), 当且仅当代换 s 是本原的 (相应地, 不可约的). 对字 $w \in \mathcal{A}_m^*$ 数 $N_i(w), i \in \mathcal{A}_m$ 组成

向量 $N(w) \in \mathbb{R}^m$. 注意到, 对所有 $n \in \mathbb{N}$ 有 $M(s^n) = (M(s))^n$, 以及 $N(s(w)) = M(s)N(w)$. 如果 s 有常数长度 l, 则 M 的每列之和是 l, $l^{-1}M$ 的转置是随机矩阵.

命题 3.6.3　设 $s : \mathcal{A}_m \to \mathcal{A}_m^*$ 是本原代换, 令 λ 是 $M(s)$ 的最大模特征值. 那么对每个 $a \in \mathcal{A}_m$

1. $\lim\limits_{n \to \infty} \lambda^{-n} N(s^n(a))$ 是 $M(s)$ 的特征值 λ 的特征向量,

2. $\lim\limits_{n \to \infty} \dfrac{|s^{n+1}(a)|}{|s^n(a)|} = \lambda$,

3. $v = \lim\limits_{n \to \infty} |s^n(a)|^{-1} N(s^n(a))$ 是 $M(s)$ 对应于 λ 的特征向量, 且 $\sum\limits_{i=0}^{m-1} v_i = 1$.

证明　命题直接由定理 3.3.1 得到 (练习 3.6.2).　　　　□

命题 3.6.4　设 s 是本原代换, $s^\infty(a)$ 是 s 的不动点, l_n 是出现在 $s^\infty(a)$ 中长度为 n 的不同字的个数. 则存在常数 C, 使得对所有 $n \in \mathbb{N}$ 有 $l_n \leqslant C \cdot n$. 因此 $(\Sigma_s(a), \sigma)$ 的拓扑熵为 0.

证明　设 $\underline{v}_k = \min\limits_{a \in \mathcal{A}_m} |s^k(a)|$ 和 $\bar{v}_k = \max\limits_{a \in \mathcal{A}_m} |s^k(a)|$, 注意 $\underline{v}_k, \bar{v}_k$ 关于 k 单调 $\to \infty$. 因此对每个 $n \in \mathbb{N}$, 存在 $k = k(n) \in \mathbb{N}$ 使得 $\underline{v}_{k-1} \leqslant n \leqslant \underline{v}_k$. 从而, 对 x 中的相继符号对 ab, 出现在 x 中长度为 n 的每个字包含在 $s^k(ab)$ 中. 设 λ 是本原复合矩阵 $M = M(s)$ 的最大模特征值. 则对每个具有非负分量的非零向量 v, 存在常数 $C_1(v)$ 和 $C_2(v)$, 使得对所有 $k \in \mathbb{N}$,

$$C_1(v)\lambda^k \leqslant \|M^k(v)\| \leqslant C_2(v)\lambda^k,$$

这里 $\|\cdot\|$ 是 Euclid 范数. 因此, 由命题 3.6.3(1), 存在正常数 C_1 和 C_2, 使得对所有 $k \in \mathbb{N}$

$$C_1 \cdot \lambda^k \leqslant \underline{v}_k \leqslant \bar{v}_k \leqslant C_2 \cdot \lambda^k.$$

由于对每个 $a \in \mathcal{A}_m$ 在 $s^k(ab)$ 中至多存在 $\bar{v}_k$ 个开始符号在 $s^k(a)$ 中长度为 n 的不同字, 因而有

$$l_n \leqslant m^2 \bar{v}_k \leqslant C_2 \lambda^k m^2 = \left(\frac{C_2}{C_1} m^2 \lambda \right) C_1 \lambda^{k-1}$$

$$\leqslant \left(\frac{C_2}{C_1} m^2 \lambda \right) \underline{v}_{k-1} \leqslant \left(\frac{C_2}{C_1} m^2 \lambda \right) n.　　□$$

练习 3.6.1　证明如果 s 是本原的且 $s(a)_0 = a$, 则通常每个符号 $b \in \mathcal{A}_m$ 出现在 $s^\infty(a)$ 中无穷多次且有有界的间隙.

练习 3.6.2　证明命题 3.6.3.

3.7　Sofic 移位

子移位称为是 *sofic* 的, 如果它是有限型子移位的因子, 就是说, 存在邻接矩阵 A 和编码 $c : \Sigma_A^e \to X$, 使得 $c \circ \sigma = \sigma \circ c$. Sofic 移位在有限状态的自动机和数据传输以及存储中有应用 [MRS95].

Sofic 移位的一个简单例子是下面 (Σ_2, σ) 的子移位, 称为 *Weiss 偶系统* [Wei73]. 设 A 是由两个顶点 u 和 v, 一条从 u 到它自己表示为 1, 一条从 u 到 v 表示为 0_1, 以及一条从 v 到 u 表示为 0_2 的棱所组成的图 Γ_A (见图 3.2) 的邻接矩阵. 设 X 是 0 和 1 的序列集合, 使得在每两个 1 之间存在偶数个 0. 满编码 $c : \Sigma_A \to X$ 用 0 代替 0_1 和 0_2.

正如命题 3.7.1 指出的, 每个 sofic 移位可以通过下面的构造得到. 设 Γ 是加标号的有限有向图, 即 Γ 的棱用字母表 $\mathcal{A}_m$ 标号. 注意, 我们并不假设 Γ 的不同棱用不同标号. Γ 中所有无穷多个有向路径组成的子集 $X_\Gamma \subset \Sigma_m$ 是闭移位不变的.

如果对某个加标号的有向图 Γ, 子移位 (X, σ) 同构于 (X_Γ, σ), 则我们说 Γ 是 X 的表示. 例如, 图 3.2 中 Weiss 偶系统的表示是以 0 代替标号 0_1 和 0_2 得到的.

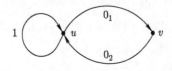

图 3.2　用于构造 Weiss 偶系统的有向图

命题 3.7.1　*子移位 $X \subset \Sigma_m$ 是 sofic 的, 当且仅当它允许用加标号的有限有向图表示.*

证明　由于 X 是 sofic 的, 所以存在矩阵 A 与编码 $c : \Sigma_A^e \to X$ (见推论 3.2.2). 由命题 3.1.2, c 是分组编码. 通过较高的分组表示,

可以假设 c 是 1 分组编码. 因此, X 允许用加标号的有限有向图表示. 其逆作为练习 3.7.2. □

练习 3.7.1 证明 Weiss 偶系统不是有限型子移位.

练习 3.7.2 证明对任何加标号的有向图 Γ, 集合 X_Γ 是 sofic 移位.

练习 3.7.3 求证仅存在可数多个非同构的 sofic 移位. 因此存在不是 sofic 的子移位.

3.8 数 据 存 储①

大多数计算机存储设备 (如软盘、硬盘等驱动器) 将数据储成磁道上的一连串磁化段. 当一个磁化段经过磁头时, 该磁头能改变或探测磁化段的极性. 由于在技术上探测磁化段极性的改变比测量其极性更容易, 通常的方法是将极性的改变记录为 1, 极性没有改变记录为 0. 限制这个方法有效性的两个主要问题是码间干扰和钟漂移. 这两个问题都可对写入存储设备之前的数据通过使用分组码进行改善.

码间干扰发生在磁道上两个极性的改变是彼此相邻时, 来自相邻位置的磁场部分地相互抵消, 以致磁头可能不能正确读取磁道上的磁化段. 这个效应可以通过在编码序列中要求每两个 1 之间至少有一个 0 隔开来使之减少到最小.

两端为 1 中间 n 个 0 的序列从磁道读为两个脉冲之间隔着 n 个非脉冲. 长度 n 是由测量两脉冲之间的时间得到. 每次读出 1, 时钟就同步. 但是对一长串的 0, 钟误差会积累, 这可能引起不能正确读取数据. 为了抵消这种效应, 编码序列要求没有长串的 0.

一个常用的称为改进调频制 (MFM) 的编码方案, 它在每两个符号之间插入 0, 除非它们都是 0, 出现这种情况就插入 1. 例如, 序列

$$10100110001$$

的存储编码为

$$1000100100101001.$$

① 这节的表达部分根据 [BP94].

这要求磁道长度加倍, 但导致较少的读/写错误. 由 MFM 编码产生的序列集合是 sofic 系统 (练习 3.8.3).

对于用以编码数据的序列上附加其他条件的存储设备, 还存在另外一些考虑. 例如, 该设备的总磁负荷不应太大. 这个限制导致 (Σ_2, σ) 的子集不是有限型也不是 sofic 系统.

回忆因子的拓扑熵不超过扩张的拓扑熵 (练习 2.5.5). 因此, 在任何一个一对一的编码方案中, 通过因子 $n > 1$ 增加了序列的长度, 原来的子移位的拓扑熵必须不多于目标子移位的拓扑熵的 n 倍.

练习 3.8.1 证明由 MFM 产生的序列在每两个 1 之间至少有 1 个至多有 3 个 0.

练习 3.8.2 描述 MFM 编码的逆的算法.

练习 3.8.3 证明由 MFM 编码产生的序列集合是 sofic 系统.

第 4 章 遍历理论

遍历[①]理论研究与动力系统底空间上的测度有关的动力系统的统计性质. 其名字来自古典统计力学, 其中 "遍历假设" 断言, 可观察的时间平均渐近地等于空间平均. 我们前面遇到的具有自然不变测度的动力系统是圆周旋转 (1.2 节) 和环面自同构 (1.7 节). 不像拓扑动力学是研究个别轨道的性态 (例如周期轨道), 遍历理论则考虑系统在全测度集合上的性态, 以及在可测函数空间如 L^p (特别是 L^2) 中的诱导作用.

遍历理论的合理框架是测度空间上的动力系统. 大多数自然 (非原子) 测度空间是测度论同构于有 Lebesgue 测度的区间 $[0,a]$, 在该框架下这一章的结果是最重要的. 在 4.1 节我们回忆测度论中的某些概念、定义和事实. 我们并不试图对测度论作完整的说明 (完整的介绍可看 [Hal50] 或 [Rud87]).

4.1 测度论预备知识

集合 X 的非空子集族 $\mathfrak{A}$ 称为 σ 代数, 如果 $\mathfrak{A}$ 在取补与可数并 (因此是可数交) 下是闭的. $\mathfrak{A}$ 上的测度 μ 是 $\mathfrak{A}$ 上的一个非负

[①]遍历一词来自希腊字 $\acute{\epsilon}\rho\gamma o\nu$ (工作) 和 $\acute{o}\delta o\varsigma$ (路径).

σ 加性 (可能无穷) 函数, 即对任何互不相交集 $A_i \in \mathfrak{A}$ 的可数并有 $\mu(\bigcup_i A_i) = \sum_i \mu(A_i)$. 测度为 0 的集合称为零集. 补是零集的集合称为有全测度. σ 代数 (相对于 μ) 是完全的, 如果它包含每个零集的每个子集. 给定 σ 代数 $\mathfrak{A}$ 和测度 μ, 完全的 $\overline{\mathfrak{A}}$ 是包含 $\mathfrak{A}$ 的最小 σ 代数, 零集的所有子集在 $\mathfrak{A}$ 中; σ 代数 $\overline{\mathfrak{A}}$ 是完全的.

测度空间是一个三元组 $(X, \mathfrak{A}, \mu)$, 其中 X 是集合, $\mathfrak{A}$ 是 X 子集的 σ 代数, μ 是 σ 加性测度. 我们始终假设 $\mathfrak{A}$ 是完全的, μ 是 σ 有限, 即 X 是有限测度的子集的可数并. $\mathfrak{A}$ 的元素称为可测集.

如果 $\mu(X) = 1$, 则称 $(X, \mathfrak{A}, \mu)$ 为概率空间, μ 称为概率测度. 如果 $\mu(X)$ 有限, 则可通过因子 $1/\mu(X)$ 尺度化 μ 得到概率测度.

设 $(X, \mathfrak{A}, \mu)$ 和 $(Y, \mathfrak{B}, \nu)$ 是两个测度空间. 积测度空间是三元组 $(X \times Y, \mathfrak{C}, \mu \times \nu)$, 其中 $\mathfrak{C}$ 相对于由 $\mathfrak{A} \times \mathfrak{B}$ 生成的 σ 代数的 $\mu \times \nu$ 是完全的.

设 $(X, \mathfrak{A}, \mu)$ 和 $(Y, \mathfrak{B}, \nu)$ 是两个测度空间. 映射 $T : X \to Y$ 称为可测的, 如果任何可测集的原像是可测的. 可测映射 T 是非奇异的, 如果每个测度为 0 的集合的原像有零测度; 是保测度的, 如果对每个 $B \in \mathfrak{B}$ 有 $\mu(T^{-1}(B)) = \nu(B)$. 从测度空间到它自己的非奇异映射称为非奇异变换 (或简单地称为变换). 如果变换 T 保测度 μ, 则称 μ 为 T 不变的. 如果 T 是可逆的可测变换, 且它的逆可测和非奇异, 则迭代 $T^n, n \in \mathbb{Z}$ 组成一个可测变换群. 测度空间 $(X, \mathfrak{A}, \mu)$ 和 $(Y, \mathfrak{B}, \nu)$ 称为是同构的, 如果 X 中存在全测度子集 X' 和 Y 中的全测度子集 Y', 以及可逆的双射 $T : X' \to Y'$, 使得 T 和 T^{-1} 可测, 而且关于 $(\mathfrak{A}, \mu)$ 和 $(\mathfrak{B}, \nu)$ 保测度. 从测度空间到它自己的同构称为自同构.

用 λ 表示 $\mathbb{R}$ 上的 Lesbegue 测度. 测度空间 $(X, \mathfrak{A}, \mu)$ 上的流 T^t 称为是可测的, 如果映射 $T : X \times \mathbb{R} \to X, (x, t) \mapsto T^t(x)$ 关于 $X \times \mathbb{R}$ 上的积测度可测, 而且对每个 $t \in \mathbb{R}$, $T^t : X \to X$ 是非奇异可测变换. 可测流 T^t 是保测流, 如果每个 T^t 是保测变换.

设 T 是测度空间 $(X, \mathfrak{A}, \mu)$ 的保测变换, S 是测度空间 $(Y, \mathfrak{B}, \nu)$ 的保测变换. 我们说 T 是 S 的扩张, 如果存在全测度集合 $X' \subset X$ 和 $Y' \subset Y$, 以及保测映射 $\psi : X' \to Y'$, 使得 $\psi \circ T = S \circ \psi$. 对保测流类似的定义也成立. 如果 ψ 是同构, 则称 T 和 S 是同构的. 积

$T \times S$ 是 $(X \times Y, \mathfrak{C}, \mu \times \nu)$ 的保测变换, 其中 $\mathfrak{C}$ 是由 $\mathfrak{A} \times \mathfrak{B}$ 生成的 σ 代数的完全化.

设 X 是拓扑空间. 包含 X 所有开子集的最小 σ 代数称为 X 的 *Borel* σ 代数. 如果 $\mathfrak{A}$ 是 Borel σ 代数, 又若任何紧集的测度有限, 则 $\mathfrak{A}$ 上的测度 μ 称为 *Borel* 测度. Borel 测度在下面意义下是正则的: 任何集合的测度是包含它的开集的测度的下确界, 且紧集的测度的上确界包含在其中.

具有正测度的单点子集称为原子. 有限测度空间是 *Lebesgue* 空间, 如果它同构于区间 $[0, a]$ (有 Lebesgue 测度) 与至多有可数多个原子的并. 大多数自然测度空间是 Lebesgue 空间. 例如, 如果 X 是完备、可分的度量空间, μ 是 X 上的有限 Borel 测度, 且 $\mathfrak{A}$ 是关于 μ 的完备化的 Borel σ 代数, 则 $(X, \mathfrak{A}, \mu)$ 是 Lebesgue 空间. 特别地, 具有 Lebesgue 测度的单位正方形 $[0, 1] \times [0, 1]$ 是 (测度论) 同构于有 Lebesgue 测度的单位区间 (练习 4.1.1).

没有原子的 Lebesgue 空间称为非原子的, 它同构于有 Lebesgue 测度的区间 $[0, a]$.

一个集合有全测度, 如果它的补的测度为 0. 我们说一个性质在 X 中 mod 0 成立, 或者对 μ 几乎每个 (a.e.) x 成立, 如果它在 X 的全 μ 测度子集上成立. 我们也用本质一词表示一个性质 mod 0 成立.

设 $(X, \mathfrak{A}, \mu)$ 是测度空间. 称两个可测函数等价, 如果它们在全测度集上重合. 对 $p \in (0, \infty)$, 满足 $\int |f|^p d\mu < \infty$ 的可测函数 $f : X \to \mathbb{C}$ 的 mod 0 等价类组成空间 $L^p(X, \mu)$. 通常, 如果不混淆, 我们就把函数与它的等价类等同. 对 $p \geqslant 1$, L^p 的范数由 $\|f\|_p = \left(\int |f|^p d\mu \right)^{1/p}$ 定义. 赋予内积 $\langle f, g \rangle = \int f \cdot g d\mu$ 的空间 $L^2(X, \mu)$ 是 Hilbert 空间. 空间 $L^\infty(X, \mu)$ 是由本质有界的可测函数的等价类组成. 如果 μ 有限, 则对所有 $p > 0$ 有 $L^\infty(X, \mu) \subset L^p(X, \mu)$. 如果 X 是拓扑空间, μ 是 X 上的 Borel 测度, 则对所有 $p > 0$, X 上的连续、复值、紧支撑的函数空间 $C_0(X, \mathbb{C})$ 在 $L^p(X, \mu)$ 中稠密.

练习 4.1.1 证明具有 Lebesgue 测度的单位正方形 $[0, 1] \times [0, 1]$ (测度论) 同构于具有 Lebesgue 测度的单位区间.

4.2　回　　复

由下面著名的 Poincaré 结果, 得知回复是保测动力系统轨道的通有性质.

定理 4.2.1 (Poincaré 回归定理)　设 T 是概率空间 $(X, \mathfrak{A}, \mu)$ 的保测变换. 如果 A 是可测集, 则对 a.e. $x \in A$, 存在某个 $n \in \mathbb{N}$ 使得 $T^n(x) \in A$. 因此, 对 a.e. $x \in A$, 存在无穷多个 $k \in \mathbb{N}$, 使得 $T^k(x) \in A$.

证明　设
$$B = \{x \in A : T^k(x) \notin A, \text{ 对所有 } k \in \mathbb{N}\} = A \backslash \bigcup_{k \in \mathbb{N}} T^{-k}(A).$$

于是 $B \in \mathfrak{A}$, 而且所有原像 $T^{-k}(B)$ 不相交、可测, 并有与 B 相同的测度. 由于 X 有有限全测度, 得知 B 的测度为 0. 由于 $A \backslash B$ 中的每一点回复到 A, 这证明了第一个论断. 第二个论断的证明作为练习 4.2.1.　　　　　　　　　　　　　　　　　　　　□

对拓扑空间的连续映射, 存在测度论回归与第 2 章介绍的拓扑回复之间的联系. 如果 X 是一个拓扑空间, μ 是 X 上的 Borel 测度, 则 supp μ (μ 的支集) 是测度为 0 的所有开集之并的补, 或者等价地, 是所有具全测度的闭集之交. 回忆 2.1 节连续映射 $T : X \to X$ 的回复点集是 $\mathcal{R}(T) = \{x \in X : x \in \omega(x)\}$.

命题 4.2.2　设 X 是一个可分的度量空间, μ 是 X 上的 Borel 概率测度, $f : X \to X$ 是连续的保测变换. 那么几乎每一点都是回复的, 因此 supp $\mu \subset \overline{\mathcal{R}(f)}$.

证明　由于 X 可分, 对 X 的拓扑存在可数基 $\{U_i\}_{i \in \mathbb{Z}}$. 点 $x \in X$ 是回复的, 如果它 (向前) 回到包含它的每个基元素. 由 Poincaré 回归定理, 对每个 i, 存在 U_i 中的全测度子集 $\widetilde{U}_i$, 使得 $\widetilde{U}_i$ 中每一点回到 U_i. 于是 $X_i = \widetilde{U}_i \cup (X \backslash U_i)$ 在 X 中有全测度, 因此 $\widetilde{X} = \bigcap_{i \in \mathbb{Z}} X_i = \mathcal{R}(T)$ 在 X 中有全测度.　　　　　　　　　　□

我们将在 4.11 节讨论测度论回归的某些应用.

在有限测度空间 $(X, \mathfrak{A}, \mu)$ 内给定一个保测变换 T 和有正测度的可测子集 $A \in \mathfrak{A}$, 导出变换 $T_A : A \to A$ 由 $T_A(x) = T^k(x)$ 定义,

其中 $k \in \mathbb{N}$ 是满足 $T^k(x) \in A$ 的最小自然数. 通常称导出变换为第一回复映射, 或 *Poincaré* 映射. 由定理 4.2.1, T_A 定义在 A 中有全测度的子集上.

设 T 是测度空间 $(X, \mathfrak{A}, \mu)$ 中的变换, $f : X \to \mathbb{N}$ 是可测函数. 又设 $X_f = \{(x, k) : x \in X, 1 \leqslant k \leqslant f(x)\} \subset X \times \mathbb{N}$. 令 $\mathfrak{A}_f$ 是由集合 $A \times \{k\}, A \in \mathfrak{A}, k \in \mathbb{N}$ 生成的 σ 代数, 定义 $\mu_f(A \times \{k\}) = \mu(A)$. 通过 $T_f(x, k) = (x, k + 1)$, 若 $k < f(x)$ 和 $T_f(x, f(x)) = (T(x), 1)$, 定义本原变换 $T_f : X_f \to X_f$. 如果 $\mu(X) < \infty$ 且 $f \in L^1(X, \mathfrak{A}, \mu)$, 则 $\mu_f(X_f) = \int_X f(x) d\mu$. 注意, 集合 $X \times \{1\}$ 上的导出变换 T_f 正好是原来的变换 T.

本原变换和导出变换都称为诱导变换, 后面我们还会遇到它们.

练习 4.2.1 证明定理 4.2.1 的第二个论断.

练习 4.2.2 假设 $T : X \to X$ 是拓扑空间 X 的连续变换, μ 是 X 上满足 $\operatorname{supp} \mu = X$ 的有限 T 不变 Borel 测度. 求证每一点是非游荡点, 而且 μ a.e. 点是回复点.

练习 4.2.3 求证如果 T 是一个保测变换, 则它是诱导变换.

4.3 遍历性与混合性

动力系统诱导函数的作用: T 通过 $(T_* f)(x) = f(T(x))$ 作用在函数 f 上. 动力系统的遍历性质对应 f 与 $T_*^n f$ 之间的统计独立性程度. 对不变函数 $f(T(x)) = f(x)$ 发生最强可能的依赖性. 最强可能的独立性发生在当非零 L^2 函数与它的像正交时.

设 T 是测度空间 $(X, \mathfrak{A}, \mu)$ 上的一个保测变换 (或流). 可测函数 $f : X \to \mathbb{R}$ 是本质 T 不变的, 如果对每个 t 有 $\mu(\{x \in X : f(T^i x) \neq f(x)\}) = 0$. 可测集 A 是本质 T 不变的, 如果它的特征函数 $\mathbf{1}_A$ 是本质 T 不变的; 等价地, 如果 $\mu(T^{-1}(A) \Delta A) = 0$ (这里我们用 Δ 表示对称差, $A \Delta B = (A \backslash B) \cup (B \backslash A)$).

保测变换 (或流) T 是遍历的, 如果任何本质 T 不变可测集或者有测度 0 或者有全测度. 等价地 (练习 4.3.1), T 是遍历的, 如果任何本质 T 不变可测函数是常数 mod 0.

命题 4.3.1　设 T 是有限测度空间 $(X, \mathfrak{A}, \mu)$ 上的一个保测变换或保测流, 令 $p \in (0, \infty]$. 那么 T 是遍历的当且仅当每个本质不变函数 $f \in L^p(X, \mu)$ 是常数 mod 0.

证明　如果 T 是遍历的, 则每个本质不变函数是常数 mod 0. 为证明其逆, 设 f 是 X 上的一个本质不变的可测函数. 于是对每个 $M > 0$, 函数

$$f_M(x) = \begin{cases} f(x), & \text{如果 } f(x) \leqslant M, \\ 0, & \text{如果 } f(x) > M \end{cases}$$

有界, 本质不变且属于 $L^p(X, \mu)$. 因此它是常数 mod 0. 由此得知 f 自己是常数 mod 0. □

如下面命题证明的, 任何本质不变集 (或函数) mod 0 等于严格不变集或函数.

命题 4.3.2　设 $(X, \mathfrak{A}, \mu)$ 是测度空间, 又假设 $f : X \to \mathbb{R}$ 对 X 上的可测变换或可测流 T 是本质不变的. 那么存在严格不变的可测函数 $\tilde{f}$, 使得 $f(x) = \tilde{f}(x)$ mod 0.

证明　我们对可测流证明这个命题. 可测变换的情形可用类似但更容易的论述得到, 留作练习.

考虑可测映射 $\Phi : X \times \mathbb{R} \to \mathbb{R}, \Phi(x, t) = f(T^t x) - f(x)$, 以及 $X \times \mathbb{R}$ 上的积测度 $\nu = \mu \times \lambda$, 其中 λ 是 $\mathbb{R}$ 上的 Lebesgue 测度. 集合 $A = \Phi^{-1}(0)$ 是 $X \times \mathbb{R}$ 的可测子集. 由于 f 是本质 T 不变的, 对每个 $t \in \mathbb{R}$, 集合

$$A_t = \{(x, t) \in (X \times \mathbb{R}) : f(T^t x) = f(x)\}$$

在 $X \times \{t\}$ 中有全 μ 测度. 由 Fubini 定理, 集合

$$A_f = \{x \in X : f(T^t x) = f(x), \text{ 对 a.e. } t \in \mathbb{R}\}$$

在 X 中有全 μ 测度. 令

$$\tilde{f}(x) = \begin{cases} f(y), & \text{如果对某个 } t \in \mathbb{R}, \text{ 有 } T^t x = y \in A_f, \\ 0, & \text{其他}. \end{cases}$$

如果 $T^t x = y \in A_f$ 且 $T^s x = z \in A_f$, 则 y 和 z 位于同一轨道上, 且 f 沿着这个轨道的值 λ-几乎处处等于 $f(y)$ 和 $f(z)$, 因此 $f(y) = f(z)$. 从而 $\tilde{f}$ 有定义且是严格 T 不变的. □

概率空间 $(X, \mathfrak{A}, \mu)$ 上的保测变换 (或流) T 称为是 (强) 混合的, 如果对任何两个可测集 $A, B \in \mathfrak{A}$,

$$\lim_{t \to \infty} \mu(T^{-t}(A) \cap B) = \mu(A) \cdot \mu(B).$$

等价地 (练习 4.3.3), T 是混合的, 如果对任何有界可测函数 f, g,

$$\lim_{t \to \infty} \int_X f(T^t(x)) \cdot g(x) d\mu = \int_X f(x) d\mu \cdot \int_X g(x) d\mu.$$

概率空间 $(X, \mathfrak{A}, \mu)$ 的保测变换 T 称为是弱混合的, 如果对所有 $A, B \in \mathfrak{A}$,

$$\lim_{n \to \infty} \frac{1}{n} \sum_{i=0}^{n-1} |\mu(T^{-i}(A) \cap B) - \mu(A) \cdot \mu(B)| = 0,$$

或者, 等价地 (练习 4.3.3), 如果对所有有界可测函数 f, g,

$$\lim_{n \to \infty} \frac{1}{n} \sum_{i=0}^{n-1} \left| \int_X f(T^i(x)) g(x) d\mu - \int_X f d\mu \cdot \int_X g d\mu \right| = 0.$$

$(X, \mathfrak{A}, \mu)$ 上的保测流 T^t 是弱混合的, 如果对所有 $A, B \in \mathfrak{A}$,

$$\lim_{t \to \infty} \frac{1}{t} \int_0^t |\mu(T^{-s}(A) \cap B) - \mu(A) \cdot \mu(B)| ds = 0,$$

或者, 等价地 (练习 4.3.3), 如果对所有有界可测函数 f, g,

$$\lim_{t \to \infty} \frac{1}{t} \int_0^t \left| \int_X f(T^s(x)) g(x) d\mu ds - \int_X f d\mu \cdot \int_X g d\mu \right| = 0.$$

实践中, 遍历性和混合性是借助 L^2 函数定义的, 这比用可测集定义更容易工作. 例如, 为了对具有 Borel 测度的可分拓扑空间中的每个 L^2 函数建立某个性质, 只需对在 L^2 中稠密的连续函数的可数集工作就行了 (练习 4.3.5). 如果这个性质是 "线性的", 则只需对 L^2 的基验证它就足够, 例如, 对圆周上的指数函数 $e^{2\pi i x}$ 只需对 $[0, 1)$ 验证.

命题 4.3.3　由混合得弱混合, 由弱混合得遍历性.

证明　假设 T 是概率空间 $(X, \mathfrak{A}, \mu)$ 的一个保测变换. A 和 B 是 X 的可测子集. 如果 T 是混合的, 则 $|\mu(T^{-i}(A) \cap B) - \mu(A) \cdot \mu(B)|$ 收敛于 0, 所以平均也是, 从而 T 是混合的.

设 A 是不变可测集. 那么应用弱混合定义, 其中 $B = A$, 得知 $\mu(A) = (\mu(A))^2$, 故 $\mu(A) = 1$ 或者 $\mu(A) = 0$. □

对连续映射, 遍历性和混合性具有下面的拓扑结论.

命题 4.3.4　设 X 是紧度量空间, $T : X \to X$ 是连续映射, μ 是 X 上的 T 不变 Borel 测度. 那么

1. 如果 T 是遍历的, 则 μ-几乎每点的轨道在 $\operatorname{supp} \mu$ 中稠密.

2. 如果 T 是混合的, 则 T 在 $\operatorname{supp} \mu$ 上是拓扑混合的.

证明　假设 T 是遍历的. 设 U 是 $\operatorname{supp} \mu$ 中的非空开集, 则 $\mu(U) > 0$. 由遍历性, 向后不变集 $\bigcup_{k \in \mathbb{N}} T^{-k}(U)$ 有全测度. 因此, 几乎每一点的向前轨道都访问 U. 因此, 向前轨道访问可数开基的每个元素的点集在 X 中有全测度. 这证明了第一个论断.

第二个论断的证明作为练习 4.3.4. □

练习 4.3.1　求证可测变换是遍历的, 当且仅当每个本质不变的可测函数是常数 mod 0 (见推论 4.5.7 后面的注).

练习 4.3.2　设 T 是有限测度空间 $(X, \mathfrak{A}, \mu)$ 中的遍历保测变换, $A \in \mathfrak{A}, \mu(A) > 0$, 以及 $f \in L^1(X, \mathfrak{A}, \mu), f : X \to \mathbb{N}$. 证明诱导变换 T_A 和 T_f 是遍历的.

练习 4.3.3　求证用集合和用有界可测函数定义强混合和弱混合是等价的.

练习 4.3.4　证明命题 4.3.4 的第二个论断.

练习 4.3.5　设 T 是 $(X, \mathfrak{A}, \mu)$ 的保测变换, $f \in L^1(X, \mu)$ 对 a.e. x 满足 $f(T(x)) \leqslant f(x)$. 证明, 对 a.e. x 有 $f(T(x)) = f(x)$.

练习 4.3.6　设 X 是紧拓扑空间, μ 是 Borel 测度, $T : X \to X$

是保 μ 变换. 假设对每个积分为 0 的连续函数 f 与 g,

$$\int_X f(T^n(x)) \cdot g(x) d\mu \to 0, \quad 当\ n \to \infty.$$

证明 T 是混合的.

练习 4.3.7 求证如果 $T : X \to X$ 是混合的, 则 $T \times T : X \times X \to X \times X$ 是混合的.

4.4 例　　子

现在我们证明第 1 章中某些例子的遍历性或混合性.

命题 4.4.1 圆周旋转 R_α 关于 Lebesgue 测度是遍历的, 当且仅当 α 是无理数.

证明 假设 α 是无理数. 由命题 4.3.1, 只需证明任何有界 R_α 不变函数 $f : S^1 \to \mathbb{R}$ 是常数 mod 0. 由于 $f \in L^2(S^1, \lambda)$, f 的 Fourier 级数 $\sum\limits_{n=-\infty}^{\infty} a_n e^{2n\pi i x}$ 按 L^2 的范数收敛于 f. 级数 $\sum\limits_{n=-\infty}^{\infty} a_n e^{2n\pi i(x+\alpha)}$ 收敛于 $f \circ R_\alpha$. 由于 $f = f \circ R_\alpha$ mod 0, 由 Fourier 系数的唯一性得知, 对所有 $n \in \mathbb{Z}$ 有 $a_n = a_n e^{2n\pi i\alpha}$. 因为对 $n \neq 0$, $e^{2n\pi i\alpha} \neq 0$, 得知对 $n \neq 0$, $a_n = 0$, 因此 f 是常数 mod 0.

逆的证明留作练习. □

命题 4.4.2 扩张自同态 $E_m : S^1 \to S^1$ 关于 Lebesgue 测度是混合的.

证明 由于 S^1 的任何可测子集可以用区间的有限并逼近, 故只需考虑两个区间 $A = [p/m^i, (p+1)m^i], p \in \{0, \ldots, m^i - 1\}$ 和 $B = [q/m^j, (q+1)m^j], q \in \{0, \ldots, m^j - 1\}$. 回忆 $E_m^{-1}(B)$ 是 m 个长度为 $1/m^{j+1}$ 的一致分离区间的并:

$$E_m^{-1}(B) = \bigcup_{k=0}^{m-1} [(km^j + q)/m^{j+1}, (km^j + q + 1)/m^{j+1}].$$

类似地, $E_m^{-1}(B)$ 是 m^n 个长度为 $1/m^{j+n}$ 的一致分离区间的并. 因此对 $n > i$, 交 $A \cap E_m^{-n}(B)$ 由 m^{n-i} 个长度为 $m^{-(n+j)}$ 的区间组

成. 从而

$$\mu(A \cap E_m^{-n}(B)) = m^{n-i}(1/m^{n+j}) = m^{-i-j} = \mu(A) \cdot \mu(B). \qquad \square$$

命题 4.4.3 任何一个双曲环面自同构 $A : \mathbb{T}^2 \to \mathbb{T}^2$ 关于 Lebesgue 测度是遍历的.

证明 这里仅考虑情形

$$A = \begin{pmatrix} 2 & 1 \\ 1 & 1 \end{pmatrix} : \mathbb{T}^2 \to \mathbb{T}^2,$$

一般情形的论述类似. 设 $f : \mathbb{T}^2 \to \mathbb{R}$ 是有界 A 不变可测函数. f 的 Fourier 级数 $\sum\limits_{m,n=-\infty}^{\infty} a_{mn} e^{2\pi i(mx+ny)}$ 在 L^2 中收敛于 f. 级数

$$\sum_{m,n=-\infty}^{\infty} a_{mn} e^{2\pi i(m(2x+y)+n(x+y))}$$

收敛于 $f \circ A$. 由于 f 是不变的, 由 Fourier 系数的唯一性, 得知对所有 m, n 有 $a_{mn} = a_{(2m+n)(m+n)}$. 又因 A 没有特征值在单位圆上, 因此, 如果对某个 $(m, n) \neq (0, 0)$, $a_{mm} \neq 0$, 则对任意大的 $|i| + |j|$ 有 $a_{ij} = a_{mm} \neq 0$, 故这个 Fourier 级数发散. $\qquad \square$

与整数矩阵 A 对应的 $\mathbb{T}^n$ 的环面自同构是遍历的, 当且仅当 A 没有特征值是单位根, 证明例如见 [Pet89]. 双曲环面自同构是混合的 (练习 4.4.3).

设 A 是 $m \times m$ 随机矩阵, 即 A 有非负元素且每一行元素之和为 1. 假设 A 有特征值 1 的非负左特征向量 q, 其元素之和为 1 (回忆, 若 A 不可约, 则由推论 3.3.3, q 存在且唯一). 在 Σ_m (和 Σ_m^+) 上定义 Borel 概率测度 $P = P_{A,q}$ 如下: 对长度为 1 的柱体 C_j^n, 我们定义 $P(C_j^n) = q_j$; 对满足 $k + 1 > 1$ 的相继指标的柱体 $C_{j_0, j_1, \dots, j_k}^{n, n+1, \dots, n+k} \subset \Sigma_m$ (或 Σ_m^+), 定义

$$P(C_{j_0, j_1, \dots, j_k}^{n, n+1, \dots, n+k}) = q_{j_0} \prod_{i=0}^{k-1} A_{j_i j_{i+1}}.$$

换句话说, 我们将 q 解释为集合 $\{1, \dots, m\}$ 上的初始概率分布, A 为转移概率矩阵. 数 $P(C_j^n)$ 是观察到符号 j 处于第 n 个位置的概

率, A_{ij} 是从 i 到 j 的概率. 事实 $qA = q$ 意味着概率分布 q 在转移概率矩阵 A 下是不变的, 即

$$q_j = P(C_j^{n+1}) = \sum_{i=0}^{m-1} P(C_i^n) A_{ij}.$$

偶 (A, q) 称为集合 $\{1, \ldots, m\}$ 上的 *Markov* 链.

可以证明, P 唯一扩张为定义在由柱体生成的 Borel σ 代数的完全化 $\mathfrak{C}$ 上的移位不变 σ 加性测度 (练习 4.4.5), 称 P 为对应于 A 和 q 的 *Markov* 测度. 测度空间 $(\Sigma_m, \mathfrak{C}, P)$ 是非原子 Lebesgue 概率空间. 如果 A 不可约, 这个测度由 A 唯一确定.

这个情况的一个非常重要的特殊情形出现在转移概率不依赖于初始状态时. 这时 A 的每一行是左特征向量 q, 移位不变测度 P 称为 *Bernoulli* 测度, 这个移位称为 *Bernoulli* 自同构.

设 A' 是由 $A'_{ij} = 0$, 若 $A_{ij} = 0$, 和 $A'_{ij} = 1$, 若 $A_{ij} > 0$ 定义的邻接矩阵. 那么 P 的支集恰好是 $\Sigma_{A'}^v \subset \Sigma_m$ (练习 4.4.6).

命题 4.4.4 *如果 A 是 $m \times m$ 本原随机矩阵, 则移位 σ 在 Σ_m 中关于 Markov 测度 $P(A)$ 是混合的.*

证明 练习 4.4.7. □

可把 Markov 链推广到平稳 (离散) 随机过程类, 即在有连续字母表的移位空间上有不变测度的动力系统. 设 $(X, \mathfrak{A}, P)$ 是概率空间. Ω 上的随机变量是 Ω 上的实值可测函数. 随机变量序列 $(f_i)_{i=-\infty}^{\infty}$ 是平稳的, 如果对任何 $i_1, \ldots, i_k \in \mathbb{Z}$ 和任何 Borel 子集 $B_1, \ldots, B_k \subset \mathbb{R}$ 有

$$P\{\omega \in \Omega : f_{i_j}(\omega) \in B_j, j = 1, \ldots, k\}$$
$$= P\{\omega \in \Omega : f_{i_j+n}(\omega) \in B_j, j = 1, \ldots, k\}.$$

由

$$\Phi(\omega) = (\ldots, f_{-1}(\omega), f_0(\omega), f_1(\omega), \ldots)$$

定义映射 $\Phi : \Omega \to \mathbb{R}^{\mathbb{Z}}$, 以及, 由 $\mu(A) = P(\Phi^{-1}(A))$ 定义 $\mathbb{R}^{\mathbb{Z}}$ 的 Borel 子集上的测度 μ. 由于序列 (f_i) 是平稳的, 由 $(\sigma x)_n = x_{n+1}$ 定义的移位 $\sigma : \mathbb{R}^{\mathbb{Z}} \to \mathbb{R}^{\mathbb{Z}}$ 保测度 μ (练习 4.4.8).

练习 4.4.1　求证圆周旋转 R_α 不是弱混合的.

练习 4.4.2　设 $\alpha \in \mathbb{R}$ 是无理数, $F : \mathbb{T}^2 \to \mathbb{T}^2$ 是 2.4 节引入的映射 $(x, y) \mapsto (x + \alpha, x + y) \bmod 1$. 证明 F 保 Lebesgue 测度且是遍历的, 但不是弱混合的.

练习 4.4.3　证明 $\mathbb{T}^n$ 的任何一个双曲自同构是混合的.

练习 4.4.4　证明紧度量空间的等距映射对任何其支集不是单点的不变 Borel 测度不是混合的. 特别地, 圆周旋转不是混合的.

练习 4.4.5　证明任何 Markov 测度是移位不变的.

练习 4.4.6　证明 $\operatorname{supp} P_{A,q} = \Sigma_{A'}^v$.

练习 4.4.7　证明命题 4.4.4.

练习 4.4.8　证明上面对平稳序列 (f_i) 构造的 $\mathbb{R}^{\mathbb{Z}}$ 上的测度 μ 在移位 σ 作用下不变.

4.5　遍历定理[①]

所有轨道族代表动力系统 T 的完全发展. (可测) 函数 f 的值 $f(T^n(x))$ 可表示观察到的如位置或速度. 这些量的长期项平均 $\dfrac{1}{n} \displaystyle\sum_{k=0}^{n-1} f(T^k(x))$ 在统计物理和其他领域中都很重要. 遍历理论中的一个中心问题是当 $n \to \infty$ 时这些平均是否收敛, 如果收敛, 这个极限是否依赖于 x. 统计物理中的遍历假设说, 对 a.e. x 渐近的时间平均 $\displaystyle\lim_{n \to \infty} \dfrac{1}{n} \sum_{k=0}^{n-1} f(T^k(x))$ 等于空间平均 $\displaystyle\int_X f d\mu$. 我们证明这种情况发生在 T 是遍历时.

设 $(X, \mathfrak{A}, \mu)$ 是测度空间, $T : X \to X$ 是保测变换. 对可测函数 $f : X \to \mathbb{C}$, 令 $(U_T f)(x) = f(T(x))$. 算子 U_T 是乘法线性的, 即 $U_T(f \cdot g) = U_T f \cdot U_T g$. 由于 T 是保测的, 对任何 $p \geqslant 1$, U_T 是 $L^p(X, \mathfrak{A}, \mu)$ 的等距算子, 即对任何 $f \in L^p$, $\|U_T f\|_p = \|f\|_p$ (练习 4.5.3). 如果 T 是自同构, 则 $U_T^{-1} = U_{T^{-1}}$ 也是等距的, 从而 U_T 是

---

①这一节的几个证明属于 F. Riesz, 见 [Hal60].

$L^2(X, \mathfrak{A}, \mu)$ 上的酉算子. 用 $\langle f, g \rangle$ 记 $L^2(X, \mathfrak{A}, \mu)$ 上的数量积, $\|\cdot\|$ 记范数, U 的伴随算子记为 U^*.

引理 4.5.1 设 U 是 Hilbert 空间 H 的一个等距算子, 则 $Uf = f$ 当且仅当 $U^*f = f$.

证明 对每个 $f, g \in H$, 有 $\langle U^*Uf, g \rangle = \langle Uf, Ug \rangle = \langle f, g \rangle$, 因此 $U^*Uf = f$. 如果 $Uf = f$, 则 (两边乘 U^*) $U^*f = f$. 反之, 如果 $U^*f = f$, 则 $\langle f, Uf \rangle = \langle U^*f, f \rangle = \|f\|^2$, 以及 $\langle Uf, f \rangle = \langle f, U^*f \rangle = \|f\|^2$. 因此, $\langle Uf - f, Uf - f \rangle = \|Uf\|^2 - \langle f, Uf \rangle - \langle Uf, f \rangle + \|f\| = 0$. □

定理 4.5.2 (von Neumann 遍历定理) 设 U 是可分 Hilbert 空间 H 的一个等距算子, P 是 H 中 U 不变向量子空间 $I = \{f \in H : Uf = f\}$ 上的正交投影. 那么对每个 $f \in H$,

$$\lim_{n \to \infty} \frac{1}{n} \sum_{i=0}^{n-1} U^i f = Pf.$$

证明 设 $U_n = \frac{1}{n} \sum_{i=0}^{n-1} U^i$ 和 $L = \{g - Ug : g \in H\}$. 注意, L 和 I 是 U 不变的, 且 I 是闭的. 如果 $f = g - Ug \in L$, 则 $\sum_{i=0}^{n-1} U^i f = g - U^n g$, 因此 $n \to \infty$ 时 $U_n f \to 0$. 如果 $f \in I$, 则对所有 $n \in \mathbb{N}$, 有 $U_n f = f$. 我们将证明 $L \perp I$ 和 $H = \bar{L} \oplus I$, 其中 $\bar{L}$ 是 L 的闭包.

设 $\{f_k\}$ 是 L 中的序列, 假设 $f_k \to f \in \bar{L}$, 则 $\|U_n f\| \leqslant \|U_n(f - f_k)\| + \|U_n f_k\| \leqslant \|U_n\| \cdot \|f - f_k\| + \|U_n f_k\|$, 因此, $n \to \infty$ 时 $U_n f \to 0$.

设 $\perp$ 表示正交补, 注意到 $\bar{L}^\perp = L^\perp$. 如果 $h \in L^\perp$, 则对所有 $g \in H$, $0 = \langle h, g - Ug \rangle = \langle h - U^*h, g \rangle$, 故 $h = U^*h$, 因此, 由引理 4.5.1 得 $Uh = h$. 反之 (再用引理 4.5.1), 如果 $h \in I$, 则对每个 $g \in H$, $\langle h, g - Ug \rangle = \langle h, g \rangle - \langle U^*h, g \rangle = 0$, 因此 $h \in L^\perp$.

从而, $H = \bar{L} \oplus I$, $\lim_{n \to \infty} U_n$ 在 I 上为恒等映射, 在 $\bar{L}$ 上为 0. □

下面的定理是 von Neumann 遍历定理的直接推论.

定理 4.5.3 设 T 是有限测度空间 $(X, \mathfrak{A}, \mu)$ 中的一个保测变

换. 对 $f \in L^2(X, \mathfrak{A}, \mu)$, 令

$$f_N^+(x) = \frac{1}{N} \sum_{n=0}^{N-1} f(T^n(x)).$$

那么 f_N^+ 在 $L^2(X, \mathfrak{A}, \mu)$ 中收敛于 T 不变函数 $\bar{f}$.

如果 T 可逆, 则 $f_N^-(x) = \dfrac{1}{N} \sum_{n=0}^{N-1} f(T^{-n}(x))$ 在 $L^2(X, \mathfrak{A}, \mu)$ 中也收敛于 $\bar{f}$.

类似地, 设 T 是有限测度空间 $(X, \mathfrak{A}, \mu)$ 中的保测流. 对函数 $f \in L^2(X, \mathfrak{A}, \mu)$, 令

$$f_\tau^+(x) = \frac{1}{\tau} \int_0^\tau f(T^t(x)) dt \quad \text{和} \quad f_\tau^-(x) = \frac{1}{\tau} \int_0^\tau f(T^{-t}(x)) dt.$$

那么 f_τ^+ 和 f_τ^- 在 $L^2(X, \mathfrak{A}, \mu)$ 中收敛于 T 不变函数 $\bar{f}$.

下面的目的是证明上一个定理的逐点形式. 首先, 我们需要一个组合引理. 设 $a_1, \ldots, a_m$ 是实数, 且 $1 \leqslant n \leqslant m$, 我们说 a_k 是 n-首数, 如果对某个 $p, 1 \leqslant p \leqslant n$ 有 $a_k + \cdots + a_{k+p-1} \geqslant 0$.

引理 4.5.4　对每个 $n, 1 \leqslant n \leqslant m$, 所有 n-首数的和非负.

证明　如果没有 n-首数, 则引理成立. 否则设 a_k 是第一个 n-首数, $p \geqslant 1$ 是满足 $a_k + \cdots + a_{k+p-1} \geqslant 0$ 的最小整数. 如果 $k \leqslant j \leqslant k+p-1$, 则由 p 的选择, $a_j + \cdots + a_{k+p-1} \geqslant 0$, 因此 a_j 是 n-首数. 相同的论述可应用于序列 $a_{k+p}, \ldots, a_m$, 这证明了引理. □

定理 4.5.5 (Birkhoff 遍历定理)　设 T 是有限测度空间 $(X, \mathfrak{A}, \mu)$ 的保测变换, 又设 $f \in L^1(X, \mathfrak{A}, \mu)$. 那么对 a.e. $x \in X$, 极限

$$\bar{f}(x) = \lim_{n \to \infty} \frac{1}{n} \sum_{k=0}^{n-1} f(T^k(x))$$

存在且是 μ 可积和 T 不变的, 并满足

$$\int_X \bar{f}(x) d\mu = \int_X f(x) d\mu.$$

此外, 如果 $f \in L^2(X, \mathfrak{A}, \mu)$, 则由引理 4.5.3, $\bar{f}$ 是 f 到 T 不变函数子空间的正交投影.

如果 T 可逆, 则 $\dfrac{1}{n}\sum\limits_{k=0}^{n-1}f(T^{-k}(x))$ 也几乎处处收敛于 $\bar{f}$.

类似地, 设 T 是有限测度空间 $(X,\mathfrak{A},\mu)$ 的保测流, 则

$$f_\tau^+(x)=\frac{1}{\tau}\int_0^\tau f(T^t(x))dt \quad \text{和} \quad f_\tau^-(x)=\frac{1}{\tau}\int_0^\tau f(T^{-t}(x))dt$$

几乎处处收敛于相同 μ 可积和 T 不变极限函数 $\bar{f}$, 且 $\displaystyle\int_X f(x)d\mu = \int_X \bar{f}(x)d\mu$.

证明 我们仅考虑变换情形. 不失一般性, 假设 f 是实值函数. 令

$$A = \{x \in X : f(x) + f(T(x)) + \cdots + f(T^k(x)) \geqslant 0, \text{ 对某个 } k \in \mathbb{N}_0\}.$$

引理 4.5.6 (极大遍历定理) $\displaystyle\int_A f(x)d\mu \geqslant 0$.

证明 设 $A_n = \{x \in X : \sum\limits_{i=0}^k f(T^i(x)) \geqslant 0, \text{ 对某个 } k, 0 \leqslant k \leqslant n\}$. 那么 $A_n \subset A_{n+1}, A = \bigcup_{n\in\mathbb{N}} A_n$, 由控制收敛定理, 只需对每个 n 证明 $\displaystyle\int_{A_n} f(x)d\mu \geqslant 0$.

固定任意的 $m \in \mathbb{N}$. 令 $s_n(x)$ 是序列

$$f(x), f(T(x)), \ldots, f(T^{m+n-1}(x))$$

中的 n-首数之和. 对 $k \leqslant m-1$, 令 $B_k \subset X$ 是使 $f(T^k(x))$ 为这个序列的 n- 首数的点集. 由引理 4.5.4,

$$0 \leqslant \int_X s_n(x)d\mu = \sum_{k=0}^{m+n-1} \int_{B_k} f(T^k(x))d\mu. \tag{4.1}$$

注意, $x \in B_k$ 当且仅当 $T(x) \in B_{k-1}$. 因此, 对 $1 \leqslant k \leqslant m-1$ 有 $B_k = T^{-1}(B_{k-1})$ 和 $B_k = T^{-k}(B_0)$, 从而

$$\int_{B_k} f(T^k(x))d\mu = \int_{T^{-k}(B_0)} f(T^k(x))d\mu = \int_{B_k} f(x)d\mu.$$

因此, (4.1) 中前 m 项相等, 又因为 $B_0 = A_n$,

$$m\int_{A_n} f(x)d\mu + n\int_X |f(x)|d\mu \geqslant 0.$$

由于 m 任意, 引理得证.　　　　　　　　　　　　　　□

现在我们可以结束对 Birkhoff 遍历定理的证明. 对任何 $a, b \in \mathbb{R}, a < b$, 集合

$$X(a, b)$$
$$= \left\{ x \in X : \varliminf_{n \to \infty} \frac{1}{n} \sum_{i=0}^{n-1} f(T^i(x)) < a < b < \varlimsup_{n \to \infty} \frac{1}{n} \sum_{i=0}^{n-1} f(T^i(x)) \right\}$$

是可测且 T 不变的. 我们期望 $\mu(X(a, b)) = 0$. 应用引理 4.5.6 到 $T|_{X(a,b)}$ 和 $f - b$, 得到 $\int_{X(a,b)} (f(x) - b) d\mu \geqslant 0$. 类似地, $\int_{X(a,b)} (a - f(x)) d\mu \geqslant 0$, 因此, $\int_{X(a,b)} (a - b) d\mu \geqslant 0$. 从而, $\mu(X(a, b)) = 0$. 由于 a 和 b 任意, 得知对 a.e. $x \in X$ 均值 $\frac{1}{n} \sum_{i=0}^{n-1} f(T^i(x))$ 收敛.

对 $n \in \mathbb{N}$, 令 $f_n(x) = \frac{1}{n} \sum_{i=0}^{n-1} f(T^i(x))$. 用 $\varliminf_{n \to \infty} f_n(x)$ 定义 $\bar{f} : X \to \mathbb{R}$. 那么 $\bar{f}$ 是可测的, f_n a.e. 收敛于 $\bar{f}$. 由 Fatou 引理和 μ 的不变性,

$$\int_X \varliminf_{n \to \infty} |f_n(x)| q d\mu \leqslant \varliminf_{n \to \infty} \int_X |f_n(x)| d\mu$$
$$\leqslant \varliminf_{n \to \infty} \frac{1}{n} \sum_{j=0}^{n-1} \int_X |f(T^j(x))| d\mu = \int_X |f(x)| d\mu.$$

因此, $\int_X |\bar{f}(x)| d\mu = \int_X \varliminf_{n \to \infty} |f_n(x)| d\mu$ 有限, 所以 $\bar{f}$ 可积.

证明 $\int_X f(x) d\mu = \int_X \bar{f}(x) d\mu$ 留作练习 (练习 4.5.2).　　□

下面两个事实是定理 4.5.5 的直接推论 (练习 4.5.4, 练习 4.5.5).

推论 4.5.7　有限测度空间 $(X, \mathfrak{A}, \mu)$ 中的保测变换 T 是遍历的, 当且仅当对每个 $f \in L^1(X, \mathfrak{A}, \mu)$ 有

$$\lim_{n \to \infty} \frac{1}{n} \sum_{i=0}^{n-1} f(T^i(x)) = \frac{1}{\mu(X)} \int_X f(x) d\mu, \quad \text{对 a.e. } x, \quad (4.2)$$

即当且仅当每个 L^1 函数的时间平均等于它的空间平均.

由上述推论得知, 如果 X 是紧拓扑空间, μ 是 Borel 测度, 则要验证保测变换的遍历性, 只需对 $L^1(X, \mathfrak{A}, \mu)$ 的稠密子集验证 (4.2), 例如只需对所有连续函数验证它. 此外, 由于线性性只需对组成基的函数的可数族验证其收敛性.

推论 4.5.8 有限测度空间 $(X, \mathfrak{A}, \mu)$ 中的保测变换 T 是遍历的, 当且仅当对每个 $A \in \mathfrak{A}$ 和 a.e. $x \in X$ 有

$$\lim_{n \to \infty} \frac{1}{n} \sum_{k=0}^{n-1} \chi_A(T^k(x)) = \frac{\mu(A)}{\mu(X)},$$

其中 χ_A 是 A 的特征函数.

练习 4.5.1 设 T 是有限测度空间 $(X, \mathfrak{A}, \mu)$ 中的保测变换. 证明 T 是遍历的, 当且仅当对任何 $A, B \in \mathfrak{A}$ 有

$$\lim_{n \to \infty} \frac{1}{n} \sum_{k=0}^{n-1} \mu(T^{-k}(A) \cap B) = \mu(A) \cdot \mu(B).$$

练习 4.5.2 利用控制收敛定理, 并通过证明平均 $\frac{1}{n} \sum_{j=0}^{n-1} f$ 收敛于 L^1 中的 $\bar{f}$ 来完成定理 4.5.5 的证明.

练习 4.5.3 证明如果 T 是保测变换, 则对任何 $p \geqslant 1$, U_T 是 $L^p(X, \mathfrak{A}, \mu)$ 的等距算子.

练习 4.5.4 证明推论 4.5.7.

练习 4.5.5 证明推论 4.5.8.

练习 4.5.6 实数 x 称为按基 n 是正规的, 如果对任何 $k \in \mathbb{N}$, 字母表 $\{0, \ldots, n-1\}$ 中长度为 k 的每个有限字以渐近频率 n^{-k} 出现在 x 的基 n 展开中. 证明几乎每个实数关于每个基 $n \in \mathbb{N}$ 是正规的.

4.6 连续映射的不变测度

在这一节中, 我们证明紧度量空间 X 到它自身的连续映射 T 至少有一个不变 Borel 概率测度. X 上的每个有限 Borel 测度 μ

在 X 的连续函数空间 $C(X)$ 中定义一个有界线性泛函 $L_\mu(f) = \int_X f d\mu$. 此外, L_μ 在 $f \geqslant 0$ 时 $L_\mu(f) \geqslant 0$ 的意义下是正的. 由 Riesz 表示定理 [Rud87], 其逆也真, 即对 $C(X)$ 中的每个正有界线性泛函 L, 存在 X 中的有限 Borel 测度 μ, 使得 $L = \int_X f d\mu$.

定理 4.6.1 (Krylov-Bogolubov)　设 X 是紧度量空间, $T : X \to X$ 是连续映射, 则在 X 上存在 T 不变 Borel 概率测度 μ.

证明　固定 $x \in X$. 对于函数 $f : X \to \mathbb{R}$, 令 $S_f^n(x) = \frac{1}{n} \sum_{i=0}^{n-1} f(T^i(x))$. 设 $\mathcal{F} \subset C(X)$ 是 X 上连续函数的稠密可数族. 对任何 $f \in \mathcal{F}$ 序列 $S_f^n(x)$ 有界, 因此有收敛子序列. 由于 $\mathcal{F}$ 可数, 存在序列 $n_j \to \infty$, 使得对每个 $f \in \mathcal{F}$, 极限

$$S_f^\infty(x) = \lim_{j \to \infty} S_f^{n_j}(x)$$

存在. 对任何 $g \in C(X)$ 和任何 $\varepsilon > 0$ 存在 $f \in \mathcal{F}$, 使得 $\max_{y \in X} |g(y) - f(y)| < \varepsilon$. 因此, 对足够大 j,

$$|S_g^{n_j}(x) - S_f^\infty(x)| \leqslant S_{|g-f|}^{n_j}(x) + |S_f^{n_j}(x) - S_f^\infty(x)| \leqslant 2\varepsilon,$$

所以 $S_g^{n_j}(x)$ 是 Cauchy 序列. 因此对每个 $g \in C(X)$ 极限 $S_g^\infty(x)$ 存在, 并在 $C(X)$ 上定义一个有界正线性泛函 L_x. 由 Riesz 表示定理, 存在 Borel 概率测度 μ, 使得 $L_x(g) = \int_X g d\mu$. 注意

$$|S_g^{n_j}(T(x)) - S_g^{n_j}(x)| = \frac{1}{n_j} |g(T^{n_j}(x)) - g(x)|.$$

因此, $S_g^\infty(T(x)) = S_g^\infty(x)$, 而且, μ 是 T 不变的.　　　　□

设 $\mathcal{M} = \mathcal{M}(x)$ 表示 X 上所有 Borel 概率测度的集合. 测度序列 $\mu_n \in \mathcal{M}$ 按弱*拓扑收敛于测度 $\mu \in \mathcal{M}$, 如果对每个 $f \in C(X)$ 有 $\int_X f d\mu_n \to \int_X f d\mu$. 假设 μ_n 是 $\mathcal{M}$ 中任何序列, $F \subset C(X)$ 是稠密可数子集, 则由对角线法则, 存在子序列 μ_{n_j}, 使得对每个 $f \in F$, $\int_X f d\mu_{n_j}$ 收敛, 因此, 对每个 $g \in C(X)$ 序列 $\int_X g d\mu_{n_j}$ 收敛. 从而, $\mathcal{M}$ 按弱*拓扑是紧的. 它也是凸的, 即对任何 $t \in [0, 1]$ 和 $\mu, \nu \in \mathcal{M}$

有 $t\mu + (1-t)\nu \in \mathcal{M}$. 凸集中的点是极值点, 如果它不能表示为另外两点的非平凡凸的组合. $\mathcal{M}$ 的极值点是概率测度支撑的点, 称它们为 *Dirac* 测度.

设 $\mathcal{M}_T \subset \mathcal{M}$ 表示 X 上所有 T 不变的 Borel 概率测度集. 则 $\mathcal{M}_T$ 是闭的, 从而, 按弱*拓扑它是紧且凸的.

回忆如果 μ 和 ν 是空间 X 上有 σ 代数 $\mathfrak{A}$ 的有限测度, 又如果 $\nu(A) = 0$, 则 ν 关于 μ 绝对连续, 只要 $A \in \mathfrak{A}$ 时 $\mu(A) = 0$. 如果 ν 关于 μ 绝对连续, 则 Radon-Nikodym 定理断言, 存在称为 *Radon-Nikodym* 导数的 L^1 函数 $d\nu/d\mu$, 使得对每个 $A \in \mathfrak{A}$ 有 $\nu(A) = \int_A (d\nu/d\mu)(x)d\mu$ [Roy88].

命题 4.6.2　遍历的 T 不变测度正好是 $\mathcal{M}_T$ 的极值点.

证明　如果 μ 不是遍历的, 则存在 T 不变可测子集 $A \subset X$, 满足 $0 < \mu(A) < 1$. 对任何可测集 B, 令 $\mu_A(B) = \mu(B \cap A)/\mu(A)$ 和 $\mu_{X \setminus A}(B) = \mu(B \cap (X \setminus A))/\mu(X \setminus A)$. 于是 μ_A 和 $\mu_{X \setminus A}$ 是 T 不变的, 且 $\mu = \mu(A)\mu_A + \mu(X \setminus A)\mu_{X \setminus A}$, 所以 μ 不是极值点.

反之, 假设 μ 是遍历的, 且 $\mu = t\nu + (1-t)\kappa$, 其中 $\nu, \kappa \in \mathcal{M}_T$ 且 $t \in (0,1)$. 那么 ν 关于 μ 绝对连续且 $\nu(A) = \int_A r\, d\mu$, 其中 $r = d\nu/d\mu \in L^1(X, \mu)$ 是 Radon-Nikodym 导数. 注意到几乎处处有 $r \leqslant \dfrac{1}{t}$. 因此, $r \in L^2(X, \mu)$. 设 U 是由 $Uf = f \circ T$ 给出的 $L^2(X, \mu)$ 的等距算子. 由 ν 的不变性得知, 对每个 $f \in L^2(X, \mu)$ 有

$$\langle Uf, r\rangle_\mu = \int (f \circ T)r\, d\mu = \int fr\, d\mu = \langle f, r\rangle_\mu.$$

由此得知, $\langle f, U^*r\rangle_\mu = \langle Uf, r\rangle_\mu = \langle f, r\rangle_\mu$, 因此 $U^*r = r$. 由引理 4.5.1 得知, $Ur = r$. 由于 μ 是遍历的, 函数 r 是本质常数, 从而 $\mu = \nu = \kappa$. $\qquad\square$

由 Krein-Milman 定理 [Roy88], [Rud91], $\mathcal{M}_T$ 是它的极值点的凸闭壳. 因此, 所有 T 不变遍历的 Borel 概率测度集 $\mathcal{M}_T^e$ 是非空的. 但是, $\mathcal{M}_T^e$ 可以非常复杂, 例如, 它可按弱*拓扑在 $\mathcal{M}_T$ 中稠密 (练习 4.6.5).

练习 4.6.1　对圆周的同胚 $T(x) = x + a\sin 2\pi x \bmod 1$, $0 <$

$a \leqslant \dfrac{1}{2\pi}$，描述 $\mathcal{M}_T$ 和 $\mathcal{M}_T^e$．

练习 4.6.2　对环面的同胚 $T(x,y) = (x, x+y) \bmod 1$，描述 $\mathcal{M}_T$ 和 $\mathcal{M}_T^e$．

练习 4.6.3　(a) 给出圆周映射的例子，使得它恰在一点不连续且没有非平凡有限不变 Borel 测度．

(b) 给出实直线的连续映射的例子，使得它没有非平凡有限不变 Borel 测度．

练习 4.6.4　设 X 和 Y 是紧度量空间，$T: X \to Y$ 是连续映射．证明 T 诱导自然映射 $\mathcal{M}(X) \to \mathcal{M}(Y)$，且这个映射按弱*拓扑连续．

*练习 4.6.5　证明如果 σ 是双边 2 移位，则 $\mathcal{M}_\sigma^e$ 按弱*拓扑在 $\mathcal{M}_\sigma$ 中稠密．

4.7　唯一遍历性与 Weyl 定理[①]

在这一节中设 T 是紧度量空间 X 中的一个连续映射．由 4.6 节存在 T 不变 Borel 概率测度．如果只存在一个这样的测度，则称 T 为唯一遍历的．注意，由命题 4.6.2 这个唯一不变测度必须是遍历的．

圆周上的无理旋转是唯一遍历的 (练习 4.7.1)．此外，紧 Abel 群上的任何一个拓扑传递平移是唯一遍历的 (练习 4.7.2)．另一方面，由唯一遍历性并不得知拓扑传递性 (练习 4.7.3)．

命题 4.7.1　设 X 是紧度量空间，连续映射 $T: X \to X$ 是唯一遍历的，当且仅当对任何连续函数 $f \in C(X)$，$S_f^n = \dfrac{1}{n}\sum\limits_{i=0}^{n-1} f \circ T^i$ 一致收敛于常数函数 S_f^∞．

证明　先假设 T 是唯一遍历的，μ 是唯一 T 不变 Borel 概率测度．我们证明

$$\lim_{n\to\infty} \max_{x\in X} \left| S^n f(x) - \int_X f d\mu \right| \to 0.$$

[①]这一节的部分叙述是按照 [Fur81a] 和 [CFS82]．

假设这不成立, 则存在 $f \in C(X)$ 与序列 $x_k \in X$ 和 $n_k \to \infty$, 使得 $\lim_{k\to\infty} S_f^{n_k}(x_k) = c \neq \int_X f d\mu$. 如同命题 4.6.1 的证明, 存在子序列 $n_{k_i} \to \infty$, 使得对任何 $g \in C(X)$, 极限 $L(g) = \lim_{i\to\infty} S_f^{n_{k_i}}(x_{k_i})$ 存在. 如在命题 4.6.1 中, L 在 $C(X)$ 上定义一个 T 不变正有界线性泛函. 由 Riesz 表示定理, 对某个 $\nu \in \mathcal{M}_T$ 有 $L(g) = \int_X g d\nu$. 由于 $L(f) = c \neq \int_X f d\mu$, 测度 μ 和测度 ν 不同, 这与唯一遍历性矛盾.

逆的证明留作练习 (练习 4.7.4). $\square$

单由连续函数的时间平均的一致收敛性本身并不能得知唯一遍历性. 例如, 如果 (X,Y) 是唯一遍历的且 $I = [0,1]$, 则 $(X \times I, T \times \mathrm{Id})$ 不是唯一遍历的, 但对所有连续函数, 时间平均一致收敛.

命题 4.7.2 设 T 是紧度量空间 X 的一个拓扑传递的连续映射. 假设对每个连续函数 $f \in C(X)$, 时间平均序列 S_f^n 一致收敛. 那么 T 是唯一遍历的.

证明 由于收敛性是一致的, $S_f^\infty = \lim_{n\to\infty} S_f^n$ 是连续函数. 如同命题 4.6.1 的证明, 对每个 x 有 $S_f^\infty(T(x)) = S_f^\infty(x)$. 由于 T 是拓扑传递的, S_f^∞ 是常数. 如上所述, 线性泛函 $f \mapsto S_f^\infty$ 定义的测度 $\mu \in \mathcal{M}_T$ 满足 $\int_X d\mu = S_f^\infty$. 设 $\nu \in \mathcal{M}_T$. 由 Birkhoff 遍历定理 (定理 4.5.5), 对每个 $f \in C(X)$ 和 a.e. $x \in X$ 有 $S_f^\infty(x) = \int_X f d\nu$, 因此 $\nu = \mu$. $\square$

设 X 是具有 Borel 概率测度 μ 的紧度量空间. $T : X \to X$ 是保测度 μ 的同胚. 点 $x \in X$ 称为对 (X, μ, T) 是通有的, 如果对每个连续函数 f,

$$\lim_{n\to\infty} \frac{1}{n} \sum_{k=0}^{n-1} f(T^k(x)) = \int_X f d\mu.$$

如果 T 是遍历的, 则由推论 4.5.8, μ-a.e. x 是通有的.

对紧拓扑群 G, G 上的 Haar 测度在所有左右平移下是唯一 Borel 概率测度不变的. 设 $T : X \to X$ 是紧度量空间的一个同胚, G 是紧群, $\phi : X \to G$ 是连续函数. 由 $S(x,g) = (T(x), \phi(x)g)$ 给出

的同胚 $S: X \times G \to X \times G$ 是 T 的群扩张 (或 G 扩张). 注意, S 与右平移 $R_g(x, h) = (x, hg)$ 可交换. 如果 μ 是 X 上的 T 不变测度, m 是 G 上的 Haar 测度, 则积测度 $\mu \times m$ 是 S 不变的 (练习 4.7.7).

命题 4.7.3 (Furstenberg)　设 G 是具有 Haar 测度 m 的一个紧群, X 是具有 Borel 概率测度 μ 的紧度量空间, $T: X \to X$ 是保 μ 的同胚, $Y = X \times G$, $\nu = \mu \times m$, $S: Y \to Y$ 是 T 的 G 扩张. 如果 T 是唯一遍历的且 S 是遍历的, 则 S 是唯一遍历的.

证明　由于 ν 对每个 $g \in G$ 是 R_g 不变的, 故若 (x, h) 对 ν 是通有的, 则 (x, hg) 对 ν 是通有的. 由于 S 是遍历的, v-a.e. (x, h) 是 ν 通有的. 因此, 对 μ-a.e. $x \in X$, 点 (x, h) 对每个 h 是 ν 通有的. 如果测度 $\nu' \neq \nu$ 是 S 不变且是遍历的, 则 ν'-a.e. (x, h) 是 ν' 通有的. ν' 通有的点不可能是 ν 通有的. 因此存在子集 $N \subset X$ 使得 $\mu(N) = 0$, 且每个 ν' 通有点 (x, h) 的第一个坐标 x 位于 N 内. 但是, ν' 到 X 的投影是 T 不变的, 因此是 μ. 矛盾.　□

命题 4.7.4　设 $\alpha \in (0, 1)$ 是无理数, 令 $T: \mathbb{T}^k \to \mathbb{T}^k$ 由

$$T(x_1, \ldots, x_k) = (x_1 + \alpha, x_2 + a_{21}x_1, \ldots, x_k + a_{k1}x_1 + \cdots + a_{k,k-1}x_{k-1})$$

定义, 其中系数 a_{ij} 是整数, 且 $a_{i,i-1} \neq 0$, $i = 2, \ldots, k$. 那么 T 是唯一遍历的.

证明　由练习 4.7.8, T 关于 $\mathbb{T}^k$ 上的 Lebesgue 测度是遍历的. 由命题 4.7.3 的归纳应用得知结论.　□

设 X 是具有 Borel 概率测度 μ 的一个紧拓扑空间. X 中的序列 $(x_i)_{i \in \mathbb{N}}$ 是一致分布的, 如果对 X 上的任何连续函数 f,

$$\lim_{n \to \infty} \frac{1}{n} \sum_{k=1}^{n} f(x_k) = \int_X f d\mu.$$

定理 4.7.5 (Weyl)　如果 $P(x) = b_k x^k + \cdots + b_0$ 是实多项式, 满足至少有一个系数 b_i, $i > 0$ 是无理数, 则序列 $(P(n) \bmod 1)_{n \in \mathbb{N}}$ 是 $[0,1]$ 上的一致分布.

证明 [Fur81a]　先假设 $b_k = \alpha/k!$, α 为无理数. 考虑由

$$T(x_1, \ldots, x_k) = (x_1 + \alpha, x_2 + x_1, \ldots, x_k + x_{k-1})$$

定义的映射 $T : \mathbb{T}^k \to \mathbb{T}^k$. 设 $\pi : \mathbb{R}^k \to \mathbb{T}^k$ 是投影. 令 $P_k(x) = P(x)$ 和 $P_{i-1}(x) = P_i(x+1) - P_i(x)$, $i = k, \cdots, 1$, 则 $P_1(x) = \alpha x + \beta$. 注意到 $T^n(\pi(P_1(0), \ldots, P_k(0))) = \pi(P_1(n), \ldots, P_k(n))$. 由于由命题 4.7.4, T 是唯一遍历的, 所以这个轨道 (以及任何其他轨道) 是 $\mathbb{T}^k$ 上的一致分布. 由此得知, 最后一个坐标 $P_k(n) = P(n)$ 是 S^1 上的一致分布.

由练习 4.7.9 完成定理的证明.　　　　　　　　　　　　　□

练习 4.7.1　证明圆周上的无理旋转是唯一遍历的.

练习 4.7.2　证明紧 Abel 群上的任何一个拓扑传递平移是唯一遍历的.

练习 4.7.3　证明由 $T(x) = x + a\sin^2(\pi x), a < 1/\pi$ 定义的微分同胚 $T : S^1 \to S^1$ 是唯一遍历的, 但不是拓扑传递的.

练习 4.7.4　证明命题 4.7.1 剩余部分的论述.

练习 4.7.5　证明由本原代换 s 的不动点 a 定义的子移位是唯一遍历的.

练习 4.7.6　设 T 是紧度量空间 X 的唯一遍历的连续变换, μ 是唯一不变 Borel 概率测度. 证明 $\operatorname{supp} \mu$ 是 T 的极小集.

练习 4.7.7　设 $S : X \times G \to X \times G$ 是 $T : (X, \mu) \to (X, \mu)$ 的 G 扩张, m 是 G 上的 Haar 测度. 证明积测度 $\mu \times m$ 是 S 不变的.

练习 4.7.8　利用 $\mathbb{T}^k$ 上的 Fourier 级数, 证明命题 4.7.4 中的 T 关于 Lebesgue 测度是遍历的.

练习 4.7.9　将定理 4.7.5 的一般情形化为首项系数是无理数的情形.

4.8　重温 Gauss 变换①

回忆 Gauss 变换 (1.6 节) 是由

$$\phi(x) = \frac{1}{x} - \left[\frac{1}{x}\right], \quad 对 \quad x \in (0,1], \ \phi(0) = 0$$

---

①这一节部分引用 [Bil65].

定义的单位区间到它自身的映射. 由

$$\mu(A) = \frac{1}{\log 2} \int_A \frac{dx}{1+x} \tag{4.3}$$

定义的 Gauss 测度 μ 是 $[0,1]$ 上 ϕ 不变概率测度.

对无理数 $x \in (0,1]$, 代表 x 的连分数的第 n 个元素 $a_n(x) = [1/\phi^{n-1}(x)]$ 称为 n 次商, 记为 $x = [a_1(x), a_2(x), \ldots]$. 等于截断连分数 $[a_1(x), \ldots, a_n(x)]$ 的不可约分数 $p_n(x)/q_n(x)$ 称为是 x 的第 n 次收敛的. 对 $n > 1$, 收敛的分子与分母满足下面关系:

$$\begin{aligned} p_0(x) = 0, \quad p_1(x) = 1, \\ p_n(x) = a_n(x)p_{n-1}(x) + p_{n-2}(x), \end{aligned} \tag{4.4}$$

$$\begin{aligned} q_0(x) = 1, \quad q_1(x) = a_1(x), \\ q_n(x) = a_n(x)q_{n-1}(x) + q_{n-2}(x). \end{aligned} \tag{4.5}$$

我们有

$$x = \frac{p_n(x) + \phi^n(x)p_{n-1}(x)}{q_n(x) + \phi^n(x)q_{n-1}(x)}.$$

由归纳法

$$p_n(x) \geqslant 2^{(n-2)/2} \quad \text{和} \quad q_n(x) \geqslant 2^{(n-1)/2}, \quad \text{对 } n \geqslant 2,$$

并且

$$p_{n-1}(x)q_n(x) - p_n(x)q_{n-1}(x) = (-1)^n, \quad n \geqslant 1. \tag{4.6}$$

对正整数 $b_k, k = 1, \ldots, n$, 令

$$\Delta_{b_1, \ldots, b_n} = \{x \in (0,1] : a_k(x) = b_k, k = 1, \ldots, n\}.$$

区间 $\Delta_{b_1, \ldots, b_n}$ 是区间 $[0,1)$ 在由

$$\psi_{b_1, \ldots, b_n}(t) = [b_1, \ldots, b_{n-1}, b_n + t]$$

定义的映射 $\psi_{b_1, \ldots, b_n}$ 作用下的像. 如果 n 是奇数, $\psi_{b_1, \ldots, b_n}$ 递减; 如果 n 是偶数, 它递增. 对 $x \in \Delta_{b_1, \ldots, b_n}$

$$x = \psi_{b_1, \ldots, b_n}(t) = \frac{p_n + tp_{n-1}}{q_n + tq_{n-1}}, \tag{4.7}$$

其中 p_n 和 q_n 由递归关系式 (4.4) 和 (4.5) 中以 b_n 代替 $a_n(x)$ 给出. 因此,

$$\Delta_{b_1,\dots,b_n} = \left[\frac{p_n}{q_n}, \frac{p_n + p_{n-1}}{q_n + q_{n-1}}\right), \quad \text{如果 } n \text{ 是偶数},$$

且

$$\Delta_{b_1,\dots,b_n} = \left(\frac{p_n + p_{n-1}}{q_n + q_{n-1}}, \frac{p_n}{q_n}\right], \quad \text{如果 } n \text{ 是奇数}.$$

如果 λ 是 Lebesgue 测度, 则 $\lambda(\Delta_{b_1,\dots,b_n}) = (q_n(q_n + q_{n-1}))^{-1}$.

命题 4.8.1 Gauss 变换对 Gauss 测度 μ 是遍历的.

证明 对测度 ν 和可测集 A 和 B, $\nu(B) \neq 0$, 令 $\nu(A|B) = \nu(A \cap B)/\nu(B)$ 表示条件测度. 固定 $b_1,\dots,b_n$, 并令 $\Delta_n = \Delta_{b_1,\dots,b_n}$, $\psi_n = \psi_{b_1,\dots,b_n}$. Δ_n 的长度是 $\pm(\psi_n(1) - \psi_n(0))$, 对 $0 \leqslant x < y \leqslant 1$,

$$\lambda(\{z : x \leqslant \phi^n(z) < y\} \cap \Delta_n) = \pm(\psi_n(y) - \psi_n(x)),$$

其中的正负号依赖于 n 的奇偶性. 因此

$$\lambda(\phi^{-n}([x,y))|\Delta_n) = \frac{\psi_n(y) - \psi_n(x)}{\psi_n(1) - \psi_n(0)},$$

以及, 由 (4.6) 和 (4.7),

$$\lambda(\phi^{-n}([x,y))|\Delta_n) = (y - x) \cdot \frac{q_n(q_n + q_{n-1})}{(q_n + xq_{n-1})(q_n + yq_{n-1})}.$$

右端第二个因子在 $1/2$ 和 2 之间. 因此

$$\frac{1}{2}\lambda([x,y)) \leqslant \lambda(\phi^{-n}([x,y))|\Delta_n) \leqslant 2\lambda([x,y)).$$

由于区间 $[x,y)$ 生成 σ 代数, 故对任何可测集 $A \subset [0,1]$,

$$\frac{1}{2}\lambda(A) \leqslant \lambda(\phi^{-n}(A)|\Delta_n) \leqslant 2\lambda(A). \tag{4.8}$$

因为 Gauss 测度 μ 的密度在 $1/(2\log 2)$ 和 $1/\log 2$ 之间, 因此

$$\frac{1}{2\log 2}\lambda(A) \leqslant \mu(A) \leqslant \frac{1}{\log 2}\lambda(A).$$

由 (4.8), 对任何可测集 $A \subset [0,1]$,

$$\frac{1}{4}\mu(A) \leqslant \mu(\phi^{-n}(A)|\Delta_n) \leqslant 4\mu(A).$$

设 A 是满足 $\mu(A) > 0$ 的可测的 ϕ 不变集. 那么 $\frac{1}{4}\mu(A) \leqslant \mu(A|\Delta_n)$, 或者, 等价地, $\frac{1}{4}\mu(\Delta_n) \leqslant \mu(\Delta_n|A)$. 由于区间 Δ_n 生成 σ 代数, 对任何可测集 B, 有 $\frac{1}{4}\mu(B) \leqslant \mu(B|A)$. 通过选择 $B = [0,1]\backslash A$, 我们得到 $\mu(A) = 1$.　　　　　　　　　　　　　　　□

由 Gauss 变换的遍历性, 我们有下面的数论结果.

命题 4.8.2　对几乎每个 $x \in [0,1]$ (关于 μ 测度或 Lebesgue 测度), 我们有下面的:

1. 出现在序列 $a_1(x)$, $a_2(x)$, ... 中的每个整数 $k \in \mathbb{N}$ 有渐近频率

$$\frac{1}{\log 2} \log\left(\frac{k+1}{k}\right).$$

2. $\displaystyle\lim_{n \to \infty} \frac{1}{n}(a_1(x) + \cdots + a_n(x)) = \infty.$

3. $\displaystyle\lim_{n \to \infty} \sqrt[n]{a_1(x)a_2(x)\cdots a_n(x)} = \prod_{k=1}^{\infty}\left(1 + \frac{1}{k^2 + 2k}\right)^{\log k / \log 2}.$

4. $\displaystyle\lim_{n \to \infty} \frac{\log q_n(x)}{n} = \frac{\pi^2}{12 \log 2}.$

证明　1: 设 f 是半开区间 $[1/k, 1/(k+1))$ 的特征函数. 则 $a_n(x) = k$ 当且仅当 $f(\phi^n(x)) = 1$. 由 Birkhoff 遍历定理, 对几乎每个 x,

$$\lim_{n \to \infty} \frac{1}{n}\sum_{i=0}^{n-1} f(\phi^i(x)) = \int_0^1 f d\mu = \mu\left(\left[\frac{1}{k}, \frac{1}{k+1}\right)\right)$$

$$= \frac{1}{\log 2}\log\left(\frac{k+1}{k}\right),$$

这证明了第一个论断.

2: 设 $f(x) = [1/x]$, 即 $f(x) = a_1(x)$. 注意到, $\int_0^1 f(x)/(1+x)dx = \infty$, 因为 $f(x) > (1-x)/x$, 以及 $\int_0^1 \frac{(1-x)}{x(1+x)}dx = \infty$. 对 $N > 0$, 定义

$$f_N(x) = \begin{cases} f(x), & \text{如果 } f(x) \leqslant N, \\ 0, & \text{其他}. \end{cases}$$

于是, 对任何 $N > 0$ 和几乎每个 x,

$$\varliminf_{n\to\infty}\frac{1}{n}\sum_{k=0}^{n-1}f(\phi^k(x)) \geqslant \varliminf_{n\to\infty}\frac{1}{n}\sum_{k=0}^{n-1}f_N(\phi^k(x))$$

$$= \lim_{n\to\infty}\frac{1}{n}\sum_{k=0}^{n-1}f_N(\phi^k(x))$$

$$= \frac{1}{\log 2}\int_0^1 \frac{f_N(x)}{1+x}dx.$$

由于 $\lim\limits_{N\to\infty}\int_0^1 \dfrac{f_N(x)}{1+x}dx \to \infty$, 结论得证.

3: 设 $f(x) = \log a_1(x) = \log\left(\left[\dfrac{1}{x}\right]\right)$. 那么关于 Gauss 测度 μ, $f \in L^1([0,1])$ (练习 4.8.1). 由 Birkhoff 遍历定理,

$$\lim_{n\to\infty}\frac{1}{n}\sum_{k=1}^{n}\log a_k(x) = \frac{1}{\log 2}\int_0^1 \frac{f(x)}{1+x}dx$$

$$= \frac{1}{\log 2}\sum_{k=1}^{\infty}\int_{\frac{1}{k+1}}^{\frac{1}{k}}\frac{\log k}{1+k}dx$$

$$= \sum_{k=1}^{\infty}\frac{\log k}{\log 2}\cdot\log\left(1+\frac{1}{k^2+2k}\right).$$

取这个表达式的指数得到第 3 部分.

4: 注意到 $p_n(x) = q_{n-1}(\phi(x))$ (练习 4.8.2), 得

$$\frac{1}{q_n(x)} = \frac{p_n(x)p_{n-1}(\phi(x))}{q_n(x)q_{n-1}(\phi(x))}\cdots\frac{p_1(\phi^{n-1}(x))}{q_1(\phi^{n-1}(x))}.$$

因此,

$$-\frac{1}{n}\log q_n(x)$$

$$= \frac{1}{n}\sum_{k=0}^{n-1}\log\left(\frac{p_{n-k}(\phi^k(x))}{q_{n-k}(\phi^k(x))}\right)$$

$$= \frac{1}{n}\sum_{k=0}^{n-1}\log(\phi^k(x)) + \frac{1}{n}\sum_{k=0}^{n-1}\log\left(\frac{p_{n-k}(\phi^k(x))}{q_{n-k}(\phi^k(x))} - \log(\phi^k(x))\right). \quad (4.9)$$

由 Birkhoff 遍历定理得知, (4.9) 的第一项 a.e. 收敛于 $(1/\log 2)\cdot$ $\int_0^1 \log x/(1+x)dx = -\pi^2/12$. 第二项收敛于 0 (练习 4.8.2). □

练习 4.8.1　求证关于 Gauss 测度 μ, $\log([1/x]) \in L^1([0,1])$.

练习 4.8.2　求证 $p_n(x) = q_n(\phi(x))$, 以及

$$\lim_{n\to\infty} \frac{1}{n} \sum_{k=0}^{n-1} \left(\log(\phi^k(x)) - \log \frac{p_{n-k}(\phi^k(x))}{q_{n-k}(\phi^k(x))} \right) = 0.$$

4.9　离　散　谱

设 T 是概率空间 $(X, \mathfrak{A}, \mu)$ 的一个自同构. $U_T : L^2(X, \mathfrak{A}, \mu) \to L^2(X, \mathfrak{A}, \mu)$ 为酉算子, 它的每个特征值是模为 1 的复数. U_T 的所有特征值集合记为 Σ_T. 由于常数函数是 T 不变的, 故 1 是 U_T 的特征值. 任何 T 不变函数是 U_T 的特征值 1 的特征函数. 因此, T 是遍历的, 当且仅当 1 是 U_T 的单特征值. 如果 f, g 是不同特征值 $\sigma \neq \kappa$ 的两个特征函数, 则 $\langle f, g \rangle = 0$, 因为 $\langle f, g \rangle = \langle U_T f, U_T g \rangle = \sigma \bar{\kappa} \langle f, g \rangle$. 注意 U_T 是乘性算子, 即 $U_T(f \cdot g) = U_T(f) \cdot U_T(g)$, 这对它的谱有重要的应用.

命题 4.9.1　设 Σ_T 是单位圆 $S^1 = \{z \in \mathbb{C} : |z| = 1\}$ 的子群. 如果 T 是遍历的, 则 U_T 的每个特征值是单的.

证明　如果 $\sigma \in \Sigma_T$ 和 $f(T(x)) = \sigma f(x)$, 则 $\bar{f}(T(x)) = \bar{\sigma} \bar{f}(x)$, 因此 $\bar{\sigma} = \sigma^{-1} \in \Sigma_T$. 如果 $\sigma_1, \sigma_2 \in \Sigma_T$ 且 $f_1(T(x)) = \sigma_1 f_1(x)$, $f_2(T(x)) = \sigma_2 f_2(x)$, 则 $f = f_1 f_2$ 有特征值 $\sigma_1 \sigma_2$, 因此 $\sigma_1 \sigma_2 \in \Sigma_T$. 从而, Σ_T 是 S^1 的子群.

如果 T 是遍历的, 则任何特征函数 f 的绝对值是本质常数 (且非零). 因此, 如果 f 和 g 是具有相同特征值 σ 的特征函数, 则 f/g 在 L^2 中且是特征值 1 的特征函数, 故由遍历性它是本质常数. 从而, 每个特征值是单的. $\square$

遍历自同构 T 有离散谱, 如果 U_T 的特征函数张成空间 $L^2(X, \mathfrak{A}, \mu)$. 自同构 T 有连续谱, 如果 1 是 U_T 的单特征值, 且 U_T 没有其他特征值.

考虑圆周上的旋转 $R_\alpha = x + \alpha \bmod 1, x \in [0,1)$. 对每个 $n \in \mathbb{Z}$, 函数 $f_n(x) = \exp(2\pi i n x)$ 是 U_{R_α} 的特征值 $2\pi n \alpha$ 的特征函数. 如

果 α 是无理数, 则特征函数 f_n 张成 L^2, 因此 R_α 有离散谱. 另一方面, 每个弱混合变换有连续谱 (练习 4.9.1).

设 G 是一个 Abel 拓扑群. 特征是一个连续同胚 $\chi : G \to S^1$. 具有紧开拓扑的 G 的特征集组成一个拓扑群 $\hat{G}$, 称为特征群 (或对偶群). 对每个 $g \in G$, 值映射 $\chi \to \chi(g)$ 是特征 $\iota_g \in \hat{\hat{G}}$, $\hat{\hat{G}}$ 是 $\hat{G}$ 的对偶, 映射 $\iota : G \to \hat{\hat{G}}$ 是同胚. 如果 $\iota_g(\chi) \equiv 1$, 则对每个 $\chi \in \hat{G}$ 有 $\chi(g) = 1$, 因此 ι 是一个单射. 由 Pontryagin 对偶定理 [Hel95], ι 也是满射且 $\hat{\hat{G}} \cong G$. 此外, 如果 G 是离散的, 则 $\hat{G}$ 是一个紧 Abel 群, 反之亦然.

例如, 每个特征 $\chi \in \hat{\mathbb{Z}}$ 由值 $\chi(1) \in S^1$ 完全确定. 因此 $\hat{\mathbb{Z}} \cong S^1$. 另一方面, 如果 $\lambda \in \hat{S}^1$, 则 $\lambda : S^1 \to S^1$ 是同胚, 因而对某个 $n \in \mathbb{Z}$ 有 $\lambda(z) = z^n$, 从而 $\hat{S}^1 = \mathbb{Z}$.

在具有 Haar 测度 λ 的紧 Abel 群 G 上, 每个特征在 L^∞ 中, 从而在 L^2 中. 任何非平凡特征关于 Haar 测度的积分是 0 (练习 4.9.3). 如果 σ 和 σ' 是 G 的特征, 则 $\sigma\bar{\sigma}'$ 也是特征. 如果 σ 和 σ' 相异, 则

$$\langle \sigma, \sigma' \rangle = \int_G \sigma(g)\bar{\sigma}'(g)d\lambda(g) = \int_G (\sigma\bar{\sigma}')(g)d\lambda(g) = 0.$$

因此, G 的特征在 $L^2(G, \lambda)$ 中两两正交.

定理 4.9.2 对每个可数子群 $\Sigma \subset S^1$, 存在具有离散谱的遍历自同构 T, 满足 $\Sigma_T = \Sigma$.

证明 恒等特征 $\mathrm{Id} : \Sigma \to S^1$, $\mathrm{Id}\,(\sigma) = \sigma$ 是 Σ 的特征. 设 $T : \hat{\Sigma} \to \hat{\Sigma}$ 是平移 $\chi \mapsto \chi \cdot \mathrm{Id}$. $\hat{\Sigma}$ 上的正规化 Haar 测度 λ 在 T 作用下不变. 对 $\sigma \in \Sigma$, 令 $f_\sigma \in \hat{\hat{\Sigma}}$ 是 $\hat{\Sigma}$ 的特征, 使得 $f_\sigma(\chi) = \chi(\sigma)$. 由于

$$U_T f_\sigma(\chi) = f_\sigma(\chi\mathrm{Id}) = f_\sigma(\chi)f_\sigma(\mathrm{Id}) = \sigma f_\sigma(\chi),$$

f_σ 是特征值 σ 的特征函数.

我们要求, 特征集合 $\{f_\sigma : \sigma \in \Sigma\}$ 的线性生成空间 $\mathcal{A}$ 在 $L^2(\hat{\Sigma}, \lambda)$ 中稠密, 这将完成定理证明. $\hat{\Sigma}$ 的特征分离点集在复共轭作用下是闭的, 且包含常数函数 1. 由于特征集对乘法是闭的, $\mathcal{A}$ 对乘法为闭, 因此是一个代数. 由 Stone-Weierstrass 定理 [Roy88], $\mathcal{A}$ 在 $C(\Sigma, \mathbb{C})$ 中稠密, 从而在 $L^2(\hat{\Sigma}, \lambda)$ 中稠密. □

下面的定理 (我们不证明) 是定理 4.9.2 的逆.

定理 4.9.3 (Halmos-von Neumann)   设 T 是具有离散谱的遍历自同构, $\Sigma \subset S^1$ 是它的谱. 则 T 通过恒等特征 $\mathrm{Id} : \Sigma \to S^1$ 同构于 $\hat{\Sigma}$ 上的平移.

保测变换 $T : (X, \mathfrak{A}, \mu) \to (X, \mathfrak{A}, \mu)$ 是非周期的, 如果对每个 $n \in \mathbb{N}$, $\mu(\{x \in X : T^n(x) = x\}) = 0$.

由下面定理 4.9.4 (这我们没有给证明) 得到, 每个非周期变换可由具有任意周期 n 的周期变换逼近. 抽象遍历理论中的许多例子与反例是以这个定理为基础, 再利用分割和叠加方法构造的.

定理 4.9.4 (Rokhlin-Halmos [Hal60])   设 T 是 Lebesgue 概率空间 $(X, \mathfrak{A}, \mu)$ 的一个非周期自同构. 那么对每个 $n \in \mathbb{N}$ 和 $\varepsilon > 0$, 存在可测子集 $A = A(n, \varepsilon) \subset X$ 使得集合 $T^i(A), i = 0, \ldots, n-1$ 两两相交, 且 $\mu(X \setminus \bigcup_{i=0}^{n-1} T^i(A)) < \varepsilon$.

练习 4.9.1   证明每个弱混合保测变换有连续谱.

练习 4.9.2   假设 $\alpha, \beta \in (0, 1)$ 是无理数, 且 α/β 也为无理数. 设 T 是由 $T(x, y) = (x + \alpha, y + \beta)$ 给出的 $\mathbb{T}^2$ 的平移. 证明 T 是拓扑传递和遍历的, 且有离散谱.

练习 4.9.3   证明在紧拓扑群 G 上, 任何非平凡特征关于 Haar 测度的积分是 0.

4.10 弱 混 合①

在下面意义下弱混合性质是典型的. 由于每个非原子概率 Lebesgue 空间同构于 Lebesgue 测度为 λ 的单位区间, 每个保测变换可看作为 $[0, 1]$ 的保 λ 变换. $[0, 1]$ 的所有保测变换集合上的弱拓扑由 $T_n \to T$ 给出, 如果对每个可测集 $A \subset [0, 1]$, $\lambda(T_n(A) \Delta T(A)) \to 0$. Halmos 证明 [Hal44], 变换的剩余 (在弱拓扑下) 子集是弱混合的. V. Rohlin 证明 [Roh48] 强混合变换集 (在弱拓扑下) 是第一纲集.

①本节叙述的大部分内容是按照 [Kre85] 的 2.3 节.

如下面定理 4.10.6 证明的, 弱混合变换确切地有连续谱. 为了证明这一点我们先对 Hilbert 空间中的等距算子证明一个分解定理.

我们说复数序列 $a_n, n \in \mathbb{Z}$ 是非负定的, 如果对每个 $N \in \mathbb{N}$ 和每个复数的有限序列 $z_k, -N \leqslant k \leqslant N$, 有

$$\sum_{k,m=-N}^{N} z_k \bar{z}_m a_{k-m} \geqslant 0.$$

对可分 Hilbert 空间 H 中的 (线性) 等距算子 U, 用 U^* 表示 U 的伴随, 对 $n \geqslant 0$ 令 $U_n = U^n$ 和 $U_{-n} = U^{*n}$.

引理 4.10.1   对每个 $v \in H$, 序列 $\langle U_n v, v \rangle$ 是非负定的.

证明

$$\sum_{k,m=-N}^{N} z_k \bar{z}_m \langle U_{k-m} v, v \rangle$$

$$= \sum_{k,m=-N}^{N} z_k \bar{z}_m \langle U_k v, U_m v \rangle = \left\| \sum_{l=-N}^{N} z_l U_l v \right\|^2. \qquad \square$$

引理 4.10.2 (Wiener)   对 $[0,1)$ 上的有限测度 ν, 令 $\hat{v}_k = \int_0^1 e^{2\pi i k x} \nu(dx)$. 则 $\lim_{n \to \infty} \frac{1}{n} \sum_{k=0}^{n-1} |\hat{v}_k| = 0$, 当且仅当 ν 没有原子.

证明   注意到 $\frac{1}{n} \sum_{k=0}^{n-1} |\hat{v}_k| \to 0$, 当且仅当 $\frac{1}{n} \sum_{k=0}^{n-1} |\hat{v}_k|^2 \to 0$. 现在

$$\frac{1}{n} \sum_{k=0}^{n-1} |v_k|^2 = \frac{1}{n} \sum_{k=0}^{n-1} \int_0^1 e^{2\pi i k x} \nu(dx) \int_0^1 e^{-2\pi i k y} \nu(dy)$$

$$= \int_0^1 \int_0^1 \left[\frac{1}{n} \sum_{k=0}^{n-1} e^{2\pi i k (x-y)} \right] \nu(dx) \nu(dy).$$

函数 $\frac{1}{n} \sum_{k=0}^{n-1} \exp(2\pi i k(x-y))$ 按绝对值囿于 1, 且对 $x = y$ 收敛于 1, 对 $x \neq y$ 收敛于 0. 因此, 最后一个积分趋于 $[0,1) \times [0,1)$ 的对角线积测度 $\nu \times \nu$. 由此得知

$$\lim_{n \to \infty} \frac{1}{n} \sum_{k=0}^{n-1} |v_k|^2 = \sum_{0 \leqslant x < 1} (\nu(\{x\}))^2. \qquad \square$$

对可分 Hilbert 空间 H 的 (线性) 等距算子 U, 令

$$H_w(U) = \left\{ v \in H : \lim_{n \to \infty} \frac{1}{n} \sum_{k=0}^{n-1} |\langle U^k v, v' \rangle| = 0, \text{ 对每个 } v' \in H \right\},$$

并将由 U 的特征向量张成的子空间的闭包记为 $H_e(U)$. $H_w(U)$ 和 $H_e(U)$ 都是闭且 U 不变的.

命题 4.10.3　设 U 是可分 Hilbert 空间 H 的 (线性) 等距算子. 那么

1. 对每个 $v \in H$, 在区间 $[0,1)$ 上存在唯一有限测度 ν_v (称为谱测度), 使得对每个 $n \in \mathbb{Z}$,

$$\langle U_n v, v \rangle = \int_0^1 e^{2\pi i n x} \nu_v(dx).$$

2. 如果 v 是 U 的特征值 $\exp(2\pi i \alpha)$ 的特征向量, 则 ν_v 由测度为 1 的在 α 的单点原子组成.

3. 如果 $v \perp H_e(U)$, 则 ν_v 没有原子, 且 $v \in H_w(U)$.

证明　第一个论断直接由引理 4.10.1 和 Hilbert 空间中等距算子的谱定理 [Hel95], [Fol95] 得到. 第二个论断由第一个得到 (练习 4.10.3).

为了证明最后一个论断, 设 $v \perp H_e$ 和 $W = e^{-2\pi i x} U$. 应用 von Neumann 遍历定理 4.5.2, 并令 $u = \lim_{n \to \infty} \frac{1}{n} \sum_{k=0}^{n-1} W^k v$, 则 $Wu = u$. 由命题 4.10.3,

$$\langle u, v \rangle = \lim_{n \to \infty} \frac{1}{n} \sum_{k=0}^{n-1} e^{-2\pi i x k} \langle U^k v, v \rangle$$

$$= \lim_{n \to \infty} \int_0^1 \frac{1}{n} \sum_{k=0}^{n-1} e^{-2\pi i (x-y)k} \nu_v(dy) = \nu_v(x).$$

如果 $\nu_v(x) > 0$, 则 u 是 U 的特征值 $e^{2\pi i x}$ 的非零特征向量, 且 v 不 $\perp u$, 矛盾. 因此, 对每个 x 有 $\nu_v(x) = 0$, 再用引理 4.10.2 完成命题证明. $\qquad \square$

对有限子集 $B \subset \mathbb{N}$, 用 $|B|$ 记 B 的势. 对子集 $A \subset \mathbb{N}$, 用

$$\bar{d}(A) = \limsup_{n \to \infty} \frac{1}{n} |A \cap [1, n]|$$

定义上密度 $\bar{d}(A)$. 我们说序列 b_n 按密度收敛于 b, 记为 d-$\lim\limits_{n} b_n = b$, 如果存在子集 $A \subset \mathbb{N}$, 使得 $\bar{d}(A) = 0$ 和 $\lim\limits_{n \to \infty, n \notin A} b_n = b$.

引理 4.10.4 如果 (b_n) 是有界序列, 则 d-$\lim\limits_{n} b_n = 0$, 当且仅当 $\lim\limits_{n \to \infty} \dfrac{1}{n} \sum\limits_{k=0}^{n-1} |b_n - b| = 0$.

证明 练习 4.10.1. □

下面的分解定理是命题 4.10.3 的直接推论.

定理 4.10.5 (Koopman-von Neumann [KvN32]) 设 U 是可分 Hilbert 空间 H 中的等距算子, 则 $H = H_e \oplus H_w$. 向量 $v \in H$ 位于 $H_w(U)$ 中, 当且仅当 d-$\lim\langle U^n v, v \rangle = 0$, 又当且仅当对每个 $w \in H$, 有 d-$\lim\limits_{n}\langle U^n v, w \rangle = 0$.

证明 分解由命题 4.10.3 得到. 为了证明余下的论述 d-$\lim\limits_{n}\langle U^n v, v \rangle = 0$, 当且仅当 d-$\lim\limits_{n}\langle U^n v, w \rangle = 0$, 注意到, $\langle U^n v, w \rangle \equiv 0$, 如果对所有 $k \in \mathbb{N}$ 有 $v \perp U^k v$. 如果 $w = U^k v$, 则 $\langle U^n v, w \rangle = \langle U^n v, U^k v \rangle = \langle U^{n-k} v, v \rangle$. □

回忆, 如果 T 和 S 是有限测度空间 $(X, \mathfrak{A}, \mu)$ 和 $(Y, \mathfrak{B}, \nu)$ 中的保测变换, 则 $T \times S$ 是积空间 $(X \times Y, \mathfrak{A} \times \mathfrak{B}, \mu \times \nu)$ 中的保测变换. 如在 4.9 节, 我们用 U_T 表示 $L^2(X, \mathfrak{A}, \mu)$ 的等距算子, $U_T f(x) = f(T(x))$.

定理 4.10.6 设 T 是概率空间 $(X, \mathfrak{A}, \mu)$ 的保测变换. 那么下面的论述等价.

1. T 是弱混合的.

2. T 有连续谱.

3. 如果 $f \in L^2(X, \mathfrak{A}, \mu)$ 且 $\int_X f d\mu = 0$, 则 d-$\lim\limits_{n} \int_X f(T^n(x)) \cdot \overline{f(x)} d\mu = 0$.

4. 对所有函数 $f, g \in L^2(X, \mathfrak{A}, \mu)$ 有 d-$\lim\limits_{n} \int_X f(T^n(x)) \overline{g(x)} d\mu = \int_X f d\mu \cdot \int_X g d\mu$.

5. $T \times T$ 是遍历的.

6. 对每个弱混合 S, $T \times S$ 是弱混合的.

7. 对每个遍历的 S, $T \times S$ 是遍历的.

证明　变换 T 是弱混合的, 当且仅当 $H_w(U_T)$ 是 $L^2(X, \mathfrak{A}, \mu)$ 中的常数正交补. 因此, 由命题 4.10.3, $1 \Leftrightarrow 2$. 由引理 4.10.4, $1 \Leftrightarrow 3$. 显然 $4 \Rightarrow 3$. 假设 3 成立, 只需对满足 $\int_X f d\mu = 0$ 的 f 证明 4. 注意到对所有 $k \in \mathbb{N}$, 4 对满足 $\int_X f(T^k(x)) \overline{g(x)} d\mu = 0$ 的 g 成立. 因此只需考虑 $g(x) = f(T^k(x))$. 但是, 由 3 当 $n \to \infty$ 时 $\int_X f(T^n(x)) \overline{f(T^k(x))} d\mu = \int_X f(T^{n-k}(x)) \overline{f(x)} d\mu \to 0$. 因此 $3 \Leftrightarrow 4$.

假设 5 成立. 注意到 T 是遍历的, 又如果 U_T 有特征函数 f, 则 $|f|$ 是 T 不变的, 因此是常数. 从而 $f(x)/f(y)$ 是 $T \times T$ 不变的, 以及 $5 \Rightarrow 2$. 显然 $6 \Rightarrow 2$ 和 $7 \Rightarrow 5$.

假设 3 成立. 为了证明 7, 注意到, $L^2(X \times Y, \mathfrak{A} \times \mathfrak{B}, \mu \times \nu)$ 是由形如 $f(x)g(y)$ 的函数张成. 设 $\int_X f d\mu = \int_Y g d\nu = 0$, 则

$$\int_{X \times Y} f(T^n(x)) g(S^n(y)) f(x) g(y) d\mu \times \nu$$
$$= \int_X f(T^n(x)) f(x) d\mu \cdot \int_X g(S^n(y)) g(y) d\nu.$$

由 3, 右端第一个积分按密度收敛于 0, 第二个积分有界. 因此这个积按密度收敛于 0, 得 7. $3 \Rightarrow 6$ 的证明类似 (练习 4.10.4). □

练习 4.10.1　设 (b_n) 是有界序列. 证明 d-$\lim b_n = b$, 当且仅当 $\lim\limits_{n \to \infty} \dfrac{1}{n} \sum\limits_{k=0}^{n-1} |b_n - b| = 0$.

练习 4.10.2　求证 d-lim 有通常极限的算术性质.

练习 4.10.3　证明命题 4.10.3 的第二个论断.

练习 4.10.4　证明定理 4.10.6 的 $3 \Rightarrow 6$.

练习 4.10.5　设 T 是弱混合保测变换, S 是对某个 $k \in \mathbb{N}$ 满足 $S^k = T$ 的保测变换 (S 称为 T 的 k 次根). 证明 S 是弱混合的.

4.11 测度论回归在数论中的应用

在这一节中我们给出由 H. Furstenberg 创立的测度论回归在数论中的漂亮应用. 作为这个方法的直观我们证明 Sárközy 定理 (定理 4.11.5). 我们的解释大部分按照 [Fur77] 和 [Fur81a].

对有限子集 $F \subset \mathbb{Z}$, 用 $|F|$ 表示 F 中的元素个数. 子集 $D \subset \mathbb{Z}$ 有正上密度, 如果存在 $a_n, b_n \in \mathbb{Z}$ 使得 $b_n - a_n \to \infty$, 且对某个 $\delta > 0$,

$$\frac{|D \cap [a_n, b_n]|}{b_n - a_n + 1} > \delta \quad \text{对所有 } n \in \mathbb{N}.$$

设 $D \subset \mathbb{Z}$ 有正上密度. 令 $\omega_D \in \Sigma_2 = \{0,1\}^{\mathbb{Z}}$ 是序列, 使得若 $n \in A$ 则 $(\omega_D)_n = 1$, 若 $n \notin D$ 则 $(\omega_D)_n = 0$, 又设 X_D 是在 Σ_2 中的移位 σ 作用下的轨道的闭包, 令 $Y_D = \{\omega \in X_D : \omega_0 = 1\}$.

命题 4.11.1 (Furstenberg) 设 $D \subset \mathbb{Z}$ 有正上密度, 则存在 X_D 上的移位不变的 Borel 概率测度 μ, 使得 $\mu(Y_D) > 0$.

证明 由 4.6 节, X_D 上的每个 σ 移位不变的 Borel 概率测度是 X_D 上的连续函数空间 $C(X_D)$ 中的线性泛函 L, 满足, 若 $f \geqslant 0$, $L(1) = 1$ 且 $L(f \circ \sigma) = L(f)$, 则 $L(f) \geqslant 0$.

对函数 $f \in C(X_D)$, 令

$$L_n(f) = \frac{1}{b_n - a_n + 1} \sum_{i=a_n}^{b_n} f(\sigma^i(\omega_D)),$$

其中 a_n, b_n 和 δ 与 D 的关系如上一节. 注意到对每个 n 有 $L_n(f) \leqslant \max f$. 设 $(f_j)_{j \in \mathbb{N}}$ 是 $C(X_D)$ 中的可数稠密子集. 由对角线法则, 可找序列 $n_k \to \infty$, 使得对每个 j 极限 $\lim\limits_{k \to \infty} L_{n_k}(f_j)$ 存在. 由于 $(f_j)_{j \in \mathbb{N}}$ 在 $C(X_D)$ 中稠密, 得知对每个 $f \in C(X_D)$,

$$L(f) = \lim_{k \to \infty} \frac{1}{b_{n_k} - a_{n_k} + 1} \sum_{i=a_{n_k}}^{b_{n_k}} f(\sigma^i(\omega_D))$$

存在, 并确定一个 σ 不变 Borel 概率测度 μ.

设 $\chi \in C(X_D)$ 是 Y_D 的特征函数. 则

$$L(\chi) = \int \chi d\mu = \mu(Y_D) > 0. \qquad \square$$

命题 4.11.2　设 $p(k)$ 是整数系数多项式且 $p(0) = 0$. 又设 U 是可分 Hilbert 空间 H 的等距算子, $H_{\mathrm{rat}} \subset H$ 是由 U 的特征向量张成的子空间的闭包, 它的特征值是 1 的单位根. 假设对所有 $k \in \mathbb{N}$, $v \in H$ 满足 $\langle U^{p(k)}v, v\rangle = 0$, 则 $v \perp H_{\mathrm{rat}}$.

证明　设 $v = v_{\mathrm{rat}} + w$, 其中 $v_{\mathrm{rat}} \in H_{\mathrm{rat}}$ 且 $w \perp H_{\mathrm{rat}}$. 我们要利用下面的引理, 其证明类似于引理 4.10.2 的证明 (练习 4.11.1).　□

引理 4.11.3　对所有 $w \perp H_{\mathrm{rat}}$, $\lim\limits_{n\to\infty} \dfrac{1}{n}\sum\limits_{k=0}^{n-1} U^{p(k)}w = 0$.

固定 $\varepsilon > 0$, 设 $v'_{\mathrm{rat}} \in H_{\mathrm{rat}}$ 与 m 使得 $\|v_{\mathrm{rat}} - v'_{\mathrm{rat}}\| < \varepsilon$ 和 $U^m v'_{\mathrm{rat}} = v'_{\mathrm{rat}}$. 那么对每个 k, $\|U^{mk}v_{\mathrm{rat}} - v_{\mathrm{rat}}\| < 2\varepsilon$, 由于 $p(mk)$ 可被 m 整除,

$$\left\|\frac{1}{n}\sum_{k=0}^{n-1} U^{p(mk)}v_{\mathrm{rat}} - v_{\mathrm{rat}}\right\| < 2\varepsilon.$$

由于由引理 4.11.3, $\dfrac{1}{n}\sum\limits_{k=0}^{n-1} U^{p(mk)}w \to 0$, 故对充分大 n, 有

$$\left\|\frac{1}{n}\sum_{k=0}^{n-1} U^{p(mk)}v - v_{\mathrm{rat}}\right\| < 2\varepsilon.$$

由假设, $\langle U^{p(mk)}v, v\rangle = 0$. 因此 $|\langle v_{\mathrm{rat}}, v\rangle| < 2\varepsilon\|v\|$, 所以 $\langle v_{\mathrm{rat}}, v\rangle = 0$.

作为上一命题的推论, 我们得到 Furstenberg 的多项式回归定理[①].

定理 4.11.4 (Furstenberg)　设 $p(t)$ 是整数系数多项式且 $p(0) = 0$, T 是有限测度空间 $(X, \mathfrak{A}, \mu)$ 的保测变换, $A \in \mathfrak{A}$ 是正测度集. 那么存在 $n \in \mathbb{N}$, 使得 $\mu(A \cap T^{p(n)}A) > 0$.

证明　设 U 是 $H = L^2(x, \mathfrak{A}, \mu)$ 中由 T 诱导的等距算子: $(Uh)(x) = h(T^{-1}(x))$. 如果对所有 $n \in \mathbb{N}$, $\mu(A \cap T^{p(n)}A) = 0$, 则对每个 n, A 的特征函数 χ_A 满足 $\langle U^{p(n)}\chi_A, \chi_A\rangle = 0$. 由命题 4.11.2, χ_A 正交于 U 的所有特征函数, 它的特征值是 1 的单位根. 但是, $\mathbf{1}(x) \equiv 1$ 是 U 的特征值 1 的特征函数, 而且 $\langle \mathbf{1}, \chi_A\rangle = \mu(A) \neq 0$.　□

[①]对上面叙述稍作修改, 可得到在整数点具有整数值的多项式 (不同于整数系数) 的命题 4.11.2 和定理 4.11.4.

由定理 4.11.4 和命题 4.11.1 得到组合数论中的下面结果.

定理 4.11.5 (Sárközy [Sár78]) 设 $D \subset \mathbb{Z}$ 有正上密度, p 是整数系数多项式且 $p(0) = 0$. 那么存在 $x, y \in D$ 和 $n \in \mathbb{N}$, 使得 $x - y = p(n)$.

下面 Poincaré 回归定理的推广 (其证明超出本书的范围) 被 Furstenberg 用来给出关于等差数列的 Szemerédi 定理的遍历论证明 (定理 4.11.7).

定理 4.11.6 (Furstenberg 多重回归定理 [Fur77]) 设 T 是概率空间 $(X, \mathfrak{A}, \mu)$ 的一个自同构. 则对每个 $n \in \mathbb{N}$ 和每个满足 $\mu(A) > 0$ 的 $A \in \mathfrak{A}$, 存在 $k \in \mathbb{N}$ 使得

$$\mu(A \cap T^{-k}(A) \cap T^{-2k}(A) \cap \cdots \cap T^{-nk}(A)) > 0.$$

定理 4.11.7 (Szemerédi [Sze69]) 正上密度的每个子集 $D \subset \mathbb{Z}$ 包含任意长的等差数列.

证明 练习 4.11.3. □

练习 4.11.1 证明引理 4.11.3.

练习 4.11.2 利用定理 4.11.3 和命题 4.11.1 证明定理 4.11.5.

练习 4.11.3 利用命题 4.11.1 和定理 4.11.6 证明定理 4.11.7.

4.12 网 络 搜 索①

在这一节, 我们描述遍历理论在互联网搜索问题中的一个惊奇应用. 这个方法被互联网搜索引擎 Google™ (⟨www.google.com⟩) 所采用.

互联网提供大量的信息. 在网上查找信息就像在庞大的图书馆里在没有目录册的情况下查找一本书一样. 在网上寻找信息的任务是由搜索引擎执行. 第一个搜索引擎出现在 20 世纪 90 年代初. 最流行的引擎每天可处理几千万条信息的搜索.

①这一节的说明按照 [BP98] 的部分内容.

搜索引擎执行的主要任务是: 从网页收集信息, 再将信息进行处理并储存在数据库中, 从这个数据库产生与查询相关的、由一个或多个字组成的网页列表. 信息收集由称为网络爬虫的机器人程序执行, 网络爬虫通过嵌入网页的以下链接来 "爬取" 信息. 由网络爬虫收集的原始信息通过索引器进行分析和编码, 索引器为每个网页产生一组词的表象 (包括文字位置、字体类型和大写字母), 并记录从这个网页到其他网页的链接, 因而创建向前索引. 分类器按字 (不是网页) 重新排列信息, 从而建立倒置索引, 搜索者使用倒置索引回答查询, 亦即编制关于该查询的关键词和短语的一个文档列表.

各个文档在列表中的次序极其重要. 一个典型的列表可以含有几万个网页, 但充其量仅仅前面几千个可作为使用者参考. Google 利用网页的两个特征来确定返回页的次序——文档对查询的相关性和网页的页面等级 (*PageRank*). 这种相关性基于文档中的各关键字 (词) 的相对位置、字型和出现的频率. 这个因素本身通常并不产生好的搜索结果. 例如, 早期的一个搜索引擎在查询 "互联网" 一词时, 返回的列表中的第一个条目是一个除了 "internet" 不包含英文字的中文网页. 即便是现在, 很多搜索引擎在搜索公共术语时, 几乎没有返回相关的结果.

Google 利用 Markov 链对各个网页进行分等级. 所有网页和它们之间的链接的集合被看作为一个有向图 G, 其中网页视作顶点, 其链接视为有向棱 (从其出现的网页到其指向的网页). 现在大约有 15 亿个网页和大约 10 倍之多的链接, 我们用正整数 $i=1,2,\ldots,N$ 记顶点数. 设 $\tilde{G}$ 是 G 中通过加入顶点 0 及其到所有其他顶点的棱和从所有其他顶点来的棱得到的图. 如果 $\tilde{G}$ 中存在从顶点 i 到顶点 j 的一个棱, 则设 $b_{ij}=1$; 又设 $O(i)$ 是 $\tilde{G}$ 中从毗邻顶点 i 出发的棱的个数. 注意对所有 i, $O(i)>0$. 设定阻尼参数 $p\in(0,1)$ (例如, $p=0.75$). 令 $i\geqslant 0$ 时 $B_{ii}=0$. 对 $i,j>0$ 和 $i\neq j$ 令

$$B_{0i}=\frac{1}{N}, \quad B_{i0}=\begin{cases}1, & \text{如果 } O(i)=1,\\ 1-p, & \text{如果 } O(i)\neq 1,\end{cases}$$

$$B_{ij}=\begin{cases}0, & \text{如果 } b_{ij}=0,\\ \dfrac{p}{O(i)}, & \text{如果 } b_{ij}=1.\end{cases}$$

矩阵 B 是随机和本原的. 因此, 由推论 3.3.3 它有唯一特征值 1 的正左特征向量 q, 其元素相加为 1. 偶 (B, q) 是 $\tilde{G}$ 的顶点上的 Markov 链. Google 将 q_i 解释为网页 i 的页面等级, 并应用它与网页相关因子一起确定这页应有多高机会返回到列表.

对 $\tilde{G}$ 的各顶点上的任何初始概率分布 q', 序列 $q'B^n$ 指数式收敛于 q. 因此我们可通过计算 pB^n 得到对 q 的近似, 其中 q' 是一致分布. 这个找 q 的方法其计算比尝试找有 15 亿行和列的矩阵的特征向量容易得多.

练习 4.12.1 设 A 是 $N \times N$ 随机矩阵, A_{ij}^n 是 A^n 的元素, 即 A_{ij}^n 是从 i 正好经 n 步到 j 的概率 (4.4 节). 假设 q 是不变概率分布, 即 $qA = q$.

(a) 假设对某个 j, 对所有 $i \neq j$ 有 $A_{ij} = 0$, 以及, 对某个 $k \neq j$ 和某个 $n \in \mathbb{N}$ 有 $A_{jk}^n > 0$. 证明 $q_j = 0$.

(b) 证明, 如果对某个 $j \neq i$ 有 $A_{ij} > 0$, 以及, 对所有 $n \in \mathbb{N}$ 有 $A_{ji}^n = 0$, 那么 $q_i = 0$.

第 5 章 双曲动力学

我们在第 1 章看到的动力系统的几个例子中, S^1 的扩张自同态, 双曲环面自同构, 马蹄, 以及螺线管, 都是局部线性的, 且有互补的扩张和/或压缩方向. 这一章我们发展包括这些例子的双曲微分动力系统. 一个微分动力系统局部地可由线性映射——它的导数很好地近似. 双曲性意味着导数有互补的扩张方向和压缩方向.

微分动力系统的合理框架是微分流形与可微映射或流. 微分流形理论的详细介绍超出本书范围. 为读者方便起见, 在 5.13 节中我们给出微分流形简短的正式介绍, 这里仅对它作更简短的非正式介绍.

就本书目的而言, 不失一般性 (见 [Hir94] 的嵌入定理), 我们只需将微分流形 M^n 理解为 n 维可微曲面, 或者 $\mathbb{R}^N, N > n$ 的子流形就够了. 由隐函数定理得知, M 中的每一点有局部坐标系, 它将 M 中点的邻域与 $\mathbb{R}^n$ 中 0 的邻域等同. 在曲面 $M \subset \mathbb{R}^N$ 上的每一点 x 的切空间 $T_x M \subset \mathbb{R}^N$ 是在 x 点与 M 相切的所有向量组成的空间. $\mathbb{R}^N$ 上的标准内积诱导出每个 $T_x M$ 上的内积 $\langle \cdot, \cdot \rangle_x$. 这个内积族称为 Riemann 度量. 具有 Riemann 度量的流形 M 称为 Riemann 流形. M 中两点之间的 (内蕴) 距离 d 是 M 中连接这两点的可微曲线长度的下确界.

具有可微逆的一对一可微映射称为微分同胚.

微分流形 M 上的离散时间微分动力系统是一个可微映射 f: $M \to M$. 导数 df_x 是 T_xM 到 $T_{f(x)}M$ 的线性映射. 在局部坐标下 df_x 是 f 的偏导数矩阵. M 上的连续时间微分动力系统是可微流, 即对 t 可微依赖的可微映射 $f^t : M \to M$ 的单参数群 $\{f^t\}, t \in \mathbb{R}$. 由于 $f^{-t} \circ f^t = \mathrm{Id}$, 每个映射 f^t 是微分同胚. 导数

$$v(\cdot) = \frac{d}{dt} f^t(\cdot) \bigg|_{t=0}$$

是与 M 相切的可微向量场, 流 $\{f^t\}$ 是微分方程 $\dot{x} = v(x)$ 的时间 t 映射的单参数群.

映射的可微性, 以及, 即使可微性次数的细微差别有时都会导致重要甚至是惊奇的结果. 例如, 见练习 2.5.7 和 7.2 节.

5.1　重温扩张自同态

为了阐述和启发本章的一些主要思想, 我们再次考虑 1.3 节介绍的圆周扩张自同态 $E_m x = mx \bmod 1$, $x \in [0, 1)$, $m > 1$.

固定 $\varepsilon < 1/2$. 圆周上的一个有限或无穷点列 (x_i) 称为 E_m 的 ε 轨道, 如果对所有 i 有 $d(x_{i+1}, E_m x_i) < \varepsilon$. 点 x_i 在 E_m 作用下在圆周上有 m 个一致散布的原像. 它们中恰有一个 y_i^{i-1} 与 x_{i-1} 的距离小于 ε/m. 类似地, y_i^{i-1} 在 E_m 作用下有 m 个原像, 它们中恰有一个 y_i^{i-2} 与 x_{i-2} 的距离小于 ε/m. 继续这个过程, 我们得到, 对 $0 \leqslant j \leqslant i$, 点 y_i^0 有性质 $d(E_m^j y_i^0, x_j) < \varepsilon$. 换句话说, E_m 的任何有限 ε 轨道可用真轨逼近或跟踪. 如果 $(x_i)_{i=0}^{\infty}$ 是无穷 ε 轨道, 则极限 $y = \lim_{i \to \infty} y_i^0$ 存在 (练习 5.1.1), 且对 $i \geqslant 0$, $d(E_m^i y, x_i) \leqslant \varepsilon$. 由于 E_m 的两个不同轨道指数地发散, 对给定的无穷 ε 轨道可仅存在一个跟踪轨道. 由构造, 在积拓扑下, y 连续依赖于 (x_i)(练习 5.1.2).

上面对 E_m 的 ε 轨道的讨论仅基于 E_m 的一致向前展开. 类似的论述证明, 如果 f 是 C^1 接近于 E_m, 则 f 的每个无穷 ε 轨道 (x_i) 被连续依赖于 (x_i) 的 f 的唯一真轨所跟踪 (练习 5.1.3).

现在考虑 f 是 C^1 足够接近于 E_m. 把每个轨道 $(f^i(x))$ 视为 E_m 的 ε 轨道. 设 $y = \phi(x)$ 是其轨道 $(E_m^i y)$ 跟踪 $(f^i(x))$ 的唯一点. 从上面的讨论, 得知映射 ϕ 是同胚且对每个 x 有 $E_m \phi(x) =$

$\phi(f(x))$(练习 5.1.4). 这意味着任何 C^1 足够接近于 E_m 的可微映射拓扑共轭于 E_m. 换句话说, E_m 是结构稳定的, 见 5.5 节和 5.11 节.

双曲性是通过在互补方向的局部扩张和局部压缩来刻画. 这个引起轨道局部不稳定的性质, 惊奇地导致所有轨道族拓扑模式的大范围稳定性.

练习 5.1.1 证明 $\lim\limits_{i\to\infty} y_i^0$ 存在.

练习 5.1.2 证明 $\lim\limits_{i\to\infty} y_i^0$ 在拓扑积下连续依赖于 (x_i).

练习 5.1.3 证明, 如果 f 是 C^1 接近于 E_m, 则 f 的每个无穷 ε 轨道 (x_i) 由连续依赖于 (x_i) 的 f 的唯一真轨所逼近.

练习 5.1.4 证明 ϕ 是 f 与 E_m 共轭的同胚.

5.2 双 曲 集

在这一节中, 设 M 是 C^1Riemann 流形, $U \subset M$ 是非空开子集, $f: U \to f(U) \subset M$ 是 C^1 微分同胚. 紧 f 不变子集 $\Lambda \subset U$ 称为双曲的, 如果存在 $\lambda \in (0,1), C > 0$, 以及子空间族 $E^s(x) \subset T_x M$ 和 $E^u(x) \subset T_x M, x \in \Lambda$, 使得对每个 $x \in \Lambda$,

1. $T_x M = E^s(x) \oplus E^u(x)$,
2. $\|df_x^n v^s\| \leqslant C\lambda^n \|v^s\|$, 对每个 $v^s \in E^s(x)$ 和 $n \geqslant 0$,
3. $\|df_x^{-n} v^u\| \leqslant C\lambda^n \|v^u\|$, 对每个 $v^u \in E^u(x)$ 和 $n \geqslant 0$,
4. $df_x E^s(x) = E^s(f(x))$ 与 $df_x E^u(x) = E^u(f(x))$.

子空间 $E^s(x)$ (相应地, $E^u(x)$) 称为在 x 的稳定 (不稳定) 子空间, 称族 $\{E^s(x)\}_{x \in \Lambda}(\{E^u(x)\}_{x \in \Lambda})$ 为 $f|_\Lambda$ 的稳定 (不稳定) 分布. 允许这个定义有两个极端情形, $E^s = \{0\}$ 或 $E^u = \{0\}$.

马蹄 (1.8 节) 和螺线管 (1.9 节) 是两个双曲集的例子. 如果 $\Lambda = M$, 则称 f 为 Anosov 微分同胚. 双曲环面自同构 (1.7 节) 是 Anosov 微分同胚的一个例子. 双曲集的任何闭不变子集是双曲集.

命题 5.2.1 设 Λ 是 f 的双曲集. 那么子空间 $E^s(x)$ 和 $E^u(x)$ 连续依赖于 $x \in \Lambda$.

证明 设 x_i 是 Λ 中收敛于 $x_0 \in \Lambda$ 的点列. 通过取子序列,

可假设 $\dim E^s(x_i)$ 是常数. 设 $w_{1,i},\ldots,w_{k,i}$ 是 $E^s(x_i)$ 中的正交基. 单位切丛 T^1M 在 Λ 上的限制是紧的. 因此, 通过取子序列, 对每个 $j = 1,\ldots,k$, $w_{j,i}$ 收敛于 $w_{j,0} \in T^1_{x_0}M$. 由于定义双曲集的条件 2 是闭条件, 正交标架 $w_{1,0},\ldots,w_{k,0}$ 中的每个向量满足条件 2, 由不变性 (条件 4), 得它们位于 $E^s(x_0)$ 内. 由此得知 $\dim E^s(x_0) \geqslant k = \dim E^s(x_i)$. 类似论述可证明 $\dim E^u(x_0) \geqslant \dim E^u(x_i)$. 因此, 由 (1), $\dim E^s(x_0) = \dim E^s(x_i)$ 和 $\dim E^u(x_0) = \dim E^u(x_i)$, 连续性得证. □

在非零向量长度之比有上界且不为 0 的意义下, M 上的任何两个 Riemann 度量在紧集上等价. 因此双曲集概念不依赖 M 上的 Riemann 度量的选择. 常数 C 依赖于度量, 但 λ 不依赖于度量 (练习 5.2.2). 然而, 如下面命题证明的, 可以利用稍微大一点的 λ, 选择一个特殊的漂亮度量和 $C = 1$.

命题 5.2.2　如果 Λ 是具有常数 C 和 λ 的双曲集, 则对每个 $\varepsilon > 0$, 在 Λ 的邻域内存在 C^1Riemann 度量 $\langle\cdot,\cdot\rangle'$, 称之为 Lyapunov 度量或 (对 f) 适应的度量, f 关于它满足常数 $C' = 1$ 和 $\lambda' = \lambda + \varepsilon$ 的双曲性条件, 而且子空间 $E^s(x)$, $E^u(x)$ 是 ε 正交的, 即对所有单位向量 $v^s \in E^s(x)$, $v^u \in E^u(x), x \in \Lambda$ 有 $\langle v^s, v^u \rangle' < \varepsilon$.

证明　对 $x \in \Lambda$, $v^s \in E^s(x)$ 且 $v^u \in E^u(x)$, 令

$$
\begin{aligned}
\|v^s\|' &= \sum_{n=0}^{\infty} (\lambda + \varepsilon)^{-n} \|df_x^n v^s\|, \\
\|v^u\|' &= \sum_{n=0}^{\infty} (\lambda + \varepsilon)^{-n} \|df_x^{-n} v^u\|.
\end{aligned}
\tag{5.1}
$$

对 $\|v^s\|$, $\|v^u\| \leqslant 1$ 和 $x \in \Lambda$, 上述两个级数一致收敛. 我们有

$$
\begin{aligned}
\|df_x v^s\|' &= \sum_{n=0}^{\infty} (\lambda + \varepsilon)^{-n} \|df_x^{n+1} v^s\| \\
&= (\lambda + \varepsilon)(\|v^s\|' - \|v^s\|) < (\lambda + \varepsilon)\|v^s\|',
\end{aligned}
$$

对 $\|df_x^{-1} v^u\|'$ 类似. 对 $v = v^s + v^u \in T_xM$, $x \in \Lambda$, 定义 $\|v\|' = \sqrt{(\|v^s\|')^2 + (\|v^u\|')^2}$. 这个度量可由下面范数再得到:

$$
\langle v, w \rangle' = \frac{1}{2}(\|v + w\|'^2 - \|v\|'^2 - \|w\|'^2).
$$

对这个连续度量, E^s 和 E^u 正交, f 满足常数 1 和 $\lambda + \varepsilon$ 的双曲性条件. 现在由微分拓扑的标准方法 [Hir94], 可用 Λ 邻域内定义的光滑度量在 Λ 上一致逼近 $\langle \cdot, \cdot \rangle'$. □

注意, 构造一个适应的度量就足以考虑用充分长的有限和代替 (5.1) 中的无穷和.

可微映射 f 的不动点 x 称为双曲的, 如果 df_x 没有特征值位于单位圆上. f 的周期 k 周期点 x 称为双曲的, 如果 df_x^k 没有特征值位于单位圆上.

练习 5.2.1 构造满足双曲性的前三个条件 (Λ 是整个圆)、但不满足第四个条件的圆周微分同胚.

练习 5.2.2 证明如果对 M 上的某个 Riemann 度量, Λ 是 $f : U \to M$ 的双曲集, 则对 M 上任何其他 Riemann 度量和相同的常数 λ, Λ 是 f 的双曲集.

练习 5.2.3 设 x 是微分同胚 f 的不动点. 证明 $\{x\}$ 是双曲集, 当且仅当 x 是双曲不动点, 常数 C 和 λ 相同. 给出 df_x 恰有两个特征值 $\mu \in (0, 1)$ 和 μ^{-1}、但 $\lambda \neq \mu$ 的例子.

练习 5.2.4 证明马蹄 (1.8 节) 是双曲集.

练习 5.2.5 设 Λ_i 是 $f_i : U_i \to M_i, i = 1, 2$ 的双曲集. 证明 $\Lambda_1 \times \Lambda_2$ 是 $f_1 \times f_2 : U_1 \times U_2 \to M_1 \times M_2$ 的双曲集.

练习 5.2.6 设 M 是 N 上投影为 π 的一个纤维丛, U 是 M 中的开集, 假设 $\Lambda \subset U$ 是 $f : U \to M$ 的双曲集, $g : N \to N$ 是 f 的因子. 证明 $\pi(\Lambda)$ 是 g 的双曲集.

练习 5.2.7 周期轨道是双曲集的充分必要条件是什么?

5.3 ε 轨 道

称有限或无穷序列 $(x_n) \subset U$ 为 $f : U \to M$ 的 ε 轨道, 如果对所有 n 有 $d(f(x_n), x_{n+1}) \leqslant \varepsilon$. 有时称 ε 轨道为伪轨. 对 $r \in \{0, 1\}$, 用 dist_r 表示 C^r 函数空间中的距离 (见 5.13 节).

定理 5.3.1　设 Λ 是 $f : U \to M$ 的双曲集. 那么存在包含 Λ 的开集 $O \subset U$ 和正数 ε_0, δ_0, 具有下述性质: 对每个 $\varepsilon > 0$ 存在 $\delta > 0$, 使得对任何满足 $\mathrm{dist}_1(g, f) < \varepsilon_0$ 的 $g : O \to M$, 拓扑空间 X 的任何同胚 $h : X \to X$, 以及任何满足 $\mathrm{dist}_0(\phi \circ h, g \circ \phi) < \delta$ 的连续映射 $\phi : X \to O$, 存在连续映射 $\psi : X \to O$, 使得 $\psi \circ h = g \circ \psi$ 和 $\mathrm{dist}_0(\phi, \psi) < \varepsilon$. 此外, 在对某个 $\psi' : X \to O$, $\psi' \circ h = g \circ \psi'$, 使得当 $\mathrm{dist}_0(\phi, \psi') < \delta_0$ 时 $\psi' = \psi$ 的意义下, ψ 是唯一的.

特别地, 由定理 5.3.1 得知, 双曲集附近的任何双边无穷伪轨族接近于跟踪它的唯一真轨族 (推论 5.3.2). 此外, 这个性质不仅对 f 本身成立, 而且对 C^1 接近于 f 的任何微分同胚成立. 在最简单的例子中, 如果 X 是单个点 x (h 是恒等映射), 则由定理 5.3.1 得知, 对 C^1 接近于 f 的任何微分同胚, $h(x)$ 附近的不动点存在.

证明 [①]　由 Whitney 嵌入定理 [Hir94], 对某个大 N 可假设流形 M 是 $\mathbb{R}^N$ 的 m 维子流形. 对 $y \in M$, 令 $D_\alpha(y)$ 是半径为 α、中心在 y 的圆盘, 通过 y 的 $N - m$ 维平面 $E^\perp(y) \subset \mathbb{R}^N$ 垂直于 $T_y M$. 因为 Λ 是紧的, 由管状邻域定理 [Hir94], 对 M 中 Λ 的任何相对紧的开邻域 O, 存在 $\alpha \in (0, 1)$, 使得 $\mathbb{R}^N$ 中 O 的 α 邻域 O_α 被圆盘 $D_\alpha(y)$ 叶化. 对每个 $z \in O_\alpha$ 存在最接近于 y 的唯一点 $\pi(z) \in M$, 映射 π 是沿着圆盘 $D_\alpha(y)$ 到 M 的投影. 每个映射 $g : O \to M$ 可由映射

$$\tilde{g}(z) = g(\pi(z))$$

扩张到映射 $\tilde{g} : O_\alpha \to M$. 设 $C(X, O_\alpha)$ 是从 X 到 O_α 关于距离 dist_0 连续的映射集. 注意 O_α 有界且 $\phi \in C(X, O_\alpha)$. 设 Γ 是有界连续向量场 $v : X \to \mathbb{R}^N$ 的 Banach 空间, 范数为 $\|v\| = \sup\limits_{x \in X} \|v(x)\|$. 映射 $\phi' \mapsto \phi' - \phi$ 是 $C(X, O_\alpha)$ 中半径为 α、中心在 ϕ 的球到 Γ 中半径为 α、中心在 0 的球的等距. 用

$$(\Phi(v))(x) = \tilde{g}(\phi(h^{-1}(x)) + v(h^{-1}(x))) - \phi(x), \quad v \in B_\alpha, \quad x \in X$$

定义 $\Phi : B_\alpha \to \Gamma$. 若 v 是 Φ 的不动点, 以及 $\psi(x) = \phi(x) + v(x)$, 则 $\tilde{g}(\psi(h^{-1}(x))) = \psi(x)$. 注意到 $\tilde{g}(y) \in M$, 因此, 对 $x \in X$, $\psi(x) \in M$

[①]这个证明的主要思想由 A. Katok 通信提供.

且 $g(\psi(h^{-1}(x))) = \psi(x)$. 从而, 为了证明这个定理, 只需证明 Φ 有靠近 ϕ 的连续依赖于 g 的唯一不动点.

作为 Banach 空间的映射, 映射 Φ 是可微的, 导数

$$(d\Phi_v w)(x) = d\tilde{g}_{\phi(h^{-1}(x))+v(h^{-1}(x))} w(h^{-1}(x))$$

对 v 连续. 为了建立不动点 v 的存在唯一性, 以及它关于 g 的连续依赖性, 我们研究 Φ 的导数. 取适当导数的最大值, 得到 $\|(d\Phi_v w)(x)\| \leqslant L\|w\|$, 其中 L 依赖于 g 的一阶导数和嵌入, 但不依赖 X, h 和 ϕ. 对 $v = 0$,

$$(d\Phi_0 w)(x) = d\tilde{g}_{\phi(h^{-1}(x))} w(h^{-1}(x)).$$

由于对某个常数 $\lambda \in (0,1)$ 和 $C > 1$, Λ 是双曲集, 对每个 $y \in \Lambda$ 和 $n \in \mathbb{N}$, 我们有

$$\|df_y^n v\| \leqslant C\lambda^n \|v\|, \quad \text{若 } v \in E^s(y), \tag{5.2}$$

$$\|df_y^{-n} v\| \leqslant C\lambda^n \|v\|, \quad \text{若 } v \in E^u(y). \tag{5.3}$$

对 $z \in O_\alpha$, 令 $\tilde{T}_z$ 表示通过 z 垂直于圆盘 $D_\alpha(\pi(z))$ 的 m 维平面. 平面 $\tilde{T}_z$ 组成 O_α 上的可微分布. 注意对 $z \in O$ 有 $\tilde{T}_z = T_z M$. 将分解 $T_y M = E^s(y) \oplus E^u(y)$ 连续地从 Λ 扩张到 O_α (如果有必要可缩小邻域 O 和 α), 使得 $E^s(z) \oplus E^u(z) = \tilde{T}_z$ 和 $T_z\mathbb{R}^N = E^s(z) \oplus E^u(z) \oplus E^\perp(\pi(z))$. 用 P^s, P^u 和 $P^\perp$ 分别表示到 $E^s(z), E^u(z)$ 和 $E^\perp(\pi(z))$ 的每个切空间 $T_z\mathbb{R}^N$ 上的投影.

固定 $n \in \mathbb{N}$ 使得 $C\lambda^n < 1/2$. 由 (5.2)–(5.3) 和连续性, 对足够小 $\alpha > 0$ 和足够小邻域 $O \supset \Lambda$, 存在 $\varepsilon_0 > 0$, 使得对每个满足 $\text{dist}_1(f,g) < \varepsilon_0$ 的 g 和每个 $z \in O_\alpha$, 以及每个 $v^s \in E^s(z), v^u \in E^u(z), v^\perp \in E^\perp(\pi(z))$ 有

$$\|P^s d\tilde{g}_z^n v^s\| \leqslant \frac{1}{2}\|v^s\|, \quad \|P^u d\tilde{g}_z^n v^s\| \leqslant \frac{1}{100}\|v^s\|, \tag{5.4}$$

$$\|P^u d\tilde{g}_z^n v^u\| \geqslant 2\|v^u\|, \quad \|P^s d\tilde{g}_z^n v^u\| \leqslant \frac{1}{100}\|v^u\|, \tag{5.5}$$

$$d\tilde{g}_z^n v^\perp = 0. \tag{5.6}$$

记

$$\Gamma^v = \{v \in \Gamma : v(x) \in E^v(\phi(x)), \text{ 对所有 } x \in X\}, \quad v = s, y, \perp.$$

子空间 $\Gamma^s, \Gamma^s, \Gamma^\perp$ 是闭的, 且 $\Gamma = \Gamma^s \oplus \Gamma^u \oplus \Gamma^\perp$. 由构造,

$$d\Phi_0 = \begin{pmatrix} A^{ss} & A^{su} & 0 \\ A^{us} & A^{uu} & 0 \\ 0 & 0 & 0 \end{pmatrix},$$

其中 $A^{ij} : \Gamma^i \to \Gamma^j, i, j = s, u$. 由 (5.4)–(5.6), 存在正数 ε_0 和 δ, 使得如果 $\mathrm{dist}_1(f, g) < \varepsilon_0$ 和 $\mathrm{dist}_0(\phi \circ h, g \circ \phi) < \delta$, 则 $d\Phi_0$ 的谱被单位圆隔开. 因此, 算子 $d\Phi_0 - \mathrm{Id}$ 可逆, 且

$$\|(d\Phi_0 - \mathrm{Id})^{-1}\| < K,$$

其中 K 仅依赖于 f 和 ϕ.

　　如同对有限维线性空间的映射, $\Phi(v) = \Phi(0) + d\Phi_0 v + H(v)$, 其中对某个 $C_1 > 0$ 和小的 $\|v_1\|, \|v_2\|$, 有 $\|H(v_1) - H(v_2)\| \leqslant C_1 \max\{\|v_1\|, \|v_2\|\} \cdot \|v_1 - v_2\|$. Φ 的不动点 v 满足

$$F(v) = -(d\Phi_0 - \mathrm{Id})^{-1}(\Phi(0) + H(v)) = v.$$

如果 $\zeta > 0$ 足够小, 则对满足 $\|v_1\|, \|v_2\| < \zeta$ 的任何 $v_1, v_2 \in \Gamma$,

$$\|F(v_1) - F(v_2)\| < \frac{1}{2}\|v_1 - v_2\|.$$

因此, 适当选择构造中的常数和邻域, 可使 $F : \Gamma \to \Gamma$ 是压缩的, 从而它有连续依赖于 g 的唯一不动点. □

　　定理 5.3.1 意味着, 位于双曲集的足够小邻域内的 ε 轨道可用双曲集中的 f 真轨大范围 (即对所有时间) 逼近. 这个性质称为跟踪 (真轨跟踪伪轨). 拓扑空间 X 的连续映射 f 有跟踪性质, 如果对每个 $\varepsilon > 0$ 存在 $\delta > 0$, 使得每个 δ 轨道由真轨 ε 逼近.

　　对 $\varepsilon > 0$, 用 Λ_ε 记 Λ 的开 ε 邻域.

　　推论 5.3.2 (Anosov 跟踪定理)　设 Λ 是 $f : U \to M$ 的一个双曲集. 那么对每个 $\varepsilon > 0$ 存在 $\delta > 0$, 使得如果 (x_k) 是 f 的有限或无穷 δ 轨道, 且对所有 k, $\mathrm{dist}\,(x_k, \Lambda) < \delta$, 则存在 $x \in \Lambda_\varepsilon$ 满足 $\mathrm{dist}\,(f^k(x), x_k) < \varepsilon$.

证明 选择满足定理 5.3.1 结论的邻域 O, 并选取 $\delta > 0$ 使得 $\Lambda_\delta \subset O$. 如果 (x_k) 有限或半无穷, 将某个到 (x_k) 的第一点的距离 $< \delta$ 的 $y_0 \in \Lambda$ 的原像, 以及/或者到 (x_k) 的最后一点的距离 $< \delta$ 的某个 $y_m \in \Lambda$ 的像, 加入到 (x_k) 中, 得到位于 Λ 的 δ 邻域内的二重无穷 δ 轨道. 设 $X = (x_k)$ 具有离散拓扑, $g = f, h$ 是移位 $x_k \mapsto x_{k+1}$, $\phi : X \to U$ 是包含, $\phi(x_k) = x_k$. 由于 (x_k) 是 δ 轨道, 故 $\mathrm{dist}\,(\phi(h(x_k)), f(\phi(x_k)) < \delta$. 利用定理 5.3.1, 推论得证. □

如在第 2 章, 用 $\mathrm{NW}\,(f)$ 表示 f 的非游荡点集, $\mathrm{Per}\,(f)$ 表示 f 的周期点集. 如果 Λ 是 f 不变的, 则用 $\mathrm{NW}\,(f|_\Lambda)$ 表示 f 的非游荡点集在 Λ 上的限制. 一般地, $\mathrm{NW}\,(f|_\Lambda) \neq \mathrm{NW}(f) \cap \Lambda$.

命题 5.3.3 设 Λ 是 $f : U \to M$ 的双曲集, 则 $\overline{\mathrm{Per}\,(f|_\Lambda)} = \mathrm{NW}\,(f|_\Lambda)$.

证明 固定 $\varepsilon > 0$, 令 $x \in \mathrm{NW}(f|_\Lambda)$. 选择定理 5.3.1 中的 δ, 并令 $V = B(x, \delta/2) \cap \Lambda$. 由于 $x \in \mathrm{NW}\,(f|_\Lambda)$, 存在 $n \in \mathbb{N}$, 使得 $f^n(V) \cap V \neq \varnothing$. 设 $z \in f^{-n}(f^n(V) \cap V) = V \cap f^{-n}(V)$. 于是 $\{z, f(z), \ldots, f^{n-1}(z)\}$ 是 δ 轨道, 由定理 5.3.1, 在 z 的 2ε 邻域内存在周期 n 的周期轨道. □

命题 5.3.4 如果 $f : M \to M$ 是 Anosov 的, 则 $\overline{\mathrm{Per}\,(f)} = \mathrm{NW}\,(f)$.

练习 5.3.1 对 $X = \mathbb{Z}_m$ 和 $h(z) = z + 1$ 解释定理 5.3.1.

练习 5.3.2 设 Λ 是 $f : U \to M$ 的双曲集. 证明限制 $f|_\Lambda$ 是扩张的.

练习 5.3.3 设 $T : [0,1] \to [0,1]$ 是帐篷映射: $T(x) = 2x$, 对 $0 \leqslant x \leqslant 1/2$, 和 $T(x) = 2(1-x)$, 对 $1/2 \leqslant x \leqslant 1$. T 有没有跟踪性质?

练习 5.3.4 证明圆周旋转没有跟踪性质. 证明流形的等距映射没有跟踪性质.

练习 5.3.5 证明每个极小双曲集恰由一个周期轨道组成.

5.4　不　变　锥

虽然双曲集是借助线性空间的不变族定义的, 这通常是为了方便, 更一般的方法甚至有必要用线性锥的不变族代替子空间工作. 在这一节我们借助不变锥族来刻画双曲性.

设 Λ 是 $f: U \to M$ 的双曲集. 由于分布 E^s 和 E^u 是连续的 (命题 5.2.1), 我们将它们推广到定义在邻域 $U(\Lambda) \supset \Lambda$ 内的连续分布 $\tilde{E}^s$ 和 $\tilde{E}^u$. 如果 $x \in U(\Lambda)$ 且 $v \in T_x M$, 令 $v = v^s + v^u$, 其中 $v^s \in \tilde{E}^s(x)$ 且 $v^u \in \tilde{E}^u(x)$. 假设度量对常数 λ 是适应的. 对 $\alpha > 0$ 定义大小为 α 的稳定和不稳定锥

$$K_\alpha^s(x) = \{v \in T_x M : \|v^u\| \leqslant \alpha \|v^s\|\},$$
$$K_\alpha^u(x) = \{v \in T_x M : \|v^s\| \leqslant \alpha \|v^u\|\}.$$

对锥 K, 令 $\mathring{K} = \mathrm{int}\,(K) \cup \{0\}$, $\Lambda_\varepsilon = \{x \in U : \mathrm{dist}\,(x, \Lambda) < \varepsilon\}$.

命题 5.4.1　*对每个 $\alpha > 0$ 存在 $\varepsilon = \varepsilon(\alpha) > 0$, 使得 $f^i(\Lambda_\varepsilon) \subset U(\Lambda), i = -1, 0, 1$, 以及对每个 $x \in \Lambda_\varepsilon$,*

$$df_x K_\alpha^u(x) \subset \mathring{K}_\alpha^u(f(x)) \quad 和 \quad df_{f(x)}^{-1} K_\alpha^s(f(x)) \subset \mathring{K}_\alpha^s(x).$$

证明　上述包含关系对 $x \in \Lambda$ 成立. 由连续性得命题.　　□

命题 5.4.2　*对每个 $\delta > 0$ 存在 $\alpha > 0$ 和 $\varepsilon > 0$, 使得 $f^i(\Lambda_\varepsilon) \subset U(\Lambda)$, $i = -1, 0, 1$, 以及对每个 $x \in \Lambda_\varepsilon$,*

$$\|df_x^{-1} v\| \leqslant (\lambda + \delta) \|v\|, \quad 若 \quad v \in K_\alpha^u(x),$$

和

$$\|df_x v\| \leqslant (\lambda + \delta) \|v\|, \quad 若 \quad v \in K_\alpha^s(x).$$

证明　由对足够小 α 和 $\varepsilon = \varepsilon(\alpha)$ 的连续性, 从命题 5.4.1 得命题.　　□

下面的命题是命题 5.4.1 和 5.4.2 的逆.

命题 5.4.3　*设 Λ 是 $f: U \to M$ 的一个紧不变集. 假设存在 $\alpha > 0$, 且对每个 $x \in \Lambda$ 存在连续子空间 $\tilde{E}^s(x)$ 和 $\tilde{E}^u(x)$, 使得*

$\tilde{E}^s(x) \oplus \tilde{E}^u(x) = T_x M$, 以及, 由子空间确定的 α 锥 $K_\alpha^s(x)$ 和 $K_\alpha^u(x)$ 满足:

1. $df_x K_\alpha^u(x) \subset K_\alpha^u(f(x))$ 和 $df_{f(x)}^{-1} K_\alpha^s(f(x)) \subset K_\alpha^s(x)$, 且

2. 对非零 $v \in K_\alpha^s(x)$, $\|df_x v\| < \|v\|$, 和对非零 $v \in K_\alpha^u(x)$, $\|df_x^{-1} v\| < \|v\|$.

那么 Λ 是 f 的双曲集.

证明 由 Λ 和 M 的单位切丛的紧性, 存在常数 $\lambda \in (0, 1)$, 使得

$$\|df_x v\| \leqslant \lambda \|v\|, \quad 对 \ v \in K_\alpha^s(x)$$

以及

$$\|df_x^{-1} v\| \leqslant \lambda \|v\|, \quad 对 \ v \in K_\alpha^u(x).$$

对 $x \in \Lambda$, 子空间

$$E^s(x) = \bigcap_{n \geqslant 0} df_{f^n(x)}^{-n} K^s(f^n(x)) \ \text{和} \ E^u(x) = \bigcap_{n \geqslant 0} df_{f^{-n}(x)}^n K^u(f^{-n}(x))$$

满足双曲性定义, 其中常数 λ 与 $C = 1$. □

令

$$\Lambda_\varepsilon^s = \{x \in U : \text{dist}(f^n(x), \Lambda) < \varepsilon, \quad 对所有 \ n \in \mathbb{N}_0\},$$

$$\Lambda_\varepsilon^u = \{x \in U : \text{dist}(f^{-n}(x), \Lambda) < \varepsilon, \quad 对所有 \ n \in \mathbb{N}_0\}.$$

注意, 这两个集合都包含在 Λ_ε 内, 而且 $f(\Lambda_\varepsilon^s) \subset \Lambda_\varepsilon^s$, $f^{-1}(\Lambda_\varepsilon^u) \subset \Lambda_\varepsilon^u$.

命题 5.4.4 假设 Λ 按适应的度量是 f 的一个双曲集. 那么对每个 $\delta > 0$ 存在 $\varepsilon > 0$, 使得分布 E^s 和 E^u 可扩张到 Λ_ε, 因此

1. E^s 在 Λ_ε^s 上连续, E^u 在 Λ_ε^u 上连续,

2. 如果 $x \in \Lambda_\varepsilon \cap f(\Lambda_\varepsilon)$, 则 $df_x E^s(x) = E^s(f(x))$ 且 $df_x E^u(x) = E^u(f(x))$,

3. 对每个 $x \in \Lambda_\varepsilon$ 和 $v \in E^s(x)$, 有 $\|df_x v\| < (\lambda + \delta)\|v\|$,

4. 对每个 $x \in \Lambda_\varepsilon$ 和 $v \in E^u(x)$, 有 $\|df_x^{-1} v\| < (\lambda + \delta)\|v\|$.

证明 选择 $\varepsilon > 0$ 足够小使得 $\Lambda_\varepsilon \subset U(\Lambda)$. 对 $x \in \Lambda_\varepsilon^s$, 令 $E^s = \lim_{n \to \infty} df_{f^n(x)}^{-n}(\tilde{E}^s(f^n(x)))$. 由命题 5.4.2, 如果 δ, α 和 ε 足够小, 这个极限存在. 如果 $x \in \Lambda_\varepsilon \backslash \Lambda_\varepsilon^s$, 令 $n(x) \in \mathbb{N}$, 使得对 $n = 0, 1, \ldots, n(x)$ 有

$f^n(x) \in \Lambda_\varepsilon$ 和 $f^{n(x)+1}(x) \notin \Lambda_\varepsilon$. 令 $E^s(x) = df_{f^n(x)}^{-n(x)}(\tilde{E}^s(f^n(x)(x)))$.
E^s 在 Λ_ε^s 上的连续性以及所要求的性质可由命题 5.4.2 得到. 用
f^{-1} 代替 f, 用类似的构造给出 E^u 的扩张. □

练习 5.4.1　证明螺线管 (1.9 节) 是双曲集.

练习 5.4.2　设 Λ 是 f 的一个双曲集. 证明存在开集 $O \supset A$ 和 $\varepsilon > 0$, 使得对每个满足 $\mathrm{dist}_1(f,g) < \varepsilon$ 的 g, 不变集 $\Lambda_g = \bigcap_{n=-\infty}^{\infty} g^n(O)$ 是 g 的双曲集.

练习 5.4.3　证明 Anosov 微分同胚的拓扑熵是正的.

练习 5.4.4　设 Λ 是 f 的双曲集. 证明, 如果对每个 $x \in \Lambda$, $\dim E^u(x) > 0$, 则 f 在 Λ 上有对初始条件的敏感依赖性 (见 1.12 节).

5.5　双曲集的稳定性

在这一节中我们利用伪轨和不变锥得到双曲集的关键性质. 由下面两个命题得知双曲性是 "持久的".

命题 5.5.1　设 Λ 是 $f : U \to M$ 的双曲集. 若存在开集 $U(\Lambda) \supset \Lambda$ 和 $\varepsilon_0 > 0$, 使得如果 $K \subset U(\Lambda)$ 是微分同胚 $g : U \to M$ 的一个紧不变子集, 满足 $\mathrm{dist}_1(g,f) < \varepsilon_0$, 则 K 是 g 的双曲集.

证明　假设度量对 f 是适应的, 且将分布 E_f^s 和 E_f^u 扩张到定义在 Λ 的开邻域 $U(\Lambda)$ 内的连续分布 $\tilde{E}_f^s$ 和 $\tilde{E}_f^u$. 对 $U(\Lambda), \varepsilon_0$ 和 α 的适当选择, 由 $\tilde{E}_f^s$ 和 $\tilde{E}_f^u$ 确定的稳定和不稳定 α 锥满足命题 5.4.3 对映射 g 的假设. □

用 $\mathrm{Diff}^1(M)$ 表示 M 按 C^1 拓扑的 C^1 微分同胚空间.

推论 5.5.2　给定的紧流形的 Anosov 微分同胚集在 $\mathrm{Diff}^1(M)$ 中是开的.

命题 5.5.3　设 Λ 是 $f : U \to M$ 的一个双曲集. 对每个包含 Λ 的开集 $V \subset U$ 和每个 $\varepsilon > 0$, 存在 $\delta > 0$, 使得对每个满足 $\mathrm{dist}_1(g,f) < \delta$ 的 $g : V \to M$, 存在 g 的双曲集 $K \subset V$ 和同胚 $\chi : K \to \Lambda$, 满足 $\chi \circ g|_K = f|_\Lambda \circ \chi$, 而且 $\mathrm{dist}_0(\chi, \mathrm{Id}) < \varepsilon$.

证明 设 $X = \Lambda, h = f|_\Lambda, \phi : \Lambda \hookrightarrow U$ 是包含. 由定理 5.3.1 存在连续映射 $\psi : \Lambda \to U$ 使得 $\psi \circ f|_\Lambda = g \circ \psi$. 令 $K = \psi(\Lambda)$. 现在应用定理 5.3.1 到 $X = K, h = g|_K$, 并用包含 $\phi : K \hookrightarrow M$, 得到 $\psi' : K \to U$, 满足 $\psi' \circ g|_K = f|_\Lambda \circ \psi$. 由唯一性 $\psi^{-1} = \psi'$. 对足够小 δ, 映射 $\chi = \psi'$ 接近于恒同映射, 再由命题 5.5.1 得知 K 是双曲集. □

C^1 流形 M 的 C^1 微分同胚 f 称为结构稳定的, 如果对每个 $\varepsilon > 0$ 存在 $\delta > 0$, 使得若 $g \in \mathrm{Diff}^1(M)$ 和 $\mathrm{dist}_1(g, f) < \delta$, 则存在同胚 $h : M \to M$ 使得 $f \circ h = h \circ g$ 和 $\mathrm{dist}_0(h, \mathrm{Id}) < \varepsilon$. 如果我们要求共轭 h 是 C^1 的, 这个定义变成无意义了. 例如, 如果 f 有双曲不动点 x, 则任何足够小扰动 g 的附近有不动点 y; 如果这个共轭是可微的, 则矩阵 dg_y 和 df_x 相似. 这个条件限制 g 位于 $\mathrm{Diff}^1(M)$ 的真子流形内.

推论 5.5.4 Anosov 微分同胚是结构稳定的.

练习 5.5.1 解释当 Λ 是 f 的双曲周期点时的命题 5.5.3.

5.6 稳定与不稳定流形

双曲性是借助无穷小对象定义的, 即通过映射的微分, 线性子空间族不变. 在这一节我们构造对应的积分对象, 即稳定和不稳定流形.

对 $\delta > 0$, 令 $B_\delta = B(0, \delta) \subset \mathbb{R}^m$ 为中心在 0 半径为 δ 的球.

命题 5.6.1 (Hadamard-Perron) 设 $f = (f_n)_{n \in \mathbb{N}_0}$, $f_n : B_\delta \to \mathbb{R}^m$ 是满足 $f_n(0) = 0$ 的 C^1 微分同胚到它们像的序列. 假设对每个 n 存在分解 $\mathbb{R}^m = E^s(n) \oplus E^u(n)$ 和 $\lambda \in (0, 1)$, 使得

1. $df_n(0)E^s(n) = E^s(n+1)$ 和 $df_n(0)E^u(n) = E^u(n+1)$,
2. $\|df_n(0)v^s\| < \lambda\|v^s\|$, 对每个 $v^s \in E^s(n)$,
3. $\|df_n(0)v^u\| > \lambda^{-1}\|v^u\|$, 对每个 $v^u \in E^u(n)$,
4. $E^s(n)$ 与 $E^u(n)$ 之间的角度一致有界异于 0,
5. $\{df_n(\cdot)\}_{n \in \mathbb{N}_0}$ 是从 B_δ 到 $\mathrm{GL}(m, \mathbb{R})$ 的等度连续函数族.

那么存在 $\varepsilon > 0$ 和一致 Lipschitz 连续映射 $\phi_n : B_\varepsilon^s = \{v \in E^s(n) : \|v\| < \varepsilon\} \to E^u(n)$ 的序列 $\phi = (\phi_n)_{n \in \mathbb{N}_0}$, 使得

1. graph $(\phi_n) \cap B_\varepsilon = W_\varepsilon^s(n) := \{x \in B_\varepsilon : \|f_{n+k-1} \circ \cdots \circ f_{n+1} \circ f_n(x)\| \xrightarrow{k \to \infty} 0\}$,

2. $f_n(\text{graph } (\phi_n)) \subset \text{graph } (\phi_{n+1})$,

3. 如果 $x \in \text{graph } (\phi_n)$, 则 $\|f_n(x)\| \leqslant \lambda\|x\|$, 故由 2, 当 $k \to \infty$ 时 $f_n^k(x)$ 指数地 $\to 0$.

4. 对 $x \in B_\varepsilon \backslash \text{graph } (\phi_n)$,

$$\|P_{n+1}^u f_n(x) - \phi_{n+1}(P_{n+1}^s f_n(x))\| > \lambda^{-1}\|P_n^u x - \phi_n P_n^s x\|,$$

其中 $P_n^s(P_n^u)$ 表示到 $E^s(n)(E^u(n))$ 上平行于 $E^u(n)(E^s(n))$ 的投影,

5. ϕ_n 在 0 可微且 $d\phi_n(0) = 0$, 即 graph (ϕ_n) 的切平面是 $E^s(n)$.

6. ϕ 在由下面距离函数诱导的拓扑下连续依赖于 f:

$$d_0(\phi, \psi) = \sup_{n \in \mathbb{N}_0, x \in B_\varepsilon} 2^{-n}|\phi_n(x) - \psi_n(x)|,$$

$$d(f, g) = \sup_{n \in \mathbb{N}_0} 2^{-n}\text{dist}_1(f_n, g_n),$$

其中 dist_1 是 C^1 距离.

证明　对正常数 L 和 ε, 令 $\Phi(L, \varepsilon)$ 为序列 $\phi = (\phi_n)_{n \in \mathbb{N}_0}$ 的空间, 其中 $\phi_n : B_\varepsilon^s \to E^u(n)$ 是具有 Lipschitz 常数 L 和 $\phi_n(0) = 0$ 的 Lipschitz 连续映射. 用 $d(\phi, \psi) = \sup\limits_{n \in \mathbb{N}_0, x \in B_\varepsilon} |\phi_n(x) - \psi_n(x)|$ 定义 $\Phi(L, \varepsilon)$ 上的距离. 这个度量是完全的.

现在我们定义称为图变换的算子 $F : \Phi(L, \varepsilon) \to \Phi(L, \varepsilon)$. 假设 $\phi = (\phi_n) \in \Phi$. 下一个引理我们将证明, 对足够小 ε, 集合 $f_n^{-1}(\text{graph } (\phi_{n+1}))$ 到 $E^s(n)$ 上的投影覆盖 $E_\varepsilon^s(n)$, 而且 $f_n^{-1}(\text{graph } (\phi_{n+1}))$ 包含 Lipschitz 常数为 L 的连续函数 $\psi_n : B_\varepsilon^s \to E_\varepsilon^u(n)$ 的图. 令 $F(\phi)_n = \psi_n$.

注意, 映射 $h : \mathbb{R}^k \to \mathbb{R}^l$ 在 0 是 Lipschitz 连续函数, Lipschitz 常数为 L, 当且仅当 h 的图位于 $\mathbb{R}^k$ 的 L 锥内, 以及它在 $x \in \mathbb{R}^k$ 是 Lipschitz 连续的, 当且仅当它的图位于由 $(x, h(x))$ 关于 $\mathbb{R}^k$ 的平移的 L 锥内.

引理 5.6.2　对任何 $L > 0$ 存在 $\varepsilon > 0$, 使得图变换 F 在 $\Phi(L, \varepsilon)$ 上定义一个算子.

证明 对 $L > 0$ 和 $x \in B_\varepsilon$, 令 $K_L^s(n)$ 表示稳定锥

$$K_L^s(n) = \{v \in \mathbb{R}^m : v = v^s + v^u, \ v^s \in E^s(n), \ v^u \in E^u(n), \ |v^u| \leqslant L|v^s|\}.$$

注意, 对任何 $L > 0$ 有 $df_n^{-1}(0)K_L^s(n+1) \subset K_L^s(n)$. 因此, 由 df_n 的一致连续性, 对任何 $L > 0$ 存在 $\varepsilon > 0$, 使得对任何 $n \in \mathbb{N}_0$ 和 $x \in B_\varepsilon$, $df_n^{-1}(x)K_L^s(n+1) \subset K_L^s(n)$. 从而, Lipschitz 连续函数的图在 f_n 作用下的原像是 Lipschitz 函数的图. 对 $\phi \in \Phi(L, \varepsilon)$, 考虑下面的复合 $\beta = P^s(n) \circ f_n^{-1} \circ \phi_n$, 其中 $P^s(n)$ 是到 $E^s(n)$ 上平行于 $E^u(n)$ 的投影. 如果 ε 足够小, 则 β 是扩张映射, 它的像覆盖 $B_\varepsilon^s(n)$ (练习 5.6.1). 因此 $F(\phi) \in \Phi(L, \varepsilon)$. $\qquad\square$

下面的引理显示, 对 ε 和 L 的适当选择, F 是压缩算子.

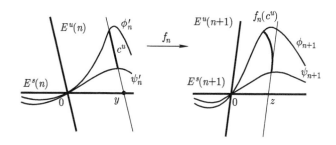

图 5.1 应用于 ϕ 和 ψ 的图变换

引理 5.6.3 存在 $\varepsilon > 0$ 和 $L > 0$, 使得 F 是 $\Phi(L, \varepsilon)$ 上的压缩算子.

证明 对 $L \in (0, 0.1)$, 令 $K_L^u(n)$ 表示不稳定锥

$$K_L^u(n) = \{v \in \mathbb{R}^m : v = v^s + v^u, \ v^s \in E^s(n),$$
$$v^u \in E^u(n), \ |v^u| \leqslant L^{-1}|v^s|\},$$

注意, $df_n(0)K_L^u(n) \subset K_L^u(n+1)$. 如引理 5.6.2, 由 df_n 的一致连续性, 对任何 $L > 0$ 存在 $\varepsilon > 0$, 使得包含 $df_nK_L^u(n) \subset K_L^u(n+1)$ 对每个 $n \in \mathbb{N}_0$ 和 $x \in B_\varepsilon$ 成立.

设 $\phi, \psi \in \Phi(L, \varepsilon), \phi' = F(\phi), \psi' = F(\psi)$ (见图 5.1). 对任何 $\eta > 0$ 存在 $n \in \mathbb{N}_0$ 和 $y \in B_\varepsilon^s$, 使得 $|\phi_n'(y) - \psi_n'(y)| > d(\phi', \psi') - \eta$. 令 c^u

是从 $(y, \phi'_n(y))$ 到 $(y, \psi'_n(y))$ 的直线段. 由于 c^u 平行于 $E^n(n)$, 我们有 length $(f_n(c^u)) > \lambda^{-1}$length (c^u). 设 $f_n(y, \psi'_n(y)) = (z, \psi_{n+1}(z))$, 考虑从 $(z, \phi_{n+1}(z))$ 到 $(z, \psi_{n+1}(z))$ 的直线段, $f_n(c^u)$ 与 ψ_{n+1} 的图上连接这些曲线端点的最短曲线组成的曲线三角形. 对足够小 $\varepsilon > 0$, 像 $f_n(c^u)$ 的切向量位于 $K^u_L(n+1)$ 中, ϕ_{n+1} 的图的切向量位于 $K^s_L(n+1)$ 中. 因此,

$$|\phi_{n+1}(z) - \psi_{n+1}(z)| \geqslant \frac{\text{length } (f_n(c^u))}{1 + 2L} - L(1+L) \cdot \text{length } (f_n(c^u))$$
$$\geqslant (1 - 4L)\text{length } (f_n(c^u)),$$

而且

$$d(\phi, \psi) \geqslant |\phi_{n+1}(z) - \psi_{n+1}(z)| \geqslant (1 - 4L)\text{length } (f_n(c^u))$$
$$> (1 - 4L)\lambda^{-1}\text{length } (c^u) = (1 - 4L)\lambda^{-1}(d(\phi', \psi') - \eta).$$

由于 η 任意, F 对足够小的 L 和 ε 是压缩的. □

由于 F 是压缩的 (引理 5.6.3) 且连续依赖于 f, 故它有连续依赖于 f (性质 6) 和自动满足性质 2 的唯一不动点 $\phi \in \Phi(L, \varepsilon)$. 由稳定和不稳定锥 ($\varepsilon$ 足够小) 的不变性, 得知 ϕ 满足性质 3 和 4. 性质 1 由 3 和 4 立即得到. 由于性质 1 给出 graph (ϕ_n) 的几何描述, 即对较小的 ε, F 的不动点是对较大的 ε, F 的不动点在更小邻域内的限制. 当 $\varepsilon \to 0$ 和 $L \to \infty$ 时稳定锥 (它包含图 (ϕ_n)) 趋于 $E^s(n)$, 因此 $E^s(n)$ 是 graph(ϕ_n) 在 0 的切平面 (性质 5). □

下面的定理建立双曲集 Λ 和 Λ^s_δ 中点的局部稳定流形, 以及 Λ 和 Λ^u_δ 中点的局部不稳定流形的存在性 (见 5.4 节); 回忆 $\Lambda^s_\delta \supset \Lambda$ 和 $\Lambda^u_\delta \supset \Lambda$.

定理 5.6.4　设 $f : M \to M$ 是微分流形的一个 C^1 微分同胚, $\Lambda \subset M$ 是 f 的双曲集, 常数 λ (度量是适应的).

那么存在 $\varepsilon, \delta > 0$, 使得对每个 $x^s \in \Lambda^s_\delta$ 和每个 $x^u \in \Lambda^u_\delta$ (见 5.4 节)

1. 称为 x^s 的局部稳定流形和 x^u 的局部不稳定流形的集合

$$W^s_\varepsilon(x^s) = \{y \in M : \text{dist } (f^n(x^s), f^n(y)) < \varepsilon, \quad \text{对所有 } n \in \mathbb{N}_0\},$$
$$W^u_\varepsilon(x^u) = \{y \in M : \text{dist } (f^{-n}(x^u), f^{-n}(y)) < \varepsilon, \quad \text{对所有 } n \in \mathbb{N}_0\}$$

都 C^1 嵌入圆盘,

2. 对每个 $y^s \in W_\varepsilon^s(x^s)$, 有 $T_{y^s} W_\varepsilon^s(x^s) = E^s(y^s)$, 以及, 对每个 $y^u \in W_\varepsilon^u(x^u)$, 有 $T_{y^u} W_\varepsilon^u(x^u) = E^u(y^u)$ (见命题 5.4.4),

3. $f(W_\varepsilon^s(x^s)) \subset W_\varepsilon^s(f(x^s))$, 以及 $f^{-1}(W_\varepsilon^u(f(x^u))) \subset W_\varepsilon^u(x^u)$,

4. 如果 $y^s, z^z \in W_\varepsilon^s(x^s)$, 则 $d^s(f(y^s), f(z^s)) < \lambda d^s(y^s, z^s)$, 其中 d^s 是沿着 $W_\varepsilon^s(x^s)$ 的距离,

如果 $y^u, z^u \in W_\varepsilon^u(x^u)$, 则 $d^u(f^{-1}(y^u), f^{-1}(z^u)) < \lambda d^u(y^u, z^u)$, 其中 d^u 是沿着 $W_\varepsilon^u(x^u)$ 的距离,

5. 如果 $0 < \mathrm{dist}(x^s, y) < \varepsilon$, 而且 $\exp_{x^s}^{-1}(y)$ 位于 δ 锥 $K_\delta^u(x^s)$ 内, 则

$$\mathrm{dist}\,(f(x^s), f(y)) > \lambda^{-1}\mathrm{dist}\,(x^s, y),$$

如果 $0 < \mathrm{dist}\,(x^u, y) < \varepsilon$, 而且 $\exp_{x^u}^{-1}(y)$ 位于 δ 锥 $K_\delta^s(x^u)$ 内, 则

$$\mathrm{dist}\,(f(x^u), f(y)) < \lambda\mathrm{dist}\,(x^s, y),$$

6. 如果 $y^s \in W_\varepsilon^s(x^s)$, 则对某个 $\alpha > 0$, $W_\alpha^s(y^s) \subset W_\varepsilon^s(x^s)$, 如果 $y^u \in W_\varepsilon^u(x^u)$, 则对某个 $\beta > 0$, $W_\beta^u(y^u) \subset W_\varepsilon^u(x^u)$.

证明   由于 $\Lambda_\delta^s \supset \Lambda$ 是紧的, 对足够小 δ 存在坐标卡 (U_x, ψ_x), $x \in \Lambda_\delta^s$ 族 $\mathcal{U}$, 使得 U_x 覆盖 x 的 δ 邻域, 坐标卡之间的坐标变换 $\psi_x \circ \psi_y^{-1}$ 具有等度连续的一阶导数. 对任何点 $x^s \in \Lambda_\delta^s$, 令 $f_n = \psi_{f^n(x^s)} \circ f \circ \psi_{f^{n-1}(x^s)}^{-1}$, $E^s(n) = d\psi_{f^n(x^s)}(x^s)E^s(f^n(x^s))$ 与 $E^u(n) = d\psi_{f^n(x)}(x)E^u(f^n(x))$, 应用命题 5.6.1, 并令 $W_\varepsilon^s(x) = W_0^s(\varepsilon)$, 得局部稳定流形. 类似地, 应用命题 5.6.1 到 f^{-1} 构造局部不稳定流形. 性质 1—6 由命题 5.6.1 直接得到. □

设 Λ 是 $f: U \to M$ 的一个双曲集, $x \in \Lambda$. x 的 (大范围) 稳定和不稳定流形由

$$W^s(x) = \{y \in M : d(f^n(x), f^n(y)) \to 0, \text{ 当 } n \to \infty\},$$
$$W^u(x) = \{y \in M : d(f^{-n}(x), f^{-n}(y)) \to 0, \text{ 当 } n \to \infty\}$$

定义.

命题 5.6.5   存在 $\varepsilon_0 > 0$, 使得对每个 $\varepsilon \in (0, \varepsilon_0)$ 和每个 $x \in \Lambda$,

$$W^s(x) = \bigcup_{n=0}^\infty f^{-n}(W_\varepsilon^s(f^n(x))), \quad W^u(x) = \bigcup_{n=0}^\infty f^n(W_\varepsilon^u(f^{-n}(x))).$$

证明　练习 5.6.2.　　　　　　　　　　　　　　　　　　　□

推论 5.6.6　C^1 嵌入 M 的子流形的大范围稳定和不稳定流形, 同胚于对应维数的单位球.

证明　练习 5.6.3.　　　　　　　　　　　　　　　　　　　□

练习 5.6.1　假设 $f: \mathbb{R}^m \to \mathbb{R}^m$ 是一个连续映射, 使得对某个 $a > 1$ 和所有 $x, y \in \mathbb{R}^m$ 有 $|f(x) - f(y)| \geqslant a|x - y|$. 如果 $f(0) = 0$, 证明半径为 r、中心在 0 的球的像包含半径为 ar 中心在 0 的球.

练习 5.6.2　证明命题 5.6.5.

练习 5.6.3　证明推论 5.6.6.

5.7　倾角引理

设 M 是微分流形. 回忆两个维数互补的子流形 $N_1, N_2 \subset M$ 在点 $p \in N_1 \cap N_2$ 横截相交 (或横截), 如果 $T_p M = T_p N_1 \oplus T_p N_2$. 我们记 $N_1 \pitchfork N_2$, 如果 N_1 和 N_2 的每个交点是横截交点.

用 B^i_ε 记 $\mathbb{R}^i$ 中半径为 ε、中心在 0 的开球. 对 $v \in \mathbb{R}^m = \mathbb{R}^k \times \mathbb{R}^l$, 用 $v^u \in \mathbb{R}^k$ 和 $v^s \in \mathbb{R}^l$ 表示 $v = v^u + v^s$ 的分量, 用 $\pi^u: \mathbb{R}^m \to \mathbb{R}^k$ 表示 $\mathbb{R}^k$ 上的投影. 对 $\delta > 0$ 令 $K^u_\delta = \{v \in \mathbb{R}^m : \|v^s\| \leqslant \delta\|v^u\|\}$ 和 $K^s_\delta = \{v \in \mathbb{R}^m : \|v^u\| \leqslant \delta\|v^s\|\}$.

引理 5.7.1　设 $\lambda \in (0,1), \varepsilon, \delta \in (0, 0.1)$. 假设 $f: B^k_\varepsilon \times B^l_\varepsilon \to \mathbb{R}^m$ 和 $\phi: B^k_\varepsilon \to B^l_\varepsilon$ 是 C^1 映射, 使得

1. 0 是 f 的双曲不动点,
2. $W^u_\varepsilon(0) = B^k_\varepsilon \times \{0\}$ 和 $W^s_\varepsilon(0) = \{0\} \times B^l_\varepsilon$,
3. 对每个 $v \in K^u_\delta$, 只要 x 和 $f(x) \in B^k_\varepsilon \times B^l_\varepsilon$, 就有 $\|df_x(v)\| \geqslant \lambda^{-1}\|v\|$,
4. 对每个 $v \in K^s_\delta$, 只要 x 和 $f(x) \in B^k_\varepsilon \times B^l_\varepsilon$, 就有 $\|df_x(v)\| \leqslant \lambda\|v\|$,
5. 只要 x 和 $f(x) \in B^k_\varepsilon \times B^l_\varepsilon$, 就有 $df_x(K^u_\delta) \subset K^u_\delta$,
6. 只要 x 和 $f(x) \in B^k_\varepsilon \times B^l_\varepsilon$, 就有 $(df^{-1})_x(K^s_\delta) \subset K^s_\delta$,
7. 对每点 $y \in B^k_\varepsilon$ 有 $T_{(y,\phi(y))}\mathrm{graph}\,(\phi) \subset K^u_\delta$,

那么, 对每个 $n \in \mathbb{N}$, 存在子集 $D_n \subset B_\varepsilon^k$ 微分同胚于 B^k, 使得限制 $\phi|_{D_n}$ 的图在 f_n 作用下的像 I_n 具有性质: 对每个 $x \in I_n$ 有 $\pi^u(I_n) \supset B_{\varepsilon/2}^k$ 和 $T_x I_n \subset K_{\delta\lambda^{2n}}^u$.

证明 引理由锥的不变性得到 (练习 5.7.2). □

这个引理意味着 ϕ 的图的像的切平面在 f^n 作用下指数地 (关于 n) 接近 "水平" 空间 $\mathbb{R}^k$, 且这个像沿水平方向在 B_ε^k 上伸展 (见图 5.2).

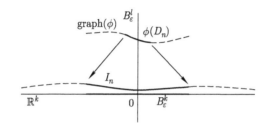

图 5.2 ϕ 的图在 f^n 作用下的像

下面的定理有时也称为 λ 引理, 由它得知, 如果 f 是 C^r 的, $r \geqslant 1$, D 是与双曲不动点 x 的稳定流形 $W^s(x)$ 横截相交的任何 C^1 圆盘, 则 D 的向前像按 C^r 拓扑收敛于不稳定流形 $W^u(x)$ [PdM82]. 我们仅证明 C^1 收敛性. 令 B_R^u 是在诱导度量下半径为 R、中心在 $W^u(x)$ 中的 x 的球.

定理 5.7.2 (倾角引理) 设 x 是微分同胚 $f : U \to M$ 的一个双曲不动点, $\dim W^u(x) = k$ 且 $\dim W^s(x) = l$. 设 $y \in W^s(x)$, 又假设 $D \ni y$ 是与 $W^s(x)$ 横截相交于 y 的 k 维 C^1 子流形.

那么, 对每个 $R > 0$ 和 $\beta > 0$ 存在 $n_0 \in \mathbb{N}$, 以及对每个 $n \geqslant n_0$, 存在子集 $\tilde{D} = \tilde{D}(R, \beta, n), y \in \tilde{D} \subset D$ 同胚于开的 k 维圆盘, 使得 $f^n(\tilde{D})$ 和 B_R^u 之间的 C^1 距离小于 β.

证明 我们证明对某个 $n_1 \in \mathbb{N}$, 适当的子集 $D_1 \subset f^{n_1}(D)$ 满足引理 5.7.1 的假设. 由于 $\{x\}$ 是 f 的双曲集, 对任何 $\delta > 0$ 存在 $\varepsilon > 0$, 使得 $E^s(x)$ 和 $E^u(x)$ 可扩张到 x 的 ε 邻域内的不变分布 $\tilde{E}^s$ 和 $\tilde{E}^u$, 双曲常数至多是 $\lambda + \delta$ (命题 5.4.4). 由于 $f^n(y) \to x$, 存在 $n_2 \in \mathbb{N}$ 使得 $z = f^{n_2}(y) \in B_\varepsilon$. 由于 D 与 $W^s(x)$ 横截相交, 故对

$f^{n_2}(D)$ 也是. 因此, 存在 $\eta > 0$, 使得如果 $v \in T_z f^{n_2}(D)$, $\|v\| = 1$, $v = v^s + v^u$, $v^s \in \tilde{E}^s(z)$, $v^u \in \tilde{E}^u(z)$ 且 $v^u \neq 0$, 则 $\|v^u\| \geqslant \eta \|v^s\|$. 由命题 5.4.4, 对足够小 $\delta > 0$, 范数 $\|df^n v^s\|$ 指数地衰减, $\|df^n v^u\|$ 指数地增长. 因此, 对任意小锥, 存在 $n_2 \in \mathbb{N}$, 使得 $T_{f^{n_2}(y)} f^{n_2}(D)$ 位于在 $f^{n_2}(y)$ 的不稳定锥内. $\qquad\qquad\square$

练习 5.7.1　证明如果 x 是同宿点, 则 x 是非游荡点但不回复.

练习 5.7.2　证明引理 5.7.1.

练习 5.7.3　设 p 是 f 的双曲不动点. 假设 $W^s(p)$ 和 $W^u(p)$ 在 q 横截相交. 证明 p 与 q 的轨道之并是 Λ 的双曲集.

5.8　马蹄与横截同宿点

设 $\mathbb{R}^m = \mathbb{R}^k \times \mathbb{R}^l$, 我们将 $\mathbb{R}^k$ 和 $\mathbb{R}^l$ 分别视为不稳定与稳定子空间, 用 π^u 和 π^s 记到这些子空间上的投影. 对 $v \in \mathbb{R}^m$ 记 $v^u = \pi^u(v) \in \mathbb{R}^k$ 和 $v^s = \pi^s(v) \in \mathbb{R}^l$. 对 $\alpha \in (0,1)$, 分别称集合 $K_\alpha^u = \{v \in \mathbb{R}^m : |v^s| \leqslant \alpha |v^u|\}$ 和 $K_\alpha^s = \{v \in \mathbb{R}^m : |v^u| \leqslant \alpha |v^s|\}$ 为不稳定和稳定锥. 设 $R^u = \{x \in \mathbb{R}^k : |x| \leqslant 1\}$, $R^s = \{x \in \mathbb{R}^l : |x| \leqslant 1\}$ 和 $R = R^u \times R^s$. 对 $z = (x,y)$, $x \in \mathbb{R}^k$, $y \in \mathbb{R}^l$, 集合 $F^s(z) = \{x\} \times R^s$ 和 $F^u(z) = R^u \times \{y\}$ 分别看作稳定和不稳定纤维. 我们说 C^1 映射 $f: R \to \mathbb{R}^m$ 有马蹄, 如果存在 $\lambda, \alpha \in (0,1)$ 使得

1. f 在 R 上是一对一的;

2. $f(R) \cap R$ 至少有两个分量 $\Delta_0, \ldots, \Delta_{q-1}$;

3. 如果 $z \in R$ 和 $f(z) \in \Delta_i$, $0 \leqslant i < q$, 则集合 $G_i^u(z) = f(F^u(z)) \cap \Delta_i$ 和 $G_i^s(z) = f^{-1}(F^s(f(z)) \cap \Delta_i)$ 是连通的, 以及 π^u 在 $G_i^u(z)$ 上的限制与 π^s 在 $G_i^s(z)$ 上的限制是映上且一对一的;

4. 如果 $z, f(z) \in R$, 导数 df_z 保持不稳定锥 K_α^u, 且对每个 $v \in K_\alpha^u$ 有 $\lambda |df_z v| \geqslant |v|$, 以及逆 $df_{f(z)}^{-1}$ 保持稳定锥 K_α^s, 且对每个 $v \in K_\alpha^s$ 有 $\lambda |df_{f(z)}^{-1} v| \geqslant |v|$. 称交 $\Lambda = \bigcap_{n \in \mathbb{Z}} f^n(R)$ 为一个马蹄.

定理 5.8.1　马蹄 $\Lambda = \bigcap_{n \in \mathbb{Z}} f^n(R)$ 是 f 的双曲集. 如果 $f(R) \cap R$ 有 q 个分量, 则 f 在 Λ 上的限制拓扑共轭于以 $\{0, 1, \ldots, q-1\}$ 为字母表的双边无穷序列空间 Σ_q 中的全双边移位 σ.

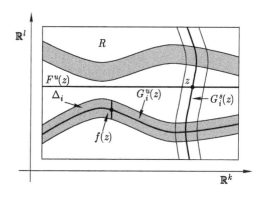

图 5.3   非线性马蹄

证明 Λ 的双曲性由锥的不变性和锥内向量的伸长得到. $f|_\Lambda$ 拓扑共轭于全双边移位留作练习 (练习 5.8.2).   □

推论 5.8.2   如果微分同胚 f 有马蹄, 则 f 的拓扑熵为正.

设 p 是微分同胚 $f : U \to M$ 的双曲周期点. 点 $q \in U$ 称为同宿点 (对 p), 如果 $q \neq p$ 且 $q \in W^s(p) \cap W^u(p)$; 称它为横截同宿的 (对 p), 如果此外, $W^s(p)$ 和 $W^u(p)$ 在 q 横截相交.

下面的定理显示马蹄, 从而, 双曲集在一般情况下是相当普遍的.

定理 5.8.3   设 p 是微分同胚 $f : U \to M$ 的一个双曲周期点, q 是 p 的横截同宿点. 则对每个 $\varepsilon > 0$, p 和 q 的轨道的 ε 邻域之并包含 f 的马蹄.

证明   我们仅考虑二维情形, 高维的论述是下面证明的常规推广. 不失一般性, 假设 $f(p) = p$ 且 f 保持定向. 在 p 的邻域 $V = V^u \times V^s$ 内存在 C^1 坐标系使得 p 是原点, p 的稳定和不稳定流形局部地与坐标轴重合 (图 5.4). 对点 $x \in V$ 和向量 $v \in \mathbb{R}^2$, 记 $x = (x^u, x^s)$ 和 $v = (v^u, v^s)$, 其中 s 和 u 分别表示稳定 (垂直) 和不稳定 (水平) 分量. 我们也假设存在 $\lambda \in (0, 1)$, 使得对每个 $v \neq 0$ 有 $|df_p v^s| < \lambda |v^s|$ 和 $|df_p^{-1} v^u| < \lambda |v^u|$. 固定 $\delta > 0$, 令 $K^s_{\delta/2}$ 和 $K^u_{\delta/2}$ 是

稳定和不稳定 $\delta/2$ 锥. 选择足够小 V, 使得对每个 $x \in V$

$$df_x(K^u_{\delta/2}) \subset K^u_{\delta/2}, \quad |df_x^{-1}v| < \lambda|v|, \quad 若 v \in K^u_{\delta/2},$$
$$df_x^{-1}(K^s_{\delta/2}) \subset K^s_{\delta/2}, \quad |df_xv| < \lambda|v|, \quad 若 v \in K^s_{\delta/2}.$$

由于 $q \in W^s(p) \cap W^u(p)$, 对所有充分大的 n 有 $f^n(q) \in V$ 和 $f^{-n}(q) \in V$. 由不变性, $W^s(p)$ 和 $W^u(p)$ 通过所有像 $f^n(q)$. 因为 $W^u(p)$ 与 $W^s(p)$ 在 q 横截相交, 由定理 5.7.2, 存在 n_u, 使得对 $n \geq n_u$ 有 $f^n(q) \in V$, 且 $f^n(q)$ 在 $W^u(p)$ 中适当邻域 D^u 内是 C^1 子流形, 它 "伸长交于" V 且其切平面位于 $K^u_{\delta/2}$ 内, 即 D^u 是满足 $\|d\phi^u\| < \delta/2$ 的 C^1 函数 $\phi^u : V^u \to V^s$ 的图. 类似地, 由于 $q \in W^u(p)$, 存在 $n_s \in \mathbb{N}$, 使得对 $n \geq n_s$ 有 $f^{-n}(q) \in U$, $f^{-n}(q)$ 在 $W^s(p)$ 中小邻域 D^s 内是满足 $\|d\phi^s\| < \delta/2$ 的 C^1 函数 $\phi^s : V^s \to V^u$ 的图. 注意, 由于 f 保持定向, 点 $f^{n_u+1}(q)$ 不是 $W^u(p)$ 与 $W^s(p)$ 在 $f^{n_u}(q)$ 后的下一个交点; 图 5.4 中显示它是沿着 $W^s(p)$ 在 $f^{n_u}(q)$ 以后的第二个交点.

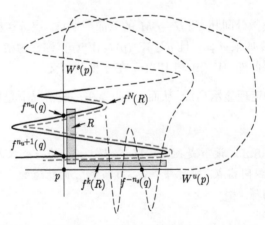

图 5.4　在同宿点的马蹄

考虑如图 5.4 所示的窄 "箱" R, 令 $N = k+n_u+n_s+1$. 我们证明对 R 与 $k \in \mathbb{N}$ 的大小和位置的适当选择, 可使映射 $\tilde{f} = f^N$、箱 R 以及它的像 $\tilde{f}(R)$ 满足马蹄条件. 较小宽度的箱更接近于 $W^s(p)$, 较大的 k 使得 $f^k(R)$ 到达 $f^{-n_s}(q)$ 的邻近. 数 $\bar{n} = n_u + n_s + 1$ 固定. 如果 v^u 是在 $f^{-n_s}(q)$ 的水平向量, 它的像 $w = df^{\bar{n}}_{f^{-n_s}(q)}v^u$

在 $f^{n_u+1}(q)$ 切于 $W^u(p)$, 因此位于 $K^u_{\delta/2}$ 内. 此外, 对某个 $\beta > 0$, $|w| \geqslant 2\beta|v^u|$. 对在足够接近底边点的任何充分接近的向量 v, 其像将位于 K^u_δ 内, 且 $|df\bar{n}v| \geqslant \beta|v|$. 这对在接近于 $f^{-n_u-1}(q)$ 的点的 "几乎水平" 的向量同样成立.

另一方面, 对每个足够小的 $\alpha > 0$ 和每个 $x \in V$ 有 $df_x(K^u_\alpha) \subset K^u_{\lambda\alpha}$. 因此, 如果 $x \in R, f(x), \ldots, f^k(x) \in V$, 以及 $v \in K^u_\delta$ 是在 x 的切向量, 则 $df^k_x v \in K^u_{\delta\lambda^k}$ 且 $|df^k_x v| > \lambda^{-k}|v|$. 现在假设 $x \in R$ 使得 $f^k(x)$ 接近于 $f^{-n_s}(q)$, 或者接近于 $f^{-n_s-1}(q)$. 设 k 足够大使得 $\beta/\lambda^k > 10$. 那么存在 $\lambda' \in (0, 1)$, 使得如果 $x \in R$ 且 $f^N(x)$ 接近于 $f^{n_u}(q)$, 或者接近于 $f^{n_u+1}(q)$ (即 $f^k(x)$ 接近于 $f^{-n_s}(q)$ 或 $f^{-n_s-1}(q)$)), 则 K^u_δ 在 df^N_x 作用下是不变的, 且对每个 $v \in K^u_\delta$ 有 $\lambda'|df^N_x v| \geqslant |v|$. 类似地, 对 R 和 k 的适当选择, 稳定的 δ 锥在 df^{-N} 作用下不变, 而且从 K^s_δ 出发的向量通过 df^{-N} 扩张, 扩张因子至少是 $(\lambda')^{-1}$.

为了保证 $f^N(R)$ 与 R 的正确相交, 必须小心选择 R. 选择 R 的水平有界线段为直线段, 并令 R 垂直扩张使得它在 $f^{n_u}(q)$ 和 $f^{n_u+1}(q)$ 附近与 $W^u(p)$ 相交. 由定理 5.7.2, 这些水平线段在 f^k 作用下的像几乎是水平线段. 为了构造 R 的垂直有界线段, 在 $f^{-n_s-1}(q)$ 的左边和 $f^{-n_s}(q)$ 的右边取两个垂直线段 s_1 和 s_2. 通过水平有界线段截取它们的像 $f^{-k}(s_i)$. 由定理 5.7.2, 原像几乎是垂直的线段. R 的这个选择满足马蹄的定义. $\qquad\square$

练习 5.8.1 设 $f: U \to M$ 是微分同胚, p 是 f 的周期点, q 是 (非横截) 同宿点 q (对 p). 证明 f 的每个任意小 C^1 邻域都包含微分同胚 g, 使得 p 是 g 的周期点, q 是横截同宿点 (对 p).

练习 5.8.2 证明如果定理 5.8.1 中的 $f(R) \cap R$ 有 q 个连通分支, 则 f 在 Λ 上的限制拓扑共轭于字母表 $\{1, \ldots, q\}$ 中的双边无穷序列空间 Σ_q 的全双边移位.

练习 5.8.3 设 $p_1, \ldots, p_k$ 是 $f: U \to M$ 的周期点 (周期也许不同). 假设 $W^u(p_i)$ 与 $W^s(p_{i+1})$ 在 $q_i, i = 1, \ldots, k, p_{k+1} = p_1$ 横截相交 (特别地, $\dim W^s(p_i) = \dim W^s(p_1)$ 且 $\dim W^u(p_i) = \dim W^u(p_1), i = 2, \ldots, k$). 点 q_i 称为横截异宿点. 证明定理 5.8.3 下面的推广: 诸 p_i 和 q_i 的轨道之并的任何邻域内包含有马蹄.

5.9 局部积结构与局部混合双曲集

$f : U \to M$ 的双曲集 Λ 称为是局部极大的, 如果存在开集 V, 使得 $\Lambda \subset V \subset U$ 和 $\Lambda = \bigcap_{n=-\infty}^{\infty} f^n(V)$. 马蹄 (5.8 节) 和螺线管 (1.9 节) 是两个局部极大双曲集的例子.

由于双曲集的每个闭不变子集也是双曲集, 双曲集的几何结构可以非常复杂且难以描述. 但是, 鉴于它们的特殊性质, 局部极大双曲集允许有几何描述.

由于 $E^s(x) \cap E^u(x) = \{0\}$, x 的局部稳定和不稳定流形在 x 横截相交. 由连续性这个横截性可推广到 $\Lambda \times \Lambda$ 中的对角线邻域.

命题 5.9.1 设 Λ 是 f 的双曲集. 对每个足够小 $\varepsilon > 0$, 存在 $\delta > 0$ 使得如果 $x, y \in \Lambda$, $d(x, y) < \delta$, 则交 $W^s_\varepsilon(x) \cap W^u_\varepsilon(y)$ 是横截的, 且恰由一个点 $[x, y]$ 组成, 它连续依赖于 x 和 y. 进一步, 存在 $C_p = C_p(\delta) > 0$ 使得如果 $x, y \in \Lambda$ 和 $d(x, y) < \delta$, 则 $d^s(x, [x, y]) \leqslant C_p d(x, y)$ 和 $d^u(x, [x, y]) \leqslant C_p d(x, y)$, 其中 d^s 和 d^u 分别表示沿着稳定和不稳定流形的距离.

证明 命题由 E^s 和 E^u 的横截性与引理 5.9.2 立即得到. □

设 $\varepsilon > 0$, $k, l \in \mathbb{N}$, 令 $B^k_\varepsilon \subset \mathbb{R}^k$, $B^l_\varepsilon \subset \mathbb{R}^l$ 为中心在原点的 ε 球.

引理 5.9.2 对每个 $\varepsilon > 0$ 存在 $\delta > 0$, 使得如果 $\phi : B^k_\varepsilon \to \mathbb{R}^l$ 和 $\psi : B^l_\varepsilon \to \mathbb{R}^k$ 是可微映射, 且对所有 $x \in B^k_\varepsilon$ 和 $y \in B^l_\varepsilon$ 有 $|\phi(x)|, \|d\phi(x)\|, |\psi(y)|, \|d\phi(y)\| < \delta$, 则交 $\mathrm{graph}(\phi) \cap \mathrm{graph}(\psi) \subset \mathbb{R}^{k+l}$ 是横截的, 且此交恰由一个点组成, 在 C^1 拓扑下它连续依赖于 ϕ 和 ψ.

证明 练习 5.9.3. □

双曲集的下述性质等价于局部极大性, 它在双曲集的几何描述中起着主要作用. 双曲集 Λ 有局部积结构, 如果存在 (足够小) $\varepsilon > 0$ 和 $\delta > 0$, 使得 (i) 对所有 $x, y \in \Lambda$, 交 $W^s_\varepsilon(x) \cap W^u_\varepsilon(y)$ 至多由属于 Λ 的一点组成, 以及, (ii) 对满足 $d(x, y) < \delta$ 的 $x, y \in \Lambda$, 此交恰由 Λ 的一点组成, 记为 $[x, y] = W^s_\varepsilon(x) \cap W^u_\varepsilon(y)$, 且此交是横截的 (命题 5.9.1). 如果双曲集 Λ 有局部积结构, 则对每个 $x \in \Lambda$ 存在邻域

$U(x)$, 使得

$$U(x) \cap \Lambda = \{[y,z] : y \in U(x) \cap W_\varepsilon^s(x), z \in U(x) \cap W_\varepsilon^u(x)\}.$$

命题 5.9.3 双曲集 Λ 是局部极大的, 当且仅当它有局部积结构.

证明 假设 Λ 是局部极大. 如果 $x, y \in \Lambda$ 且 $\mathrm{dist}\,(x,y)$ 足够小, 则由命题 5.9.1, $W_\varepsilon^s(x) \cap W_\varepsilon^u(y) = [x,y] =: z$ 存在, 又由定理 5.6.4(4), z 的向前和向后半轨停留在接近于 Λ 之处. 因为 Λ 是局部极大, $z \in \Lambda$.

反之, 假设 Λ 具有命题 5.9.1 中常数为 ε, δ 和 C_p 的局部积结构. 我们必须证明, 如果点 q 的整个轨道接近于 Λ, 则这个点位于 Λ 中. 固定 $\alpha \in (0, \delta/3)$, 使得对每个 $x \in \Lambda$ 和 $p \in W_\alpha^u(x)$ 有 $f(p) \in W_{\delta/3}^u(f(x))$. 首先假设对某个 $x_0 \in \Lambda$, $q \in W_\alpha^u(x_0)$, 以及, 存在 $y_n \in \Lambda$ 使得对所有 $n > 0$ 有 $d(f^n(q), y_n) < \alpha/C_p$. 由于 $f(x_0), y_1 \in \Lambda$ 和 $d(f(x_0), y_1) < d(f(x_0), f(q)) + d(f(q), y_1) < \delta/3 + \alpha/C_p < \delta$, 我们有 $x_1 = [y_1, f(x_0)] \in \Lambda$, 由命题 5.9.1, $f(q) \in W_\alpha^u(x_1)$. 类似地, $x_2 = [y_2, f(x_1)] \in \Lambda$ 和 $f^2(q) \in W_\alpha^u(x_2)$. 重复这个步骤构造的点列 $x_n = [y_n, f^n(q)] \in \Lambda$ 满足 $f^n(q) \in W_\alpha^u(x_n)$. 注意到 $n \to \infty$ 时 $q_n = f^{-n}(x_n) \to q$. 由于 Λ 是闭的, $q \in \Lambda$. 类似地, 如果对某个 $x_0 \in \Lambda$, $q \in W_\alpha^s(x_0)$, 以及, 对所有 $n < 0$, $f^n(q)$ 停留在足够接近于 Λ 之处, 于是 $q \in \Lambda$.

现在假设对所有 $n \in \mathbb{Z}$, $f^n(y)$ 足够接近于 $x_n \in \Lambda$, 则 $y \in \Lambda_\varepsilon^s$ 和 $y \in \Lambda_\varepsilon^u$. 因此, 由命题 5.4.4 和 5.4.3, 并 $\Lambda \cup \mathcal{O}_f(y)$ 是双曲集 (具接近常数), 而且 y 的局部稳定和不稳定流形有定义. 注意到 $p = [y, x_0]$ 的向前半轨和 $q = [x_0, y]$ 的向后半轨接近于 Λ. 因此, 由上面的讨论, $p, q \in \Lambda$, 而且 (由局部积结构) $y = [p,q] \in \Lambda$. □

练习 5.9.1 证明马蹄 (5.8 节) 和螺线管 (1.9 节) 是局部极大双曲集.

练习 5.9.2 设 p 是 f 的双曲不动点, $q \in W^s(p) \cap W^u(p)$ 是横截同宿点. 由练习 5.7.3, p 与 q 的轨道之并是 f 的双曲集. 它是不是局部极大的?

练习 5.9.3 证明引理 5.9.2.

5.10　Anosov 微分同胚

回忆连通的微分流形 M 的 C^1 微分同胚 f 是 Anosov 的, 如果 M 是 f 的双曲集. 由定义直接得知, M 是局部极大且紧的.

Anosov 微分同胚的最简单例子是由矩阵 $\begin{pmatrix} 2 & 1 \\ 1 & 1 \end{pmatrix}$ 给出的 $\mathbb{T}^2$ 的自同构. 更一般地, n 维环面 $\mathbb{T}^n$ 的任何线性自同构是 Anosov 的. 这样的自同构由行列式为 ± 1 且没有模为 1 的特征值的 $n \times n$ 整数矩阵给出.

对环面自同构可作如下推广. 设 N 是单连通幂零 Lie 群, Γ 是 N 的一致离散子群. 商 $M = N/\Gamma$ 是紧谐零流形. 设 $\bar{f}$ 是 N 的自同构, 它保持 Γ 且在单位元的导数是双曲的. 诱导的 M 的微分同胚 f 是 Anosov 的. 这个类型的特殊例子见 [Sma67]. 所有 Anosov 微分同胚至多相差有限覆叠都拓扑共轭于谐零流形的自同构.

Anosov 微分同胚的稳定和不稳定流形族形成两个叶层 (见 5.13 节), 分别称为稳定叶层 W^s 和不稳定叶层 W^u (练习 5.10.1). 这些叶层一般不是 C^1 的, 甚至不是 Lipschitz 的 [Ano67], 但是它们 Hölder 连续 (定理 6.1.3). 尽管稳定和不稳定叶层没有 Lipschitz 连续性, 但类似于常微分方程的唯一性定理, 它们有唯一性 (练习 5.10.2).

下面的命题 5.10.1 叙述 Anosov 微分同胚 f 的稳定和不稳定分布 E^s 和 E^u, 以及稳定和不稳定叶层 W^s 和 W^u 的基本性质. 这些性质由本章前面几节直接得到. 我们假设度量适应于 f, 并用 d^s 和 d^u 分别表示沿着稳定和不稳定叶的距离.

命题 5.10.1　设 $f: M \to M$ 是 Anosov 微分同胚. 那么存在 $\lambda \in (0,1), C_p > 0, \varepsilon > 0, \delta > 0$, 以及对每个 $x \in M$, 分解 $T_x M = E^s(x) \oplus E^u(x)$ 满足

1. $df_x(E^s(x)) = E^s(f(x))$ 和 $df_x(E^u(x)) = E^u(f(x))$,

2. 对所有 $v^s \in E^s(x), v^u \in E^u(x)$, $\|df_x v^s\| \leqslant \lambda \|v^s\|$ 和 $\|df_x^{-1} v^u\| \leqslant \lambda \|v^u\|$,

3. $W^s(x) = \{y \in M : d(f^n(x), f^n(y)) \to 0,\ \text{当}\ n \to \infty\}$, 并且对每个 $y \in W^s(x)$,

$$d^s(f(x), f(y)) \leqslant \lambda d^s(x, y),$$

4. $W^u(x) = \{y \in M : d(f^{-n}(x), f^{-n}(y)) \to 0,\ \text{当}\ n \to \infty\}$, 并且对每个 $y \in W^u(x)$, $d^u(f^{-1}(x), f^{-1}(y)) \leqslant \lambda d^u(x, y)$,

5. $f(W^s(x)) = W^s(f(x))$ 和 $f(W^u(x)) = W^u(f(x))$,

6. $T_x W^s(x) = E^s(x)$ 和 $T_x W^u(x) = E^u(x)$,

7. 如果 $d(x, y) < \delta$, 则交 $W^s_\varepsilon(x) \cap W^u_\varepsilon(y)$ 恰为一点 $[x, y]$, 它连续依赖于 x 和 y, 而且 $d^s([x,y], x) \leqslant C_p d(x, y), d^u([x,y], y) \leqslant C_p d(x, y)$.

为方便起见, 我们重叙 Anosov 微分同胚的几个性质. 回忆微分同胚 $f : M \to M$ 是结构稳定的, 如果对每个 $\varepsilon > 0$ 存在 f 的邻域 $\mathcal{U} \subset \text{Diff}^1(M)$, 使得对每个 $g \in \mathcal{U}$ 存在同胚 $h : M \to M$ 满足 $h \circ f = g \circ h$ 与 $\text{dist}_0(h, \text{Id}) < \varepsilon$.

命题 5.10.2　1. Anosov 微分同胚在 C^1 拓扑下形成一个开 (可能空) 子集 (推论 5.5.2).

2. Anosov 微分同胚是结构稳定的 (推论 5.5.4).

3. Anosov 微分同胚的周期点集在非游荡点集内稠密 (推论 5.3.4).

这里是周期点密度的更直接证明. 设 ε 和 δ 满足命题 5.10.1. 如果 $x \in M$ 是非游荡点, 则存在 $n \in \mathbb{N}$ 和 $y \in M$, 使得 $\text{dist}(x, y)$, $\text{dist}(f^n(y), y) < \delta/(2C_p)$. 假设 $\lambda^n < 1/(2C_p)$, 则映射 $z \mapsto [y, f^n(z)]$ 对 $z \in W^s_\delta(y)$ 有定义. 它映 $W^s_\delta(y)$ 到它自己, 由 Brouwer 不动点定理, 存在不动点 y_1 满足 $d^s(y_1, y) < \delta, f^n(y_1) \in W^u(y_1)$ 和 $d^u(y_1, f^n(y_1)) < \delta$. 映射 f^{-n} 映 $W^u_\delta(f^n(y_1))$ 到它自己, 因此它也存在不动点.

定理 5.10.3　设 $f : M \to M$ 是 Anosov 微分同胚. 那么下面论述等价:

1. $\text{NW}(f) = M$,

2. 每个不稳定流形在 M 中稠密,

3. 每个稳定流形在 M 中稠密,

4. f 是拓扑传递的,

5. f 是拓扑混合的.

证明　我们说集合 A 在度量空间 (X, d) 内是 ε 稠密的, 如果对每个 $x \in X$, $d(x, A) < \varepsilon$.

$1 \Rightarrow 2$: 我们将证明对任意 $\varepsilon > 0$, 每个不稳定流形是 ε 稠密的. 由命题 5.10.2(3), 周期点稠密. 假设 $\varepsilon > 0$ 满足命题 5.10.1(7), 且周期点 $x_i, i = 1, \ldots, N$ 在 M 中形成一个 $\varepsilon/4$ 网. 令 P 是诸 x_i 的周期的积, 并令 $g = f^P$. 注意 g 的稳定和不稳定流形与 f 的稳定和不稳定流形相同.

引理 5.10.4　存在 $q \in \mathbb{N}$, 使得对某个 $y \in M, i, j$, 如果 $\mathrm{dist}(W^u(y), x_i) < \varepsilon/2$ 和 $\mathrm{dist}(x_i, x_j) < \varepsilon/2$, 那么对每个 $n \in \mathbb{N}$ 有 $\mathrm{dist}\,(g^{nq}(W^u(y)), x_i) < \varepsilon/2$ 和 $\mathrm{dist}\,(g^{nq}(W^u(y)), x_j) < \varepsilon/2$.

证明　由命题 5.10.2(3), 存在 $z \in W^u(y) \cap W^s_{C_p \varepsilon_p}(x_i)$. 因此, 对任何 $t \geqslant t_0$, $\mathrm{dist}\,(g^t(z), x_i) < \varepsilon/2$, 其中 t_0 依赖于 ε 但不依赖于 z. 由于 $\mathrm{dist}\,(g^t(z), x_j) < \varepsilon/2$, 由命题 5.10.2(3) 存在点 $w \in W^u(g^t(z)) \cap W^s_{C_p \varepsilon_p}(x_j)$. 因此对任何 $\tau \geqslant s_0$ 有 $\mathrm{dist}\,(g^\tau(w), x_j) < \varepsilon/2$, 它仅依赖于 ε 但不依赖于 w. 引理得证, 其中 $q = s_0 + t_0$.　　□

由于 M 是紧且连通的, 任何 x_i 与任何 x_j 可通过不多于 N 个周期点 x_k 的链相连接, 这些周期点的任何两个相继点之间的距离小于 $\varepsilon/2$. 由引理 5.10.4, 对任何 $y \in M$, $g^{Nq}(W^u(y))$ 是 M 中的 ε 稠密集. 因此, 对任何 $x = g^{-Nq}(y) \in M$, $W^u(x)$ 是 ε 稠密的. 从而 $W^u(x)$ 对每个 x 稠密. 改变时间方向得到 $1 \Rightarrow 3$.

引理 5.10.5　如果每个 (不) 稳定流形在 M 中稠密, 则对每个 $\varepsilon > 0$ 存在 $R = R(\varepsilon) > 0$, 使得每个 (不) 稳定流形中的每个半径为 R 的球在 M 中 ε 稠密.

证明　设 $x \in M$. 由于 $W^u(x) = \bigcup_R W^u_R(x)$ 稠密, 存在 $R(x)$ 使得 $W^u_{R(x)}(x)$ 是 $\varepsilon/2$ 稠密. 由于 W^u 是连续叶层, 存在 $\delta(x) > 0$, 使得 $W^u_{R(x)}(y)$ 对任何 $y \in B(x, \delta(x))$ 是 ε 稠密的. 由 M 的紧性, $\delta(x)$ 球的有限族 $\mathcal{B}$ 覆盖 M. $\mathcal{B}$ 中球的最大的 $R(x)$ 满足引理.　　□

$2 \Rightarrow 5$: 设 $U, V \subset M$ 是非空开集. 又设 $x, y \in M$ 和 $\delta > 0$, 使得 $W^s_\delta(x) \subset U$ 和 $B(y, \delta) \subset V$, 令 $R = R(\delta)$ (见引理 5.10.5). 由于 f 指数一致地扩张不稳定流形, 存在 $N \in \mathbb{N}$ 使得对 $n \geqslant N$, $f^n(W^s_\delta(x)) \supset W^u_R(f^n(x))$. 由引理 5.10.5, $f^n(U) \cap V \neq \varnothing$, 因此 f 是

拓扑混合的. $3 \Rightarrow 5$ 类似.

$1 \Rightarrow 3$ 由改变时间方向得到. 显然, $5 \Rightarrow 4$ 和 $4 \Rightarrow 1$. □

练习 5.10.1 证明 Anosov 微分同胚的稳定和不稳定流形形成叶层 (见 5.13 节).

练习 5.10.2 虽然 Anosov 微分同胚的稳定和不稳定分布一般不 Lipschitz 连续, 但下面的唯一性成立. 设 $\gamma(\cdot)$ 是可微曲线, 使得对每个 t 有 $\dot{\gamma}(t) \in E^s(\gamma(t))$. 证明 γ 位于一个稳定流形上.

5.11 公理 A 与结构稳定性

5.10 节的某些结果可以自然地推广到更宽一类的双曲动力系统. 整个这一节我们假设 f 是紧流形 M 上的一个微分同胚. 回忆非游荡点集 NW(f) 是闭且 f 不变的, 以及 $\overline{\text{Per}(f)} \subset$ NW(f).

微分同胚 f 满足 Smale 的公理 A, 如果集合 NW(f) 是双曲的, 且 $\overline{\text{Per}(f)} \subset$ NW(f). 第二个条件并不能从第一个得到. 由命题 5.3.3, 集合 Per(f) 于 f 在 NW(f) 上的限制的非游荡点集 NW$(f|_{\text{NW}(f)})$ 中稠密. 但是, 一般 NW$(f|_{\text{NW}(f)}) \neq$ NW(f) (练习 5.11.1, 练习 5.11.2).

对 f 的双曲周期点 p, 用 $W^s(O(p))$ 和 $W^u(O(p))$ 分别表示 p 的稳定和不稳定流形与它们的像的并. 如果 p 和 q 是双曲周期点, 当 $W^s(O(p))$ 和 $W^u(O(q))$ 有横截交点时记为 $p \leqslant q$. 关系 $\leqslant$ 是自反的. 由定理 5.7.2 得知 $\leqslant$ 又是传递的 (练习 5.11.3). 如果 $p \leqslant q$ 和 $q \leqslant p$, 我们记 $p \sim q$, 这时我们说 p 和 q 异宿相关. 关系 $\sim$ 是一个等价关系.

定理 5.11.1 (Smale 谱分解 [Sma67]) 如果 f 满足公理 A, 则存在 NW(f) 的唯一表示

$$\text{NW}(f) = \Lambda_1 \cup \Lambda_2 \cup \cdots \cup \Lambda_k,$$

它作为闭 f 不变集 (称为基本集) 的不相交并, 满足

1. 每个 Λ_i 是 f 的局部极大双曲集;

2. f 在每个 Λ_i 上是拓扑传递的; 以及

3. 每个 Λ_i 是闭集 $\Lambda_i^j, 1 \leqslant j \leqslant m_i$ 的不相交并, 微分同胚 f 循环地置换集合 Λ_i^j, 以及 f^{m_i} 在每个 Λ_i^j 上是拓扑混合的.

基本集合确切地是 $\sim$ 的等价类的闭包. 对两个基本集, 我们记 $\Lambda_i \leqslant \Lambda_j$, 如果存在周期点 $p \in \Lambda_i$ 和 $q \in \Lambda_j$ 使得 $p \leqslant q$.

设 f 满足公理 A. 我们说 f 满足强横截性条件, 如果对所有 $x, y \in \mathrm{NW}\,(f)$ (在所有公共点) $W^s(x)$ 与 $W^u(y)$ 横截相交.

定理 5.11.2 (结构稳定性定理) C^1 微分同胚是结构稳定的, 当且仅当它满足公理 A 和强横截性条件.

J. Robbin [Rob71] 证明满足公理 A 和强横截性条件的 C^2 微分同胚是结构稳定的. C. Robinson [Rob76] 将 C^2 减弱为 C^1. R. Mañé [Mañ88] 证明结构稳定的 C^1 微分同胚满足公理 A 和强横截性条件.

练习 5.11.1 给出满足 $\mathrm{NW}\,(f|_{\mathrm{NW}\,(f)}) \neq \mathrm{NW}\,(f)$ 的微分同胚 f 的例子.

练习 5.11.2 给出满足 $\mathrm{NW}\,(f)$ 是双曲的和 $\mathrm{NW}\,(f|_{\mathrm{NW}\,(f)}) \neq \mathrm{NW}\,(f)$ 的微分同胚 f 的例子.

练习 5.11.3 证明 $\leqslant$ 是传递关系.

练习 5.11.4 假设 f 满足公理 A. 证明 $\mathrm{NW}\,(f)$ 是局部极大双曲集.

5.12　Markov 分割

回忆 (第 1 章, 第 3 章) 动力系统相空间的分割诱导轨道的编码, 从而与子移位半共轭. 对双曲动力系统存在分割的特殊类——Markov 分割, 对此, 目标子移位是有限型子移位. 对紧流形 M 的微分同胚 f 的不变子集 Λ, Markov 分割 $\mathcal{P}$ 是对所有 i, j, k 满足下面条件的称为矩形的集 R_i 的族:

1. 每个 R_i 是它内点的闭包,
2. 如果 $i \neq j$, 则 $\mathrm{int}\,R_i \cap \mathrm{int}\,R_j = \varnothing$,
3. $\Lambda \subset \bigcup_i R_i$,

4. 如果对某个 $m \in \mathbb{Z}$, $f^m(\text{int } R_i) \cap \text{int } R_i \cap \Lambda \neq \varnothing$, 以及, 对某个 $n \in \mathbb{Z}$,

$$f^n(\text{int } R_j) \cap \text{int } R_k \cap \Lambda \neq \varnothing, \text{ 则 } f^{m+n}(\text{int } R_i) \cap \text{int } R_k \cap \Lambda \neq \varnothing.$$

最后这个条件保证对应 $\mathcal{P}$ 的子移位的 Markov 性质, 即将来对过去的独立性. 对双曲动力系统, 每个矩形在局部积结构 "换算子" $[x,y]$ 下是闭的, 即若 $x, y \in R_i$, 则 $[x,y] \in R_i$. 对 $x \in R_i$, 令 $W^s(x, R_i) = \bigcup_{y \in R_i}[x,y]$ 和 $W^u(x, R_i) = \bigcup_{y \in R_i}[y,x]$. 最后这个条件意味着, 如果 $x \in \text{int } R_i$ 和 $f(x) \in \text{int } R_j$, 则 $W^u(f(x), R_j) \subset f(W^u(x, R_i))$ 和 $W^s(x, R_i) \subset f^{-1}(W^s(f(x), R_j))$.

单位区间分割为 m 个区间 $[k/m, (k+1)/m)$ 的分割是扩张自同态 E_m 的 Markov 分割. 这时目标子移位是 m 个符号的全移位.

现在我们描述由 R. Adler 和 B. Weiss [AW67] 构造的通过矩阵

$$M = \begin{pmatrix} 2 & 1 \\ 1 & 1 \end{pmatrix}$$

给出的双曲环面自同构 $f = f_M$ 的 Markov 分割. 这个矩阵的特征值是 $(3 \pm \sqrt{5})/2$. 我们从代表环面 $\mathbb{T}^2$ 的单位正方形分割为如图 5.5 中的两个矩形开始: 由三部分 A_1, A_2, A_3 组成的 A, 和由两部分 B_1, B_2 组成的 B. 矩形的长边平行于大特征值 $(3 + \sqrt{5})/2$ 的特征方向, 短边平行于小特征值 $(3 - \sqrt{5})/2$ 的特征方向. 图 5.5 中等

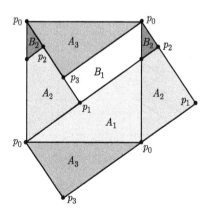

图 5.5 环面自同构 f_M 的 Markov 分割

同的点与区域用相同符号标记. A 和 B 的像如图 5.6 所示. 我们将
A 和 B 分割为 5 个子矩形 $\Delta_1, \Delta_2, \Delta_3, \Delta_4, \Delta_5$, 它们是 A 和 B 与
$f(A)$ 和 $f(B)$ 的交的连通分支. A 的像由 Δ_1, Δ_3' 和 Δ_4' 组成; B 的
像由 Δ_2' 和 Δ_5' 组成. 诸 Δ_i 平行于大特征值的特征方向的边界部
分称为稳定的; 平行于小特征值的特征方向的边界部分称为不稳定
的. 由构造, $\mathbb{T}^2$ 的分割 Δ 为 5 个矩形 Δ_i, 它们具有稳定边界的像
包含在稳定边界内以及不稳定边界的像包含在不稳定边界内的性
质 (练习 5.12.1). 换句话说, 对每个 i, j, 交 $\Delta_{ij} = \Delta_i \cap f(\Delta_j)$ 由一
个或者两个矩形组成, 这些矩形 "始终" 通过 Δ_i 伸长, 而且 Δ_{ij} 的
稳定边界包含在 Δ_i 的稳定边界内; 类似地, 交 $\Delta_{ij}^{-1} = \Delta_i \cap f^{-1}(\Delta_j)$
由一个或两个矩形组成, 这些矩形 "始终" 通过 Δ_i 伸长; Δ_{ij}^{-1} 的不
稳定边界包含在 Δ_i 的不稳定边界内. 设当 $f(\Delta_i) \cap \Delta_j$ 的内部非空
时 $a_{ij} = 1$, 否则 $a_{ij} = 0$, $i, j = 1, \ldots, 5$. 这定义邻接矩阵

$$A = \begin{pmatrix} 1 & 0 & 1 & 1 & 0 \\ 1 & 0 & 1 & 1 & 0 \\ 1 & 0 & 1 & 1 & 0 \\ 0 & 1 & 0 & 0 & 1 \\ 0 & 1 & 0 & 0 & 1 \end{pmatrix}.$$

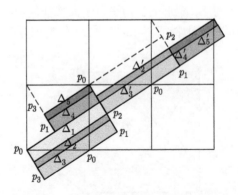

图 5.6　Markov 分割在 f_M 作用下的像

　　如果 $\omega = (\ldots, \omega_{-1}, \omega_0, \omega_1, \ldots)$ 是对这个邻接矩阵容许的无穷
序列, 则交 $\bigcap_{i=-\infty}^{\infty} f^{-i}(\Delta_{\omega_i})$ 恰由一点 $\phi(\omega)$ 组成; 由此得知, 存在连
续半共轭 $\phi : \Sigma_A \to \mathbb{T}^2$, 即 $f \circ \phi = \phi \circ \sigma$, 其中 σ 是 Σ_A 中的移位 (练

习 5.12.2). 反之, 设 B_0 是诸 Δ_i 边界的并, 令 $B = \bigcup_{i=-\infty}^{\infty} f^i(B_0)$. 对 $x \in \mathbb{T}^2 \backslash B$, 令 $\psi_i(x) = j$, 若 $f^i(x) \in \Delta_j$. 旅程序列 $(\psi_i(x))_{i=-\infty}^{\infty}$ 是 Σ_A 的一个元素, 而且 $\phi \circ \psi = \mathrm{Id}$ (练习 5.12.3).

在高维这个直接的几何构造就不能进行. 即使对双曲环面自同构, 边界也是无处可微的. 尽管如此, 如 R. Bowen 证明的 [Bow70], 任何一个局部极大的双曲集 Λ 有 Markov 分割 [Bow70], 这提供了一个从有限型子移位到 Λ 的半共轭.

练习 5.12.1 证明在 f_M 作用下稳定边界是向前不变的, 不稳定边界是向后不变的.

练习 5.12.2 对环面自同构 f_M, 证明沿着容许的无穷序列 ω, 矩形 Δ_i 的原像的交恰由一点组成. 证明存在从 $\sigma|_{\Sigma_A}$ 到环面自同构 f_M 的半共轭 ϕ.

练习 5.12.3 证明上面定义的映射 ψ 满足 $\psi(x) \in \Sigma_A$ 和 $\phi \circ \psi = \mathrm{Id}$.

练习 5.12.4 对线性马蹄 (1.8 节) 和螺线管 (1.9 节) 构造 Markov 分割.

5.13 附录: 微分流形

m 维 C^k 流形 M 是一个第二可数的 Hausdorff 拓扑空间, 它与 M 中的开集族 $\mathcal{U}$ 一起, 对每个 $U \in \mathcal{U}$, 从 U 到单位球 $B^m \subset \mathbb{R}^m$ 的同胚 ϕ_U 满足

1. $\mathcal{U}$ 是 M 的覆盖, 以及

2. 对 $U, V \in \mathcal{U}$, 如果 $U \cap V \neq \varnothing$, 映射 $\phi_U \circ \phi_V^{-1} : \phi_V(U \cap V) \to \phi_U(U \cap V)$ 是 C^k 的. 可取 $k \in \mathbb{N} \cup \{\infty, \omega\}$, 其中 C^ω 表示实解析函数类.

我们用 M^m 表示 M 有 m 维. 如果 $x \in M$ 以及 $U \in \mathcal{U}$ 包含 x, 则偶 (U, ϕ_U), $U \in \mathcal{U}$ 称为在 x 的坐标卡, ϕ_U 的 n 个分量函数 $x_1, \ldots, x_m$ 称为 U 上的坐标. 坐标卡族 $\{(U, \phi_U)\}_{U \in \mathcal{U}}$ 称为 M 上的图册. 注意对任何 $k \in \mathbb{N} \cup \{\infty, \omega\}$, $\mathbb{R}^m$ 的任何开子集是 C^k 流形.

如果 M^m 和 N^n 是 C^k 流形, 则连续映射 $f : M \to N$ 是 C^k 的, 如果对 M 上的任何坐标卡 (U, ϕ_U) 和 N 上的任何坐标卡

(V, ψ_V), 映射 $\psi_V \circ f \circ \phi_U^{-1} : \phi_U(U \cap f^{-1}(V)) \to \mathbb{R}^n$ 是 C^k 映射. 对 $k \geqslant 0$, 从 M 到 N 的 C^k 映射集记为 $C^k(M, N)$. 我们说函数序列 $f_n \in C^k(M, N)$ 收敛, 如果函数以及所有它们直到 k 阶的导数在紧集上一致收敛. 这在 $C^k(M, N)$ 上定义了一个拓扑, 称它为 C^k 拓扑.

令 $C^k(M) = C^k(M, \mathbb{R})$. M 的微分同胚组成 $C^k(M, M)$ 的子集, 记为 $\mathrm{Diff}^k(M)$.

M^m 上的 C^k 曲线是 C^k 映射 $\alpha : (-\varepsilon, \varepsilon) \to M$. α 在 $\alpha(0) = p$ 的切向量由线性映射 $v : C^1(M) \to \mathbb{R}$:

$$v(f) = \frac{d}{dt}\bigg|_{t=0} f(\alpha(t))$$

定义, 其中 $f \in C^1(M)$. 在 p 的切空间是所有在 p 的切向量组成的线性空间 $T_p M$.

假设 (U, ϕ) 是坐标函数为 $x_1, \ldots, x_m$ 的坐标卡, 令 $p \in U$. 对 $i = 1, \ldots, m$ 考虑曲线

$$\alpha_i^p(t) = \phi^{-1}(x_1(p), \ldots, x_{i-1}(p), x_i(p) + t, x_{i+1}(p), \ldots, x_m(p)).$$

定义 $(\partial/\partial x_i)_p$ 为 α_i^p 在 p 的切向量, 即对 $g \in C^1(M)$,

$$\left(\frac{\partial}{\partial x_i}\right)_p (g) = \frac{d}{dt}\bigg|_{t=0} g(\alpha_i^p(t)) = \left(\frac{\partial}{\partial x_i}(g \circ \phi)\right)_{\phi(p)}.$$

向量 $\partial/\partial x_i, i = 1, \ldots, m$ 在 p 线性无关, 且张成 $T_p M$. 特别地, $T_p M$ 是 m 维向量空间.

设 $f : M \to N$ 是 C^k 映射, $k \geqslant 1$. 对 $p \in M$, 切映射 $df_p : T_p M \to T_{f(p)} N$ 由 $df_p(v)(g) = v(g \circ f)$ 定义, 其中 $g \in C^1(N)$. 借助曲线, 如果 v 是 α 在 $p = \alpha(0)$ 的切线, 则 $df_p(v)$ 是 $f \circ \alpha$ 在 $f(p)$ 的切线.

M 的切丛 $TM = \bigcup_{x \in M} T_x M$ 是维数为 M 的二倍的 C^{k-1} 流形, 其坐标卡定义如下: 设 (U, ϕ_U) 是 M 上的坐标卡, $\phi_U = (x_1, \ldots, x_m) : U \to \mathbb{R}^m$. 对每个 i, 导数 dx_i 是 $TU = \bigcup_{p \in U} T_p M$ 到 $\mathbb{R}$ 并由 $dx_i(v) = v(x_i), v \in TU$ 定义的函数, 其中 $v \in TU$. 函数 $(x_1, \ldots, x_m, dx_1, \ldots, dx_m) : TU \to \mathbb{R}^{2m}$ 是 TU 上的坐标卡, 记为

$d\phi_U$. 注意, 如果 $y, w \in \mathbb{R}^m$, 则

$$d\phi_U \circ d\phi_V^{-1}(y, w) = (\phi_U \circ \phi_V^{-1}(y), d(\phi_U \circ \phi_V^{-1})_y(w)).$$

设 $\pi : TM \to M$ 是投影映射, 它将向量 $v \in T_pM$ 映到它的基点 p. M 上的 C^r 向量场 X 是 C^r 映射 $X : M \to TM$, 使得 $\pi \circ X$ 在 M 上是恒同映射. 我们记 $X_p = X(p)$.

设 M^m 和 N^n 是 C^k 流形. 我们说 M 是 N 的 C^k 子流形, 如果 M 是 N 的子集, 且包含映射 $i : M \to N$ 是 C^k 的, 而且对每个 $x \in M$ 有秩 m. 如果 M 的拓扑与子空间拓扑重合, 则 M 是嵌入子流形. 对每个 $x \in M$, 切空间 T_xM 与 T_xN 的子空间自然等同. 两个维数互补的子流形 $M_1, M_2 \subset N$ 在点 $p \in N_1 \cap N_2$ 横截相交 (或横截), 如果 $T_pN = T_pM_1 \oplus T_pM_2$.

微分流形 M 上的分布 E 是 k 维子空间 $E(x) \subset T_xM, x \in M$ 的族. 这个分布是 C^l 的, $l \geqslant 0$, 如果它局部地由 k 个 C^l 向量场张成.

假设 W 是将微分流形 M 分为 k 维 C^1 子流形的一个分割. 对 $x \in M$, 令 $W(x)$ 是包含 x 的子流形. 我们说 W 是具有 C^1 叶的 k 维连续叶层 (或简单说叶层), 如果每个 $x \in M$ 有邻域 U 与同胚 $h : B^k \times B^{m-k} \to U$, 使得

1. 对每个 $z \in B^{m-k}$, 集合 $h(B^k \times \{z\})$ 是 $W(h(0, z)) \cap U$ 包含 $h(0, z)$ 的连通分支, 以及

2. $h(\cdot, z)$ 是 C^1 的且在 C^1 拓扑下连续依赖 z.

偶 (U, h) 称为叶层坐标卡. 集合 $h(B^k \times \{z\})$ 称为局部叶 (或薄片), 集合 $h(\{y\} \times B^{m-k})$ 称为局部横截面. 对 $x \in U$, 我们用 $W_U(x)$ 表示包含 x 的局部叶. 更一般地, 微分子流形 $L^{m-k} \subset M$ 是横截的, 如果 L 横截于叶层的叶. 叶层的每个子流形 $W(x)$ 称为 W 的叶.

连续叶层 W 是 C^k 叶层, $k \geqslant 1$, 如果映射 h 可选择为 C^k 的. 例如, $\mathbb{T}^2$ 上斜率为常数的直线组成 C^∞ 叶层.

由叶层 W 定义的叶的切空间组成分布 $E = TW$. 分布 E 是可积的, 如果它是叶层的切线.

C^{k+1} 流形 M 上的 C^k Riemann 度量是由每个切空间中的正定对称双线性型 $\langle \, , \, \rangle_p$ 组成, 使得对任何 C^k 向量场 X 和 Y, 函数

$p \mapsto \langle X_p, Y_p \rangle_p$ 是 C^k 的. 对每个 $v \in T_pM$ 记 $\|v\| = (\langle v, v \rangle_p)^{1/2}$. 如果 $\alpha : [a, b] \to M$ 是可微曲线, 定义 α 的长度为 $\displaystyle\int_a^b \|\dot\alpha(s)\| ds$. M 中两点之间的 (内蕴) 距离 d 定义为 M 中连接这两点的可微曲线长度的下确界.

C^k Riemann 流形是具有 C^k Riemann 度量的 C^{k+1} 流形. 我们用 T^1M 记在 Riemann 流形 M 内长度为 1 的切向量集合.

Riemann 流形支持的自然测度称为 Riemann 体积. 粗略地讲, 允许用 Riemann 度量计算可微映射的 Jacobi, 因此, 允许我们按无坐标方法定义积分.

如果 X 是拓扑空间, (Y, d) 是具度量 d 的度量空间, $C(X, Y)$ 上的度量 dist_0 定义为

$$\mathrm{dist}_0(f, g) = \min\left\{1, \sup_{x \in X} \max\{d(f(x), g(x))\}\right\}.$$

如果 X 是紧的, 则由这个度量诱导紧集上的一致收敛的拓扑. 如果 X 不是紧的, 这个度量诱导较细的拓扑. 例如, $C((0, 1), \mathbb{R})$ 中的函数序列 $f_n(x) = x^n$ 在紧集上在一致收敛的拓扑下收敛于 0, 但它在度量 dist_0 下不收敛. 紧集上的一致收敛的拓扑可度量化, 即使对非紧集也是, 不过我们用不到这个度量.

如果 M^m 和 N^n 是 C^1 Riemann 流形, 我们在 $C^1(M, N)$ 上定义距离函数 dist_1 如下: N 上的 Riemann 度量诱导切丛 TN 上的度量 (距离函数), 使得 TN 成为一个度量空间. 对 $f \in C^1(M, N)$, f 的导数给出 M 的单位切丛上的映射 $df : T^1M \to TN$. 令 $\mathrm{dist}_1(f, g) = \mathrm{dist}_0(df, dg)$. 如果 M 紧, 则由这个度量诱导的拓扑是 C^1 拓扑.

微分流形 M 是微分流形 N 上具有纤维 F 和 (可微) 投影 $\pi : M \to N$ 的 (可微) 纤维丛, 如果对每个 $x \in N$ 存在邻域 $V \ni x$, 使得 $\pi^{-1}(V)$ 微分同胚于 $V \times F$, 且 $\pi^{-1}(y) \cong y \times F$. 同胚 $f : M \to M$ 是同胚 $g : N \to N$ 上的扩张或斜积, 如果 $\pi \circ f = g \circ \pi$, 这时 g 称为 f 的一个因子.

第 6 章 Anosov 微分同胚的遍历性

本章的目的是建立保体积的 Anosov 微分同胚的遍历性 (定理 6.3.1). D. Anosov [Ano69] 第一个得到这个结果 (也可见 [AS67]), 它显示双曲性对动力系统的遍历性质有着很强的联系. 此外, 由于 Anosov 微分同胚的小扰动也是 Anosov 的 (命题 5.10.2), 这给出遍历微分同胚的开集.

我们的证明改进了 [Ano69] 和 [AS67] 的论述. 它是基于称为 *Hopf* 论证的古典方法. 首先我们注意到, 任何一个 f 不变函数在稳定和不稳定流形上是常数 mod 0 (引理 6.3.2). 由于这些流形具有互补的维数, 就可期望利用 Fubini 定理得到这个函数是常数 mod 0, 从而可得到遍历性. 然而, 其主要困难是, 虽然稳定和不稳定流形是可微的, 但它们不需要可微地依赖它们通过的点, 即使 f 是实解析的. 因此, 由稳定和不稳定叶层定义的局部积结构并不能得到可微的坐标系, 从而不能应用通常的 Fubini 定理. 而我们建立的称为绝对连续性的稳定和不稳定叶层的性质可导致用 Fubini 定理.

稳定和不稳定流形不改变可微性的原因是它们分别依赖于无穷的将来与过去.

6.1   稳定与不稳定分布的 Hölder 连续性

对子空间 $A \subset \mathbb{R}^N$ 和向量 $v \in \mathbb{R}^N$, 令

$$\text{dist}(v, A) = \min_{w \in A} ||v - w||.$$

对 $\mathbb{R}^N$ 中的子空间 A, B, 定义

$$\text{dist}(A, B) = \max \left(\max_{v \in A, ||v||=1} \text{dist}(v, B), \quad \max_{w \in A, ||w||=1} \text{dist}(w, A) \right).$$

用下面的引理可证明各种动力系统的不变分布的 Hölder 连续性. 我们的目标是讨论由 Anosov 第一个建立的 Anosov 微分同胚的稳定和不稳定分布的 Hölder 连续性 [Ano67]. 我们仅考虑稳定分布, 不稳定分布的 Hölder 连续性可由改变时间方向得到.

引理 6.1.1   设 $L_n^i : \mathbb{R}^N \to \mathbb{R}^N, i = 1, 2, n \in \mathbb{N}$ 是两个线性映射序列. 假设对某个 $b > 0$ 和 $\delta \in (0, 1)$, 以及每个正整数 n, 有

$$||L_n^1 - L_n^2|| \leqslant \delta b^n.$$

又假设存在两个子空间 $E^1, E^2 \subset \mathbb{R}^N$ 和正常数 $C > 1$ 与 $\lambda < \mu, \lambda < b$, 使得

$$||L_n^i v|| \leqslant C \lambda^n ||v||, \quad \text{若 } v \in E^i,$$

$$||L_n^i w|| \geqslant C^{-1} \mu^n ||w||, \quad \text{若 } w \perp E^i.$$

那么

$$\text{dist}(E^1, E^2) \leqslant 3C^2 \frac{\mu}{\lambda} \delta^{(\log \mu - \log \lambda)(\log b - \log \lambda)}.$$

证明   令 $K_n^1 = \{v \in \mathbb{R}^N : ||L_n^1 v|| \leqslant 2C\lambda^n ||v||\}$. 设 $v \in K_n^1$. 记 $v = v^1 + v_\perp^1$, 其中 $v^1 \in E^1$ 和 $v_\perp^1 \perp E^1$. 于是

$$||L_n^1 v|| = ||L_n^1 (v^1 + v_\perp^1)||$$

$$\geqslant ||L_n^1 v_\perp^1|| - ||L_n^1 v^1||$$

$$\geqslant C^{-1} \mu^n ||v_\perp^1|| - C \lambda^n ||v^1||,$$

因此,

$$||v_\perp^1|| \leqslant C\mu^{-n}(||L_n^1 v|| + C\lambda^n||v^1||) \leqslant 3C^2\left(\frac{\lambda}{\mu}\right)^n ||v||.$$

由此得知

$$\mathrm{dist}(v, E^1) \leqslant 3C^2\left(\frac{\lambda}{\mu}\right)^n ||v||. \tag{6.1}$$

令 $\gamma = \lambda/b < 1$. 存在唯一非负整数 k, 使得 $\gamma^{k+1} < \delta \leqslant \gamma^k$. 设 $v^2 \in E^2$, 于是

$$||L_k^1 v^2|| \leqslant ||L_k^2 v^2|| + ||L_k^1 - L_k^2|| \cdot ||v^2||$$
$$\leqslant C\lambda^k||v^2|| + b^k\delta||v^2||$$
$$\leqslant (C\lambda^k + (b\gamma)^k)||v^2|| \leqslant 2C\lambda^k|v^2||.$$

由此得知 $v^2 \in K_k^1$, 因此 $E^2 \subset K_k^1$. 由对称性, $E^1 \subset K_k^2$. 由 (6.1) 和 k 的选择,

$$\mathrm{dist}(E^1, E^2) \leqslant 3C^2\left(\frac{\lambda}{\mu}\right)^k \leqslant 3C^2\frac{\mu}{\lambda}\delta^{(\log\mu - \log\lambda)/(\log b - \log\lambda)}. \qquad \square$$

引理 6.1.2 设 f 是紧 C^2 子流形 $M \subset \mathbb{R}^N$ 的一个 C^2 微分同胚. 那么对每个 $n \in \mathbb{N}$ 和所有 $x, y \in M$,

$$||df_x^n - df_y^n|| \leqslant b^n \cdot ||x - y||,$$

其中 $b = \max\limits_{z \in M}||df_z||(1 + \max\limits_{z \in M}||d_z^2 f||)$.

证明 令 $b_1 = \max\limits_{z \in M}||df_z|| \geqslant 1$ 和 $b_2 = \max\limits_{z \in M}||d_z^2 f||$, 故 $b = b_1(1 + b_2)$. 注意到对所有 $x, y \in M$, 有 $||f^n(x) - f^n(y)|| \leqslant (b_1)^n||x - y||$. 显然对 $n = 1$ 引理成立. 由归纳法我们有

$$||df_x^{n+1} - df_y^{n+1}|| \leqslant ||df_{f^n(x)}|| \cdot ||df_x^n - df_y^n||$$
$$+ ||df_{f^n(x)} - df_{f^n(y)}|| \cdot ||df_y^n||$$
$$\leqslant b_1 b^n||x - y|| + b_2 b_1^n||x - y||b_1$$
$$\leqslant b^{n+1}||x - y||. \qquad \square$$

设 M 是 $\mathbb{R}^N$ 中的嵌入流形, 又假设 E 是 M 上的分布. 我们说 E 是 *Hölder* 连续的, *Hölder* 指数为 $\alpha \in (0, 1]$, *Hölder* 常数为 L, 如果对所有满足 $\|x - y\| \leqslant 1$ 的 $x, y \in M$,

$$\mathrm{dist}(E(x), E(y)) \leqslant L \cdot \|x - y\|^{\alpha}.$$

我们可以通过沿着附近点的测地线平行移动到指定的切空间, 来定义抽象 Riemann 流形上的分布的 Hölder 连续性. 但是对紧流形 M, 只需对 $\mathbb{R}^N$ 中 M 的某个嵌入考虑 Hölder 连续性. 这是因为在紧流形 M 上任何两个 Riemann 度量之比有上下界. 因此 M 上内蕴距离函数和外在距离函数之间的比可通过 $\mathbb{R}^N$ 到 M 的限制距离得到. 从而 Hölder 指数与 Riemann 度量和嵌入都无关, 但 Hölder 常数会改变. 因此, 不失一般性, 为了在这一节和下面的论述中简单起见, 我们只处理 $\mathbb{R}^N$ 中的嵌入流形.

定理 6.1.3　设 M 是紧 C^2 流形, $f : M \to M$ 是 C^2 Anosov 微分同胚. 假设 $0 < \lambda < 1 < \mu$ 和 $C > 0$, 使得对所有 $x \in M, v^s \in E^s(x), v^u \in E^u(x)$ 和 $n \in \mathbb{N}$, 有 $\|df_x^n v^s\| \leqslant C\lambda^n \|v^s\|$ 与 $\|df_x^n v^u\| \geqslant C\mu^n \|v^u\|$. 令 $b = \max\limits_{z \in M} \|df_z\| (1 + \max\limits_{z \in M} \|d_z^2 f\|)$. 那么稳定分布 E^s 是 Hölder 连续的, 指数为 $\alpha = (\log \mu - \log \lambda)/(\log b - \log \lambda)$.

证明　如上面指出的, 可以假设 M 是 $\mathbb{R}^N$ 中的嵌入. 对 $x \in M$, 令 $E^{\perp}(x)$ 表示 $\mathbb{R}^N$ 中切平面 $T_x M$ 的正交补. 由于 $E^{\perp}$ 是光滑分布, 只需在 M 上证明 $E^s \oplus E^{\perp}$ 的 Hölder 连续性.

由于 M 是紧的, 存在常数 $\overline{C} > 1$, 使得对任何 $x \in M$, 若 $v \in T_x M$ 垂直于 E^s, 则 $\|df_x^n v\| \geqslant \overline{C}^{-1} \mu^n \|v\|$.

对 $x \in M$, 通过令 $L(x)|_{E^{\perp}(x)} = 0$ 和 $L_n(x) = L(f^{n-1}(x)) \circ \cdots \circ L(f(x)) \circ L(x)$ 将 df_x 扩张到线性映射 $L(x) : \mathbb{R}^N \to \mathbb{R}^N$. 注意, $L_n(x)|_{T_x M} = df_x^n$.

固定 $x_1, x_2 \in M$ 使得 $\|x_1 - x_2\| < 1$. 由引理 6.1.2, 引理 6.1.1 的条件满足, 其中 $L_n^i = L_n(x_i)$ 和 $E^i = E^s(x_i), i = 1, 2$, 定理得证.

$\square$

练习 6.1.1　设 $\beta \in (0, 1]$, M 是一个紧 $C^{1+\beta}$ 流形, 即坐标函数的一阶导数是 Hölder 连续的, 指数为 β. 设 $f : M \to M$ 是 $C^{1+\beta}$ Anosov 微分同胚. 证明 f 的稳定和不稳定分布 Hölder 连续.

6.2 稳定与不稳定叶层的绝对连续性

设 M 是 n 维光滑流形. 我们回忆 (5.13 节), 具有 C^1 叶的 k 维连续叶层 W 是将 M 划分为 C^1 子流形 $W(x) \ni x$ 的分割, 它在 C^1 拓扑下局部连续依赖于 $x \in M$. 用 m 记 M 的 Riemann 体积, m_N 记 C^1 子流形 N 中诱导的 Riemann 体积. 注意, 每个叶 $W(x)$ 和每个横截面携带一个诱导的 Riemann 体积.

设 (U, h) 是 M 上的一个叶层坐标卡 (5.13 节), $L = h(\{y\} \times B^{n-k})$ 是 C^1 局部横截面. 叶层 W 称为绝对连续, 如果对任何这样的 L 和 U 存在正可测函数 $\delta_x : W_U(x) \to \mathbb{R}$ (称为条件密度) 的可测族, 使得对任何可测子集 $A \subset U$,

$$m(A) = \int_L \int_{W_U(x)} \mathbf{1}_A(x, y) \delta_x(y) dm_{W(x)}(y) dm_L(x).$$

注意条件密度是自动可积的.

命题 6.2.1 设 W 是 Riemann 流形 M 的绝对连续叶层, $f : M \to \mathbb{R}$ 是可测函数. 假设存在测度为 0 的集合 $A \subset M$, 使得对每个叶 $W(x)$, f 在 $W(x) \backslash A$ 上为常数.

那么 f 在几乎每个叶上是本质常数, 即对任何横截面 L, 函数 f 对 m_L-几乎每个 $x \in L$ 是 $m_{W(x)}$ 本质常数.

证明 由绝对连续性得知, 对 m_L-几乎每个 $x \in L$ 有 $m_{W(x)}(A \cap W(x)) = 0$. □

稳定和不稳定叶层的绝对连续性是我们为了证明 Anosov 微分同胚的遍历性所需的性质. 然而, 我们将证明更强的性质, 称为横截绝对连续性, 见命题 6.2.2.

设 W 是 M 的叶层, (U, h) 是叶层坐标卡. 设 $L_i = h(\{y_i\} \times B^{m-k})$, 对 $y_i \in B^k, i = 1, 2$. 用 $p(h(y_1, z)) = h(y_2, z), z \in B^{m-k}$ 定义同胚 $p : L_1 \to L_2$, p 称为完整映射 (见图 6.1). 叶层 W 是横截绝对连续的, 如果对任何叶层坐标卡和任何如上的横截面 L_i, 完整映射 p 绝对连续, 即如果存在正可测函数 $q : L_1 \to \mathbb{R}$ (称为 p 的 Jacobi), 使得对任何可测子集 $A \subset L_1$,

$$m_{L_2}(p(A)) = \int_{L_1} \mathbf{1}_A q(z) dm_{L_1}(z).$$

如果 Jacobi q 在 L_1 的紧子集上有界, 则称 W 有有界 Jacobi 的横截绝对连续.

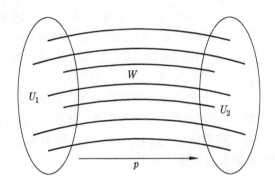

图 6.1　叶层 W 和横截面 U_1 与 U_2 的完整映射 p

命题 6.2.2　如果 W 是横截绝对连续的, 则它绝对连续.

证明　设 L 和 U 如绝对连续叶层定义中的, $x \in L$, F 是 $(n-k)$ 维 C^1 叶层, 使得 $F(x) \supset L, F_U(x) = L$, 以及 $U = \bigcup_{y \in W_U(x)} F_U(y)$, 见图 6.2. 显然, F 绝对连续和横截绝对连续. 设 $\bar{\delta}_y(\cdot)$ 表示 F 的条件密度. 由于 F 是 C^1 叶层, $\bar{\delta}$ 是连续的, 因此可测. 对任何可测集

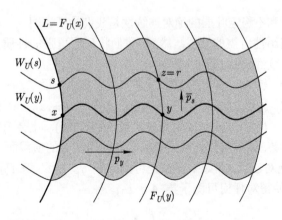

图 6.2　W 和 F 的完整映射

$A \subset U$, 由 Fubini 定理,

$$m(A) = \int_{W_U(x)} \int_{F_U(x)} \mathbf{1}_A(y,z)\bar{\delta}_y(z) dm_{F(y)}(z) dm_{W(x)}(y). \quad (6.2)$$

设 p_y 表示沿着 W 的叶从 $F_U(x) = L$ 到 $F_U(y)$ 的完整映射, $q_y(\cdot)$ 表示 p_y 的 Jacobi. 于是有

$$\int_{F_U(y)} \mathbf{1}_A(y,z)\bar{\delta}_y(z) dm_{F(y)}(z) = \int_L \mathbf{1}_A(p_y(s)) q_y(s)\bar{\delta}_y(p_y(s)) dm_L(s),$$

改变 (6.2) 中关于积测度积分的积分次序, 得到

$$m(A) = \int_L \int_{W_U(x)} \mathbf{1}_A(p_y(s)) q_y(s)\bar{\delta}_y(p_y(s)) dm_{W(x)}(y) dm_L(s). \quad (6.3)$$

类似地, 设 $\bar{p}_s$ 表示沿着 F 的叶从 $W_U(x)$ 到 $W_U(s), s \in L$ 的完整映射, 令 $\bar{q}_s$ 表示 $\bar{p}_s$ 的 Jacobi. 利用变量变换 $r = p_y(s), y = \bar{p}_s^{-1}(r)$, 将 $W_U(x)$ 上的积分变换成 $W_U(s)$ 上的积分, 得到

$$\int_{W_U(x)} \mathbf{1}_A(p_y(s)) q_y(s)\bar{\delta}_y(p_y(s)) dm_{W(x)}(y)$$
$$= \int_{W_U(x)} \mathbf{1}_A(r) q_y(s)\bar{\delta}_y(r)\bar{q}_s^{-1}(r) dm_{W(s)}(r).$$

由最后这个公式与 (6.3) 一起得到 W 的绝对连续性. □

命题 6.2.2 的逆一般不成立 (练习 6.2.2).

引理 6.2.3 设 $(X, \mathfrak{A}, \mu)$, $(Y, \mathfrak{B}, \nu)$ 是两个具有 Borel σ 代数和 σ 加性测度的紧量空间, $p_n : X \to Y, n = 1, 2, \ldots$ 和 $p : X \to Y$ 为连续映射, 使得

1. 每个 p_n 和 p 同胚于它们的像,
2. $n \to \infty$ 时 p_n 一致收敛于 p,
3. 存在常数 J, 使得对每个 $A \in \mathfrak{A}$ 有 $\nu(p_n(A)) \leqslant J\mu(A)$.

那么, 对每个 $A \in \mathfrak{A}$ 有 $\nu(p(A)) \leqslant J\mu(A)$.

证明 只需对 X 中的任意开球 $B_r(x)$ 证明论断. 如果 $\delta < r$, 则对足够大的 n 有 $p(B_{r-\delta}(x)) \subset p_n(B_r(x))$, 因此, $\nu(p(B_{r-\delta}(x))) \leqslant \nu(p_n(B_r(x))) \leqslant J\mu(B_r(x))$. 注意, 现在当 $\delta \searrow 0$ 时有 $\nu(p(B_{r-\delta}(x)))$ $\nearrow \nu(p(B_r(x)))$. □

对子空间 $A, B \subset \mathbb{R}^N$, 令

$$\Theta(A, B) = \min\{\|v - w\| : v \in A, \|v\| = 1; w \in B, \|w\| = 1\}.$$

对 $\theta \in [0, \sqrt{2}]$, 如果 $\Theta(A, B) \geqslant \theta$, 就说子空间 $A \subset \mathbb{R}^N$ 与子空间 $B \subset \mathbb{R}^N$ 是 θ 横截的.

引理 6.2.4　设 $\hat{E}$ 是 $\mathbb{R}^N$ 紧子集上的 k 维光滑分布. 那么对每个 $\xi > 0$ 和 $\varepsilon > 0$ 存在 $\delta > 0$ 具有如下性质. 假设 $Q_1, Q_2 \subset \mathbb{R}^N$ 是具有光滑完整映射 $\hat{p} : Q_1 \to Q_2$ 的 $(N-k)$ 维 C^1 子流形, 使得对每个 $x \in Q_1$ 有 $\hat{p}(x) \in Q_2, \hat{p}(x) - x \in \hat{E}(x), \Theta(T_x Q_1, \hat{E}(x)) \geqslant \xi, \Theta(T_{\hat{p}(x)} Q_2, \hat{E}(x)) \geqslant \xi, \text{dist}(T_x Q_1, T_{\hat{p}(x)} Q_2) \leqslant \delta$, 和 $\|\hat{p}(x) - x\| \leqslant \delta$. 那么 $\hat{p}$ 的 Jacobi 不超过 $1 + \varepsilon$.

证明　由于只有 Q_1 和 Q_2 的一阶导数影响 $\hat{p}$ 在 $x \in Q_1$ 的 Jacobi, 它等于完整映射 $\tilde{p} : T_x Q_1 \to T_{\hat{p}(x)} Q_2$ 沿着 $\hat{E}$ 在 x 的 Jacobi. 利用适当的线性变换 L (它的行列式仅依赖于 ξ) 变换到 $\mathbb{R}^N$ 中的新坐标 (u, v), 并对所有对象在 L 作用下的像利用相同记号, 可假设 (a) $x = (0, 0)$, (b) $T_{(0,0)} Q_1 = \{v = 0\}$, (c) $p(x) = (0, v_0)$, 其中 $\|v_0\| = \|\hat{p}(x) - x\|$, (d) $T_{(0,v_0)} Q_2$ 由方程 $v = v_0 + Bu$ 给出, 其中 B 是 $k \times (N-k)$ 矩阵, 它的范数仅依赖于 δ, 以及 (e) $\hat{E}(0,0) = \{u = 0\}$, $\hat{E}(w, 0)$ 由方程 $u = w + A(w)v$ 给出, 其中 $A(w)$ 是 $(N-k) \times k$ 矩阵, 它关于 w 是 C^1 的且 $A(0) = 0$.

$(w, 0)$ 在 $\hat{p}$ 作用下的像是平面 $v = v_0 + Bu$ 和平面 $u = w + A(w)v$ 的交点. 因为借助 ξ, B 的范数上有界, 故只需估计在 $w = 0$ 的导数 $\partial u / \partial w$ 的行列式. 将第一个方程代入第二个方程, 得到

$$u = w + A(w)v_0 + A(w)Bu;$$

关于 w 微分得到

$$\frac{\partial u}{\partial w} = I + \frac{\partial A(w)}{\partial w} v_0 + \frac{\partial A(w)}{\partial w} Bu + A(w)B\frac{\partial u}{\partial w};$$

对 $w = 0$ (利用 $u(0) = 0$ 和 $A(0) = 0$) 得到

$$\frac{\partial u}{\partial w}\bigg|_{w=0} = I + \frac{\partial A(w)}{\partial w}\bigg|_{w=0} v_0. \qquad \square$$

定理 6.2.5 C^2 Anosov 微分同胚的稳定和不稳定叶层是横截绝对连续的.

证明 设 $f : M \to M$ 是具有稳定和不稳定分布 E^s 和 E^u、双曲性常数为 C 和 $0 < \lambda < 1 < \mu$ 的一个 C^2 Anosov 微分同胚. 我们证明稳定叶层 W^s 的绝对连续性. 不稳定叶层 W^u 的绝对连续性由改变时间方向得到. 为了证明这个定理, 我们通过有一致有界的 Jacobi 的连续映射一致逼近完整映射.

如同定理 6.1.3 的证明, 假设 M 是 $\mathbb{R}^N$ 中的紧子流形 [Hir94], 用 $T_x M^\perp$ 表示 $T_x M$ 在 $\mathbb{R}^N$ 中的正交补. 令 $\hat{E}^s$ 是逼近连续分布 $\tilde{E}^s(x) = E^s(x) \oplus T_x M^\perp$ 的光滑分布.

引理 6.2.6 对每个 $\theta > 0$, 存在常数 $C_1 > 0$, 使得对每个 $x \in M$, 每个与 $E^u(x)$ 有相同维数且 θ-横截 $E^s(x)$ 的子空间 $H \subset T_x M$, 以及对每个 $k \in \mathbb{N}$,

1. 对每个 $v \in H$ 有 $\|df_x^k v\| \geqslant C_1 \mu^k \|v\|$,
2. $\mathrm{dist}(df_x^k H, df_x^k E^u(x)) \leqslant C_1 \left(\dfrac{\lambda}{\mu} \right)^k \mathrm{dist}(H, E^u(x))$.

证明 练习 6.2.3. $\qquad\qquad\qquad\qquad\qquad\qquad\qquad\qquad$ □

由 M 的紧性, 存在 $\theta_0 > 0$, 使得对每个 $x \in M$ 有 $\Theta(E^s(x), E^u(x)) \geqslant \theta_0$. 又由紧性存在 M 的由稳定叶层 W^s 的有限个叶层坐标卡 $(U_i, h_i), i = 1, \ldots, l$ 的覆盖. 由此得知存在正常数 ε 和 δ, 使得每个 $y \in M$ 包含在具有下面性质的坐标卡 U_j 内: 如果 L 是 U_j 的紧连通子流形, 使得

1. L 与 U_j 的每个局部稳定叶横截相交,
2. 对所有 $z \in L$ 有 $\Theta(T_z L, E^s) > \theta_0/3$, 以及
3. $\mathrm{dist}(y, L) < \delta$,

则对任何满足 $\mathrm{dist}(E, E^s(y) \oplus T_y M^\perp) < \varepsilon$ 的子集 $E \subset \mathbb{R}^n$, 仿射平面 $y + E$ 与 L 横截相交于单个点 z_y, 且 $\|y - z_y\| < 6\delta/\theta_0$.

设 (U, h) 是叶层坐标卡, L_1, L_2 在 U 中与完整映射 $p : L_1 \to L_2$ 局部横截相交. 定义映射 $\hat{p} : f^n(L_1) \to f^n(L_2)$ 如下: 对 $x \in L_1$, 设 $\hat{p}(f^n(x))$ 是仿射平面 $f^n(x) + \hat{E}(f^n(x))$ 与 $f^n(L_2)$ 的唯一交点, 沿着 $f^n(L_2)$ 它是最接近于 $f^n(p(x))$ 的点 (注意也可能存在几个这样的交点). 由引理 6.2.6 和上一节的说明映射 $\hat{p}$ 有定义.

对 $x \in L_1$, 令 $p_n(x) = f^{-n}(\hat{p}(f^n(x)))$. 设 $x_1 \in L_1, x_2 = p_n(x_1)$, 并令 $y_i = f^n(x_i)$; 见图 6.3. 注意到

$$\mathrm{dist}(f^k(x_1), f^k(p(x_1))) \leqslant C\lambda^k \mathrm{dist}(x_1, p(x_1)), \quad k = 0, 1, 2, \ldots.$$
$$(6.4)$$

假设 $\hat{E}^s$ 是 C^0-足够接近于 $\tilde{E}^s$, 就是说, 由引理 6.2.6 它一致横截于 $f^n(L_1)$ 和 $f^n(L_2)$. 因此, 存在 $C_2 > 0$ 使得

$$\mathrm{dist}(\hat{p}(f^n(x_1)), f^n(p(x_1))) \leqslant C_2 \mathrm{dist}(f^n(x_1), f^n(p(x_1)))$$
$$\leqslant C_2 C \lambda^n \mathrm{dist}(x_1, p(x_1)).$$

从而, 由 (6.4) 和引理 6.2.6,

$$\mathrm{dist}(p_n(x_1), p(x_1)) \leqslant \frac{C_2 C}{C_1} \left(\frac{\lambda}{\mu}\right)^n \mathrm{dist}(x_1, p(x_1)), \qquad (6.5)$$

因此, 当 $n \to \infty$ 时 p_n 一致收敛于 p.

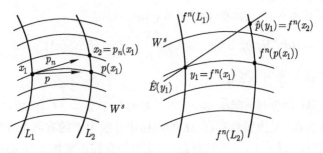

图 6.3　逼近映射 p_n 的构造

比较 (6.4) 和 (6.5), 得到

$$\mathrm{dist}(f^k(x_1), f^k(x_2)) \leqslant \mathrm{dist}(f^k(x_1), f^k(p(x_1)))$$
$$+ \mathrm{dist}(f^k(p(x_1)), f^k(x_2))$$
$$\leqslant C_3 \lambda^k. \qquad (6.6)$$

设 $J(f^k(x_i))$ 是 $\tilde{f}$ 沿着切平面 $T_i^k(x_i) = T_{f^k(x_i)} L_i, i = 1, 2, k = 0, 1, 2, \ldots$ 方向的 Jacobi. 我们也用 Jac_{p_n} 表示 p_n 的 Jacobi, $\mathrm{Jac}_{\hat{p}}$ 为 $\hat{p}: f^n(L_1) \to f^n(L_2)$ 的 Jacobi, 由引理 6.2.4 它一致有界. 于是

$$\mathrm{Jac}_{p_n}(x_1) = \prod_{k=0}^{n-1} (J(f^k(x_2)))^{-1} \cdot \mathrm{Jac}_{\hat{p}}(f^n(x_1)) \cdot \prod_{k=0}^{n-1} (J(f^k(x_1))).$$

为了得到 Jac_{p_n} 一致有界, 需要估计上面的量

$$P = \prod_{k=0}^{n-1}(J(f^k(x_1))/J(f^k(x_2))).$$

由定理 6.1.3, 引理 6.2.6 和 (6.6), 对某个 $C_4, C_5, C_6 > 0$ 和 $\bar{\alpha}$,

$$\begin{aligned}
\mathrm{dist}(T_1^k(x_1), T_2^k(x_2)) &\leqslant \mathrm{dist}(T_1^k(x_1), \tilde{E}^u(f^k(x_1))) \\
&\quad + \mathrm{dist}(\tilde{E}^u(f^k(x_1)), \tilde{E}^u(f^k(x_2))) \\
&\quad + \mathrm{dist}(T_2^k(x_2), \tilde{E}^u(f^k(x_2))) \\
&\leqslant 2C_1\left(\frac{\lambda}{\mu}\right)^k + C_4(\mathrm{dist}(f^k(x_1), f^k(x_2)))^\alpha \\
&\leqslant 2C_1\left(\frac{\lambda}{\mu}\right)^k + C_5\lambda^{\alpha k} \leqslant C_6\lambda^{\alpha k}. \qquad (6.7)
\end{aligned}$$

由于 f 是 C^2 微分同胚, 它的导数 Lipschitz 连续, 以及 Jacobi $J(f^k(x_1))$ 和 $J(f^k(x_2))$ 有界异于 0 和 ∞. 因此, 由 (6.7) 得知 $|J(f^k(x_1)) - J(f^k(x_2))|/|J(f^k(x_2))| < C_7\lambda^{\alpha k}$. 从而积 P 收敛且有界. $\qquad\square$

练习 6.2.1 设 W 是 M 的 k 维叶层, L 是在 $x \in M$ 与 W 局部横截的 $(n-k)$ 维叶层, 即 $T_xM = T_xW(x) \oplus T_xL$. 证明存在邻域 $U \ni x$ 和 C^1 坐标卡 $w: B^k \times B^{n-k} \to U$, 使得 $L \cap U$ 包含 x 的连通分支是 $w(0, B^{n-k})$, 以及存在 C^1 函数 $f_y: B^k \to B^{n-k}, y \in B^{n-k}$ 具有下述性质:

(i) 在 C^1 拓扑下 f_y 连续依赖于 y,

(ii) $w(\mathrm{graph}(f_y)) = W_U(w(0, y))$.

练习 6.2.2 给出叶层绝对连续但不横截绝对连续的例子.

练习 6.2.3 证明引理 6.2.6.

练习 6.2.4 设 $W_i, i = 1, 2$ 是光滑流形 M 上的两个维数为 k_i 的横截叶层, 即对每个 $x \in M$ 有 $T_xW_1(x) \cap T_xW_2(x) = \{0\}$. 叶层 W_1 和 W_2 称为可积的, 如果存在 $(k_1 + k_2)$ 维叶层 W (称为 W_1 和 W_2 的积分壳), 使得对每个 $x \in M$ 有 $W(x) = \bigcup_{y \in W_1(x)} W_2(y) = \bigcup_{y \in W_2(x)} W_1(y)$.

设 W_1 是一个 C^1 叶层, W_2 是一个绝对连续叶层, 又假设 W_1 和 W_2 可积, 积分壳为 W. 证明 W 是绝对连续的.

6.3　遍历性证明

下面定理 6.3.1 的证明是按照 E. Hopf 对可变负曲率紧曲面上的测地流的遍历性论述的主要思想.

我们说在可微 Riemann 流形 M 上的测度 μ 是光滑的, 如果它关于 Riemann 体积 m 有连续密度 q, 即对每个有界 Borel 集 $A \subset M$, 有 $\mu(A) = \int_A q(x)dm(x)$.

定理 6.3.1　保光滑测度的 C^2 Anosov 微分同胚是遍历的.

证明　设 $(X, \mathfrak{A}, \mu)$ 是一个有限测度空间, 其中 X 是距离为 d 的紧度量空间, μ 是 Borel 测度, $\mathfrak{A}$ 是 Borel σ 代数的 μ 完全化. 设 $f : X \to X$ 是一个微分同胚. 对 $x \in X$ 定义稳定集 $V^s(x)$ 和不稳定集 $V^u(x)$ 为

$$V^s(x) = \{y \in X : d(f^n(x), f^n(y)) \to 0, \quad \text{当 } n \to \infty\},$$
$$V^u(x) = \{y \in X : d(f^n(x), f^n(y)) \to 0, \quad \text{当 } n \to -\infty\}.$$

引理 6.3.2　设 $\phi : X \to \mathbb{R}$ 是 f 不变的可测函数. 那么在稳定和不稳定集上, ϕ 是常数 mod 0, 即存在零集 N, 使得对每个 $x \in X \backslash N$, ϕ 在 $V^s(x) \backslash N$ 和 $V^u(x) \backslash N$ 上是常数.

证明　我们仅讨论稳定集. 不失一般性, 假设 ϕ 非负. 对实数 C 令 $\phi_C(x) = \min(\phi(x), C)$. 函数 ϕ_C 是 f 不变的, 且只需对任意常数 C 的 ϕ_C 证明引理. 对 $k \in \mathbb{N}$, 令 $\psi_k : X \to \mathbb{R}$ 是满足 $\int_X |\phi_C - \psi_k|d\mu(x) < \frac{1}{k}$ 的连续函数. 由 Birkhoff 遍历性定理, 对 μ-a.e.x, 极限

$$\psi_k^+(x) = \lim_{n \to \infty} \frac{1}{n} \sum_{i=0}^{n-1} \psi_k(f^i(x))$$

存在. 由 μ 和 ϕ_C 的不变性, 对每个 $j \in \mathbb{Z}$,

$$\frac{1}{k} > \int_X |\phi_C(x) - \psi_k(x)|d\mu(x) = \int_X |\phi_C(f^j(y)) - \psi_k(f^j(y))|d\mu(y)$$
$$= \int_X |\phi_C(y) - \psi_k(f^j(y))|d\mu(y),$$

因此,

$$\int_X \left|\phi_C(y) - \frac{1}{n}\sum_{i=0}^{n-1}\psi_k(f^i(y))\right|d\mu(y)$$
$$\leqslant \frac{1}{n}\sum_{i=0}^{n-1}\int_X |\phi_C(y) - \psi_k(f^i(y))|d\mu(y) < \frac{1}{k}.$$

因为 ψ_k 一致连续, 当 $y \in V^s(x)$ 和 $\psi_k^+(x)$ 有定义时, $\psi_k^+(y) = \psi_k^+(x)$. 因此, 存在零集 N_k 使得 ψ_k^+ 存在, 且它在 $X \backslash N_k$ 中的稳定集上是常数. 由此得知, $\phi_C^+(x) = \lim_{k\to\infty}\psi_k^+(x)$ 在 $X \backslash \bigcup N_k$ 中的稳定集上为常数. 显然 $\phi_C(x) = \phi_C^+(x) \bmod 0$. □

设 ϕ 是 μ 可测 f 不变函数. 由引理 6.3.2 存在 μ 零集 N_s, 使得 ϕ 在 $M\backslash N_s$ 中 W^s 的叶上是常数, 还存在另一个 μ 零集 N_u, 使得 ϕ 在 $M\backslash N_u$ 中 W^u 的叶上是常数. 设 $x \in M$, 如在 W^s 和 W^u 的绝对连续性定义中, 令 $U \ni x$ 是小邻域. 设 $G_s \subset U$ 是点 $z \in U$ 的集合, 对此, $m_{W^s(z)}(N_s \cap W^s(z)) = 0$ 和 $z \notin N_s$. 设 $G_u \subset U$ 是点 $z \in U$ 的集合, 对此, $m_{W^u(z)}(N_u \cap W^u(z)) = 0$ 和 $z \notin N_u$. 由命题 6.2.1 和 W^u 与 W^s 的绝对连续性 (定理 6.2.5), 集合 G_s 和 G_u 在 U 中有全 μ 测度, 因此 $G_s \cap G_u$ 也有全 μ 测度. 再由 W^u 绝对连续性, 存在点 $z \in U$ 的全 μ 测度子集, 使得 $z \in G_s \cap G_u$, 且 $W^u(z)$ 中的 $m_{W^u(z)}$-a.e. 点也位于 $G_s \cap G_u$ 中. 由此得知, 对 μ-a.e. 点 $x \in U$ 有 $\phi(x) = \phi(z)$. 由于 M 是连通的, ϕ 在 M 上是常数 mod 0. □

练习 6.3.1 证明保光滑测度的 C^2 Anosov 微分同胚是弱混合的.

第 7 章　低维动力学

正如我们在前面几章看到的, 一般动力系统具有广泛的各种各样的性态且不能完全用它们的不变量进行分类. 对低维动力系统这种情况相对地要好一些, 特别是一维动力学. 研究一维动力系统的两个至关重要的工具是介值定理 (对连续映射) 和共形性 (对非奇异可微映射). 可微映射 f 称为是共形的, 如果它在每点的导数是正交变换的非零数量倍数, 即如果在所有方向的导数扩张或压缩相同的距离. 在一维情形, 任何非奇异可微映射是共形的. 对复解析映射这同样成立, 这将在第 8 章研究. 但在高维情形可微映射很少是共形的.

7.1　圆周同胚

我们可将圆周 $S^1 = [0,1] \mod 1$ 考虑为商空间 $\mathbb{R}/\mathbb{Z}$. 商映射 $\pi : \mathbb{R} \to S^1$ 是一个覆叠映射, 即对每点 $x \in S^1$ 有邻域 U_x, 使得 $\pi^{-1}(U_x)$ 是连通开集的不交并, 其中每一个由 π 同胚地映到 U_x.

设 $f : S^1 \to S^1$ 是同胚. 在整个这一节假设 f 是保定向的 (逆向情形见练习 7.1.3). 由于 π 是覆叠映射, 我们可提升 f 到一个递增的同胚 $F : \mathbb{R} \to \mathbb{R}$ 使得 $\pi \circ F = f \circ \pi$. 对每个 $x_0 \in \pi^{-1}(f(0))$, 存在

唯一提升 F 使得 $F(0) = x_0$, 而且任何两个提升相差一个整数平移. 对任何提升 F 和任何 $x \in \mathbb{R}$ 以及任何 $n \in \mathbb{Z}$, 有 $F(x+n) = F(x)+n$.

定理 7.1.1　设 $f: S^1 \to S^1$ 是保定向同胚, $F: \mathbb{R} \to \mathbb{R}$ 是 f 的一个提升. 那么对每个 $x \in \mathbb{R}$, 极限

$$\rho(F) = \lim_{n\to\infty} \frac{F^n(x) - x}{n}$$

存在, 且与点 x 无关. 数 $\rho(f) = \pi(\rho(F))$ 与提升 F 无关, 称为 f 的旋转数. 如果 f 有周期点, 则 $\rho(f)$ 是有理数.

证明　暂时假设对某个 $x \in [0,1)$ 这个极限存在. 由于 F 将长度为 1 的任何区间映为长度为 1 的区间, 由此得知, 对任何 $y \in [0,1)$ 有 $|F^n(x) - F^n(y)| \leqslant 1$. 因此

$$|(F^n(x) - x) - (F^n(y) - y)| \leqslant |F^n(x) - F^n(y)| + |x - y| \leqslant 2,$$

所以

$$\lim_{n\to\infty} \frac{F^n(x) - x}{n} = \lim_{n\to\infty} \frac{F^n(y) - y}{n}.$$

由于 $F^n(y + k) = F^n(y) + k$, 对任何 $y \in \mathbb{R}$ 这同样成立.

假设对某个 $x \in [0,1)$ 和某个 $p, q \in \mathbb{N}$, 有 $F^q(x) = x + p$. 这等价于断言 $\pi(x)$ 是 f 的周期点, 周期为 q. 对 $n \in \mathbb{N}$, 记 $n = kq+r, 0 \leqslant r < q$. 那么 $F^n(x) = F^r(F^{kq}(x)) = F^r(x + kp) = F^r(x) + kp$, 又因为对 $0 \leqslant r < q$, $|F^r(x) - x|$ 有界, 故

$$\lim_{n\to\infty} \frac{F^n(x) - x}{n} = \frac{p}{q}.$$

因此, 当 f 有周期点时旋转数存在且是有理数.

现在假设对所有 $x \in \mathbb{R}$ 和 $p, q \in \mathbb{N}$, $F^q(x) \neq x + p$. 由连续性, 对每对 $p, q \in \mathbb{N}$, 或者对所有 $x \in \mathbb{R}$ 有 $F^q(x) > x + p$, 或者对所有 $x \in \mathbb{R}$ 有 $F^q(x) < x + p$. 对 $n \in \mathbb{N}$, 选择 $p_n \in \mathbb{N}$, 使得对所有 $x \in \mathbb{R}$ 有 $p_n - 1 < F^n(x) - x < p_n$. 于是对任何 $m \in \mathbb{N}$,

$$m(p_n - 1) < F^{mn}(x) - x = \sum_{k=0}^{m-1} F^n(F^{kn}(x)) - F^{kn}(x) < mp_n,$$

由此得知,

$$\frac{p_n}{n} - \frac{1}{n} < \frac{F^{mn}(x) - x}{mn} < \frac{p_n}{n}.$$

交换 m 和 n 的作用, 得

$$\frac{p_m}{m} - \frac{1}{m} < \frac{F^{mn}(x) - x}{mn} < \frac{p_m}{m}.$$

因此, $\left| \frac{p_m}{m} - \frac{p_n}{n} \right| < \left| \frac{1}{m} + \frac{1}{n} \right|$, 所以 $\left\{ \frac{p_n}{n} \right\}$ 是 Cauchy 序列. 从而, 当 $n \to \infty$ 时 $\frac{F^n(x) - x}{n}$ 收敛.

如果 $G = F + k$ 是 f 的另一个提升, 则 $\rho(G) = \rho(F) + k$, 故 $\rho(f)$ 与提升 F 无关. 此外, 存在唯一提升 F, 使得 $\rho(F) = \rho(f)$ (练习 7.1.1). $\qquad\square$

由于 $S^1 = [0,1] \bmod 1$, 我们经常滥用记号, 对某个 $x \in [0,1]$, 记 $\rho(f) = x$.

命题 7.1.2 在 C^0 拓扑下旋转数连续依赖于映射.

证明 设 f 是一个保定向圆周同胚, 选择 $p, q, p', q' \in \mathbb{N}$, 使得 $\frac{p}{q} < \rho(f) < \frac{p'}{q'}$. 设 F 是 f 的提升, 使得 $p < F^q(x) - x < p + q$. 则对所有 $x \in \mathbb{R}, p < F^q(x) - x < p + q$, 因为否则我们有 $\rho(f) = \frac{p}{q}$. 如果 g 是另一个接近于 F 的圆周同胚, 则存在接近于 F 的提升 G 和充分接近于 f 的 g, 同样的不等式 $p < G^q(x) - x < p + q$ 对所有 $x \in \mathbb{R}$ 成立. 因此 $\frac{p}{q} < \rho(g)$. 包含 p', q' 的类似论述完成命题证明. $\qquad\square$

命题 7.1.3 旋转数是一个拓扑共轭不变量.

证明 设 f 和 h 是 S^1 的保定向同胚, F 和 H 是 f 和 h 的提升. 那么 $H \circ F \circ H^{-1}$ 是 $h \circ f \circ h^{-1}$ 的提升, 且对 $x \in \mathbb{R}$ 有

$$\begin{aligned}
\frac{(HFH^{-1})^n(x) - x}{n} &= \frac{(HF^nH^{-1})(x) - x}{n} \\
&= \frac{H(F^nH^{-1}(x)) - F^nH^{-1}(x)}{n} \\
&\quad + \frac{F^nH^{-1}(x) - H^{-1}(x)}{n} + \frac{H^{-1}(x) - x}{n}.
\end{aligned}$$

由于最后这个表达式的第一项和第三项的分子有界且与 n 无关, 得知

$$\rho(hfh^{-1}) = \lim_{n \to \infty} \frac{(HFH^{-1})^n(x) - x}{n} = \lim_{n \to \infty} \frac{F^n(x) - x}{n} = \rho(f). \quad \square$$

命题 7.1.4　如果 $f : S^1 \to S^1$ 是一个同胚, 则 $\rho(f)$ 是有理数, 当且仅当 f 有周期点. 此外, 如果 $\rho(f) = \dfrac{p}{q}$, 其中 p 与 q 是互素的非负整数, 则 f 的每个周期点有最小周期 q, 又如果 $x \in \mathbb{R}$ 是 f 的周期点, 则对唯一提升 F, $F^q(x) = x + p$, 其中 $\rho(F) = \dfrac{p}{q}$.

证明　第一个断言的 "充分性" 由定理 7.1.1 得到.

现在假设 $\rho(f) = \dfrac{p}{q}$, 其中 $p, q \in \mathbb{N}$. 如果 F 与 $\tilde{F} = F + l$ 是 f 的两个提升, 则 $\tilde{F}^q = F^q + lq$. 因此可以选择 F 为满足 $p \leqslant F^q(0) < p + q$ 的唯一提升. 为了证明 f 周期点的存在性, 只需证明对某个 $k \in \mathbb{N}$ 满足 $F^q(x) = x + k$ 的点 $x \in [0, 1]$ 的存在性. 可以假设, 对所有 $x \in [0, 1]$, $x + p < F^q(x) < x + p + q$, 因为否则, 对 $k = p$ 或 $k = pq$ 有 $F^q(x) = x + l$, 这我们已经证明了. 选择 $\varepsilon > 0$ 使得对任何 $x \in [0, 1]$, $x + p + \varepsilon < F^q(x) < x + p + q - \varepsilon$. 同样的不等式对所有 $x \in \mathbb{R}$ 成立, 因为对所有 $k \in \mathbb{N}$ 有 $F^q(x + k) = F^q(x) + k$. 从而对所有 $k \in \mathbb{N}$,

$$\frac{p + \varepsilon}{q} = \frac{k(p + \varepsilon)}{kq} < \frac{F^{kq}(x) - x}{kq} < \frac{k(p + q - \varepsilon)}{kq} = \frac{p + 1 - \varepsilon}{q},$$

这与 $\rho(f) = \dfrac{p}{q}$ 矛盾. 因此得知, 对某个 x, 有 $F^q(x) = x + p$, 或 $F^q(x) = x + p + q$, 故 x 是周期 q 周期点.

现在假设 $\rho(f) = \dfrac{p}{q}$, p, q 互素, 并假设 $x \in [0, 1)$ 是 f 的周期点. 那么存在整数 $p', q' \in \mathbb{N}$ 使得 $F^{q'}(x) = x + p'$. 由定理 7.1.1 的证明, $\rho(f) = \dfrac{p'}{q'}$, 所以, 如果 d 是 p' 和 q' 的最大公约数, 则 $q' = qd$ 且 $p' = pd$. 我们期望 $F^q(x) = x + p$. 如果这不成立, 则或者 $F^q(x) > x + p$, 或者 $F^q(x) < x + p$. 假设成立前者 (另一情形类似), 由单调性,

$$F^{dq}(x) > F^{(d-1)q}(x) + p > \cdots > x + dp,$$

这与事实 $F^{q'}(x) = x + p'$ 矛盾. 因此, x 是周期 q 周期点.　□

假设 f 是 S^1 的一个同胚. 任给子集 $A \subset S^1$ 和特异点 $x \in A$, 我们通过提升 A 到区间 $[\tilde{x}, \tilde{x} + 1) \subset \mathbb{R}$ 在 A 上定义一个序, 其中 $\tilde{x} \in \pi^{-1}(x)$, 并利用 $\mathbb{R}$ 上的自然序. 特别地, 如果 $x \in S^1$, 则轨道 $\{x, f(x), f^2(x), \ldots\}$ 有自然序 (利用 x 作为特异点).

定理 7.1.5 设 $f : S^1 \to S^1$ 为具有理旋转数 $\rho = p/q$ 的一个保定向同胚, 其中 p 和 q 互素. 那么对任何周期点 $x \in S^1$, 轨道 $\{x, f(x), f^2(x), \dots, f^{q-1}(x)\}$ 的序与集合 $\{0, p/q, 2p/q, \dots, (q-1)p/q\}$ 的序相同, 后者是 0 在旋转 R_ρ 作用下的轨道.

证明 设 x 是 f 的一个周期点, $i \in \{0, \dots, q-1\}$ 是使得 $f^i(x)$ 是 x 的轨道中 x 右边第一点的唯一数. 那么 $f^{2i}(x)$ 必须是 $f^i(x)$ 右边的第一点, 因为如果 $f^l(x) \in (f^i(x), f^{2i}(x))$, 则 $l > i$ 以及 $f^{l-i}(x) \in (x, f^i(x))$, 这与 i 的选择矛盾. 因此轨道上点的次序为 $x, f^i(x), f^{2i}(x), \dots, f^{(q-1)i}(x)$.

设 $\tilde{x}$ 是 x 的提升. 由于 f^i 将每个区间 $[f^{ki}(x), f^{(k+1)i}(x)]$ 映为它的后继点, 存在 q 个这样的区间, 以及 f^i 的提升 $\bar{F}$, 使得 $\bar{F}^q \tilde{x} = \tilde{x} + 1$. 设 F 是 f 的提升, 满足 $F^q(x) = x + p$, 则 F^i 是 f^i 的提升, 故对某个 k 有 $F^i = \bar{F} + k$. 我们有

$$x + ip = F^{qi}(x) = (\bar{F} + k)^q(x) = \bar{F}^q(x) + qk = x + 1 + qk.$$

因此 $ip = 1 + qk$, 所以 i 是 0 和 q 之间满足 $ip = 1 \bmod q$ 的唯一数. 由于点集 $\{0, p/q, 2p/q, \dots, (q-1)p/q\}$ 的次序如 $0, ip/q, \dots, (q-1)ip/q$ 的次序, 定理得证. $\square$

现在我们回到对具有无理旋转数的保定向同胚的研究. 如果 x 和 y 是 S^1 上的两个点, 则可定义区间 $[x, y] \subset S^1$ 为 $\pi([\tilde{x}, \tilde{y}])$, 其中 $\tilde{x} = \pi^{-1}(x)$ 和 $\tilde{y} = \pi^{-1}(y) \cap [\tilde{x}, \tilde{x}+1)$. 对开与半开区间的定义类似.

引理 7.1.6 假设 $\rho(f)$ 是无理数. 那么对任何 $x \in S^1$ 和任何相异整数 $m > n$, f 的每个向前轨道与区间 $I = [f^m(x), f^n(x)]$ 相交.

证明 只需证明 $S^1 = \bigcup_{k=0}^{\infty} f^{-k} I$. 假设这不成立, 则

$$S^1 \not\subset \bigcup_{k=1}^{\infty} f^{-k(m-n)} I = \bigcup_{k=1}^{\infty} [f^{-(k-1)m+kn}(x), f^{-km+(k+1)n}(x)].$$

由于区间 $f^{-k(m-n)} I$ 在端点邻接, 得知 $f^{-k(m-n)} f^n(x)$ 单调收敛于点 $z \in S^1$, 它是 f^{m-n} 的不动点, 这与 $\rho(f)$ 是无理数矛盾. $\square$

命题 7.1.7 如果 $\rho(f)$ 是无理数, 则对任何 $x, y \in S^1$ 有 $\omega(x) = \omega(y)$, 且或者 $\omega(x) = S^1$, 或者 $\omega(x)$ 完满且无处稠密.

证明　固定 $x, y \in S^1$. 假设对某个序列 $a_n \nearrow \infty$, $f^{a_n}(x) \to x_0 \in \omega(x)$. 由引理 7.1.6, 对每个 $n \in \mathbb{N}$, 可选择 b_n 使得 $f^{b_n}(y) \in [f^{a_n-1}(x), f^{a_n}(x)]$. 于是 $f^{b_n}(y) \to x_0$, 故 $\omega(x) \subset \omega(y)$. 由对称性 $\omega(x) = \omega(y)$.

为了证明 $\omega(x)$ 是完满的, 固定 $z \in \omega(x)$. 由于 $\omega(x)$ 是不变的, $z \in \omega(z)$ 是 $\{f^n(z)\} \subset \omega(x)$ 的极限点, 故 $\omega(x)$ 是完满的.

为了证明最后一个论断, 假设 $\omega(x) \neq S^1$. 那么 $\partial\omega(x)$ 是非空闭不变集. 如果 $z \in \partial\omega(x)$ 则 $\omega(z) = \omega(x)$. 因此, $\omega(x) \subset \partial\omega(x)$, 且 $\omega(x)$ 无处稠密. □

引理 7.1.8　假设 $\rho(f)$ 是无理数. 又设 F 是 f 的提升且 $\rho = \rho(F)$. 则对任何 $x \in \mathbb{R}$, $n_1\rho + m_1 < n_2\rho + m_2$, 当且仅当对任何 $m_1, m_2, n_1, n_2 \in \mathbb{Z}$, $F^{n_1}(x) + m_1 < F^{n_2}(x) + m_2$.

证明　假设 $F^{n_1}(x) + m_1 < F^{n_2}(x) + m_2$, 或者等价地,

$$F^{(n_1-n_2)}(x) < x + m_2 - m_1.$$

这个不等式对所有 x 成立, 因为否则旋转数是有理数. 特别地, 对 $x = 0$ 我们有 $F^{(n_1-n_2)}(0) < m_2 - m_1$. 由归纳法, $F^{k(n_1-n_2)}(0) < k(m_2 - m_1)$. 如果 $n_1 - n_2 > 0$, 则

$$\frac{F^{k(n_1-n_2)}(0) - 0}{k(n_1 - n_2)} < \frac{m_2 - m_1}{n_1 - n_2},$$

故 $\rho = \lim\limits_{k\to\infty} \dfrac{F^{k(n_1-n_2)}(0)}{k(n_1 - n_2)} \leqslant \dfrac{m_2 - m_1}{n_1 - n_2}$. 由 ρ 的无理性得知这个不等式是严格的, 故 $n_1\rho + m_1 < n_2\rho + m_2$. 对情形 $n_1 - n_2 < 0$, 相同结果由类似论述得到. 逆向证明由改变不等号方向得到. □

定理 7.1.9 (Poincaré 分类)　设 $f : S^1 \to S^1$ 是具无理旋转数 ρ 的一个保定向同胚.

1. 如果 f 是拓扑传递的, 则 f 拓扑共轭于旋转 R_ρ.

2. 如果 f 不是拓扑传递的, 则 R_ρ 是 f 的因子, 而且因子映射 $h : S^1 \to S^1$ 可选择为单调的.

证明　设 F 是 f 的一个提升, 固定 $x \in \mathbb{R}$. 令 $A = \{F^n(x) + m : n, m \in \mathbb{Z}\}$ 和 $B = \{n\rho + m : n, m \in \mathbb{Z}\}$, 则 B 在 $\mathbb{R}$ 中稠密 (1.2 节).

用 $H(F^n(x)+m) = np+m$ 定义 $H : A \to B$. 由上一个引理, H 保持次序且是一个双射. 通过定义

$$H(y) = \sup\{n\rho + m : F^n(x) + m < y\}$$

将 H 扩张到映射 $H : \mathbb{R} \to \mathbb{R}$. 于是 $H(y) = \inf\{n\rho+m : F^n(x)+m > y\}$, 因为否则 $\mathbb{R}\backslash B$ 可包含区间.

我们期望 $H : \mathbb{R} \to \mathbb{R}$ 连续. 如果 $y \in \overline{A}$, 则 $H(y) = \sup\{H(z) : z \in A, z < y\}$ 和 $H(y) = \inf\{H(z) : z \in A, z > y\}$, 由此得知 H 在 $\overline{A}$ 上连续. 如果 I 是 $\mathbb{R}\backslash\overline{A}$ 中的一个区间, 则 H 在 I 上是常数, 而且这个常数与在端点的值相同. 因此, $H : \mathbb{R} \to \mathbb{R}$ 是 $H : A \to B$ 的连续扩张.

注意, H 是满的非减映射, 而且

$$H(y+1) = \sup\{n\rho + m : F^n(x) + m < y + 1\}$$
$$= \sup\{n\rho + m : F^n(x) + (m-1) < y\} = H(y) + 1.$$

此外

$$H(F(y)) = \sup\{n\rho + m : F^n(x) + m < F(y)\}$$
$$= \sup\{n\rho + m : F^{n-1}(x) + m < y\}$$
$$= \rho + H(y).$$

我们得到 H 下降到映射 $h : S^1 \to S^1$ 且 $h \circ f = R_\rho \circ h$.

最后, 注意 f 是传递的, 当且仅当 $\{F^n(x) + m : n, m \in \mathbb{Z}\}$ 在 $\mathbb{R}$ 中稠密. 由于 H 在 $\mathbb{R}\backslash\overline{A}$ 中的任何区间上为常数, 得知 h 是单射, 当且仅当 f 是传递的. (注意由命题 7.1.7, 或者每个轨道稠密, 或者没有轨道稠密).　□

练习 7.1.1　证明如果 F 和 $G = F + k$ 是 f 的两个提升, 则 $\rho(F) = \rho(G) + k$, 故按定义 $\rho(f)$ 与提升的选择无关. 求证存在 f 的唯一提升 F, 使得 $\rho(F) = \rho(f)$.

练习 7.1.2　证明 $\rho(f^m) = m\rho(f)$.

练习 7.1.3　证明如果 f 是 S^1 的逆定向同胚, 则 $\rho(f^2) = 0$.

练习 7.1.4　假设 f 有有理旋转数. 证明:

(a) 如果 f 恰有一个周期轨道, 则每个非周期点既向前又向后渐近于这个周期轨道; 以及

(b) 如果 f 的周期轨道多于一个, 则每个非周期轨道向前渐近于某个周期轨道, 向后渐近于另一个周期轨道.

练习 7.1.5　求证定理 7.1.1 和定理 7.1.5 在下面更弱的假设下也成立: $f : S^1 \to S^1$ 是连续映射, 使得 f 的任何 (因此是每个) 提升 F 是非减的.

7.2　圆周微分同胚

函数 $f : S^1 \to \mathbb{R}$ 的全变差是

$$\mathrm{Var}(f) = \sup \sum_{k=1}^{n} |f(x_k) - f(x_{k+1})|,$$

其中的上确界在所有划分 $0 \leqslant x_1 < \cdots < x_n \leqslant 1, \forall n \in \mathbb{N}$ 上取. 我们说 g 有有界变差, 如果 $\mathrm{Var}(g)$ 有限. 注意, 任何 Lipschitz 函数有有界变差. 特别地, 任何 C^1 函数有有界变差.

定理 7.2.1 (Denjoy)　设 f 是具有无理旋转数 $\rho = \rho(f)$ 的一个圆周保定向 C^1 微分同胚. 如果 f' 有有界变差, 则 f 拓扑共轭于刚体旋转 R_ρ.

证明　由定理 7.1.9 我们知道, 如果 f 是传递的, 则它共轭于 R_ρ. 因此, 可假设 f 不是传递的而得到矛盾. 由命题 7.1.7, 可假设 $\omega(0)$ 是完满无处稠密集. 于是 $S^1 \backslash \omega(0)$ 是开区间的不相交并. 设 $I = (a, b)$ 是这些区间之一. 于是区间 $\{f^n(I)\}_{n \in \mathbb{Z}}$ 两两不相交, 因为否则 f 有周期点. 从而 $\sum_{n \in \mathbb{Z}} l(f^n(I)) \leqslant 1$, 其中 $l(f^n(I)) = \int_a^b (f^n)'(t) dt$ 是 $f^n(I)$ 的长度.

引理 7.2.2　设 J 是 S^1 中的一个区间, 假设区间 $J, f(J), \ldots, f^{n-1}(J)$ 的内部两两不相交. 设 $g = \log f'$, 固定 $x, y \in J$. 那么对任何 $n \in \mathbb{Z}$,

$$\mathrm{Var}(g) \geqslant |\log(f^n)'(x) - \log(f^n)'(y)|.$$

证明　利用区间 $J, f(J), \ldots, f^n(J)$ 不相交的事实, 得到

$$
\begin{aligned}
\mathrm{Var}(g) &\geqslant \sum_{k=0}^{n-1} |g(f^k(y)) - g(f^k(x))| \\
&\geqslant \left| \sum_{k=0}^{n-1} g(f^k(y)) - g(f^k(x)) \right| \\
&= \left| \log \prod_{k=0}^{n-1} f'(f^k(y)) - \log \prod_{k=0}^{n-1} f'(f^k(x)) \right| \\
&= |\log(f^n)'(y) - \log(f^n)'(x)|. \qquad\qquad \square
\end{aligned}
$$

固定 $x \in S^1$. 我们期望存在无穷多个 $n \in \mathbb{N}$, 使得区间 $(x, f^{-n}(x)), (f(x), f^{1-n}(x)), \ldots, (f^n(x), x)$ 两两不相交. 这只需证明存在无穷多个 n, 使得对 $0 \leqslant |k| \leqslant n$, $f^k(x)$ 不在区间 $(x, f^n(x))$ 内. 由引理 7.1.8 得知, x 的轨道如点在无理旋转 R_ρ 下的轨道以相同方式排序. 由于点在无理旋转下的轨道稠密, 我们的期望得到.

如上一节选择 n. 再应用引理 7.2.2 于 $y = f^{-n}(x)$, 得到

$$
\mathrm{Var}(g) \geqslant \left| \log \frac{(f^n)'(x)}{(f^n)'(y)} \right| = |\log((f^n)'(x)(f^{-n})'(x))|.
$$

因此, 对无穷多个 $n \in \mathbb{N}$, 我们有

$$
\begin{aligned}
l(f^n(I)) + l(f^{-n}(I)) &= \int_I (f^n)'(x)dx + \int_I (f^{-n})'(x)dx \\
&= \int_I [(f^n)'(x) + (f^{-n})'(x)]dx \\
&\geqslant \int_I \sqrt{(f^n)'(x)(f^{-n})'(x)} \\
&\geqslant \int_I \sqrt{\exp(-\mathrm{Var}(g))}dx = \exp\left(-\frac{1}{2}\mathrm{Var}(g)\right) l(I).
\end{aligned}
$$

这与事实 $\sum_{n \in \mathbb{Z}} l(f^n(I)) \leqslant \infty$ 矛盾, 所以 f 是传递的, 从而共轭于 R_ρ.

$\qquad\qquad\qquad\qquad\qquad\qquad\qquad\qquad\qquad\qquad\qquad\qquad\qquad\qquad \square$

定理 7.2.3 (Denjoy 例子)　对任何无理数 $\rho \in (0, 1)$, 存在具有有理旋转数 ρ 的非传递 C^1 保定向的微分同胚 $f: S^1 \to S^1$.

证明　从引理 7.1.8 我们知道, 如果 $\rho(f) = \rho$, 则对任何 $x \in S^1$, x 的轨道与 R_ρ 的任何轨道的次序相同, 即 $f^k(x) < f^l(x) <$

$f^m(x)$, 当且仅当 $R_\rho^k(x) < R_\rho^l(x) < R_\rho^m(x)$. 因此, 按 f 的构造, 我们没有对任何点的轨道的次序的选择. 但有轨道中点之间的间隔的选择.

设 $\{l_n\}_{n\in\mathbb{Z}}$ 是满足 $\sum\limits_{n\in\mathbb{Z}} l_n = 1$ 的正实数序列, 且 $n \to \pm\infty$ 时 l_n 递减 (后面我们将对它加上另外的限制). 固定 $x_0 \in S^1$, 定义

$$a_n = \sum_{\{k\in\mathbb{Z}:R_\rho^k(x_0)\in[x_0,R_\rho^n(x_0)]\}} l_k, \quad b_n = a_n + l_n.$$

区间 $[a_n, b_n]$ 两两不相交. 由于 $\sum\limits_{n\in\mathbb{Z}} l_n = 1$, 这些区间的并覆盖 $[0,1]$ 中测度为 1 的集合, 因此是稠密的.

为了定义 C^1 微分同胚 $f: S^1 \to S^1$, 只需在 S^1 上定义总长度为 1 的连续正函数 g. 于是 f 定义为 g 的积分. 函数 g 应该满足:

1. $\int_{a_n}^{b_n} g(t)dt = l_{n+1}$.

为了构造这样的 g, 只需在每个区间 $[a_n, b_n]$ 上定义 g, 使得它也满足:

2. $g(a_n) = g(b_n) = 1$.

3. 对任何序列 $\{x_k\} \subset \bigcup_{n\in\mathbb{Z}}[a_n,b_n]$, 如果 $y = \lim x_k$, 则 $g(x_k) \to 1$. 于是在 $S^1 \setminus \bigcup_{n\in\mathbb{Z}}[a_n,b_n]$ 上我们定义 g 为 1.

对 $g|[a_n, b_n]$ 有许多这样的可能性. 利用二次多项式

$$g(x) = 1 + \frac{6(l_{n+1} - l_n)}{l_n^3}(b_n - x)(x - a_n),$$

它显然满足条件 1. 对 $n \geqslant 0$, 我们有 $l_{n+1} - l_n < 0$, 故

$$1 \geqslant g(x) \geqslant 1 - \frac{6(l_n - l_{n+1})}{l_n^3}\left(\frac{l_n}{2}\right)^2 = \frac{3l_{n+1} - l_n}{2l_n}.$$

对 $n < 0$, 我们有 $l_{n+1} - l_n > 0$, 所以

$$1 \leqslant g(x) \leqslant \frac{3l_{n+1} - l_n}{2l_n}.$$

因此, 如果我们选择 l_n 使得 $n \to \pm\infty$ 时 $(3l_{n+1} - l_n)/2l_n \to 1$, 则条件 3 满足. 例如, 我们可选择 $l_n = \alpha(|n| + 2)^{-1}(|n| + 3)^{-1}$, 其中 $\alpha = 1 / \sum\limits_{n\in\mathbb{Z}}((|n| + 2)^{-1}(|n| + 3)^{-1})$.

现在定义 $f(x) = a_1 + \int_0^x g(t)dt$. 利用上面结果得知, $f : S^1 \to S^1$ 是具有旋转数 ρ 的 S^1 的 C^1 同胚 (练习 7.2.1). 此外, $f^n(0) = a_n$, 以及 $\omega(0) = S^1 \setminus \bigcup_{n \in \mathbb{Z}}(a_n, b_n)$ 是测度为 0 的闭的完满不变集. □

练习 7.2.1　验证定理 7.2.3 证明中最后一段的论述.

练习 7.2.2　直接证明定理 7.2.3 证明中构造的例子不是 C^2 的.

7.3 Sharkovsky 定理

考虑在自然数集合中加入形式符号 2∞ 所得的集合 $\mathbb{N}_{\mathrm{Sh}} = \mathbb{N} \cup \{2\infty\}$. 这个集合的 Sharkovsky 序是

$$1 \prec 2 \prec \cdots \prec 2^n \prec \cdots \prec 2\infty \prec \cdots$$
$$\prec 2^m \cdot (2n+1) \prec \cdots \prec 2^m \cdot 7 \prec 2^m \cdot 5 \prec 2^m \cdot 3 \prec \cdots$$
$$\prec 2 \cdot (2n+1) \prec \cdots \prec 14 \prec 10 \prec 6 \prec \cdots$$
$$\prec 2n+1 \prec \cdots 7 \prec 5 \prec 3.$$

加入符号 2∞ 使得 $\mathbb{N}_{\mathrm{Sh}}$ 有上确界性质, 即 $\mathbb{N}_{\mathrm{Sh}}$ 的每个子集有上确界. 对任何 $k \geq 0$, 通过乘 2^k 保 Sharkovsky 序 (其中按定义 $2^k \cdot 2\infty = 2\infty$).

对 $\alpha \in \mathbb{N}_{\mathrm{Sh}}$, 设 $S(\alpha) = \{k \in \mathbb{N} : k \preceq \alpha\}$ (注意, $S(\alpha)$ 定义为 $\mathbb{N}$ 的子集但不是 $\mathbb{N}_{\mathrm{Sh}}$ 的子集). 对映射 $f : [0,1] \to [0,1]$, 我们用记号 $\mathrm{MinPer}(f)$ 表示 f 周期点的最小周期集.

定理 7.3.1 (Sharkovsky [Sha64])　*对每个连续映射 $f : [0,1] \to [0,1]$, 存在 $\alpha \in \mathbb{N}_{\mathrm{Sh}}$, 使得 $\mathrm{MinPer}(f) = S(\alpha)$. 反之, 对每个 $\alpha \in \mathbb{N}_{\mathrm{Sh}}$ 存在满足 $\mathrm{MinPer}(f) = S(\alpha)$ 的连续映射 $f : [0,1] \to [0,1]$.*

Sharkovsky 定理的第一个论断的证明如下: 假设 f 有周期点 x, 最小周期 $n > 1$, 因为否则没有什么可证明的. x 的轨道将区间 $[0,1]$ 划分为子区间的有限族, 其端点是这个轨道的元素. 这些区间的端点通过 f 置换. 通过检查端点对的排列的可能组合, 再利用介值定理就可建立所需周期的周期点的存在性.

Sharkovsky 定理的第二个论断的证明如引理 7.3.9.

如果 I 和 J 是 $[0,1]$ 中的区间且 $f(I) \supset J$, 我们就说 I f 覆盖 J 并记为 $I \to J$. 如果 $a, b \in [0,1]$, 则用 $[a,b]$ 代表 a 和 b 之间的闭区间, 不管是 $a \geqslant b$ 还是 $a \leqslant b$.

引理 7.3.2

1. 如果 $f(I) \supset I$, 则 I 的闭包包含 f 的不动点.

2. 固定 $m \in \mathbb{N} \cup \{\infty\}$, 并假设 $\{I_k\}_{1 \leqslant k < m}$ 是 $[0,1]$ 中非空闭区间的有限或无穷序列, 使得对 $1 \leqslant k < m-1$ 有 $f(I_k) \supset I_{k+1}$. 那么存在点 $x \in I_1$ 使得对 $1 \leqslant k < m-1$ 有 $f^k(x) \in I_{k+1}$. 此外, 如果对某个 $n > 0$, $I_n = I_1$, 则 I_1 包含 f 的周期 n 周期点, 使得对 $k = 1, \ldots, n-1$ 有 $f^k(x) \in I_{k+1}$.

证明 1 的证明是介值定理的简单应用.

为了证明 2, 注意, 由于 $f(I_1) \supset I_2$, 存在点 $a_0, b_0 \in I_1$ 映为 I_2 的端点. 设 J_1 是端点为 a_0, b_0 的 I_1 的子区间, 则 $f(J_1) = I_2$. 假设我们在 I_1 中已经定义了子区间 $J_1 \supset J_2 \supset \cdots \supset J_n$, 使得 $f^k(J_k) = I_{k+1}$. 那么 $f^{n+1}(J_n) = f(I_{n+1}) \supset I_{n+2}$, 所以存在区间 $J_{n+1} \subset J_n$ 使得 $f^{n+1}(J_{n+1}) = I_{n+2}$. 从而, 我们得到非空闭区间的嵌套序列 $\{J_n\}$. 交 $\bigcap_{i=1}^{m-1} J_i$ 是非空的, 且对交中的任何 x, 当 $1 \leqslant k < m-1$ 时有 $f^k(x) \in I_{k+1}$.

最后一个断言由上一段与 1 一起得到. □

区间 I 的分割是 (有限或无穷) 闭子区间族 $\{I_k\}$, 它们内部两两不相交, 其并是 I. f 相应于分割 $\{I_k\}$ 的 *Markov* 图是具有顶点 I_k 以及从 I_i 到 I_j 的有向棱的有向图, 当且仅当 I_i f 覆盖 I_j. 由引理 7.3.2, 在 f 的 Markov 图中, 长度为 n 的任何闭路促使周期 n (不必是最小的) 的周期点存在.

作为完整的 Sharkovsky 定理证明的热身, 我们证明最小周期 3 的周期点的存在性导致所有周期的周期点的存在性. 这个结果在 1975 年 T. Y. Li 和 J. Yorke 的文章 "周期 3 导致混沌"[LY75] 中再次被发现.

设 x 是周期 3 周期点. 如有必要由 $f(x)$ 或 $f^2(x)$ 代替 x, 因此可假设 $x < f(x)$ 和 $x < f^2(x)$. 于是存在两个情形: 或者 (1) $x < f(x) < f^2(x)$, 或者 (2) $x < f^2(x) < f(x)$. 在情形 (1), 令 $I_1 = [x, f(x)]$ 和 $I_2 = [f(x), f^2(x)]$. 相应的 Markov 图是图 7.1 所示

的两者之一.

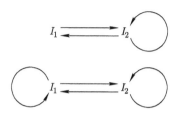

图 7.1 周期 3 的两个可能的 Markov 图

对 $k \geqslant 2$, 由长度为 k 的路径 $I_1 \to I_2 \to I_2 \to \cdots \to I_2 \to I_1$ 得知具有旅程 $I_1, I_2, I_2, \ldots, I_2, I_1$ 的周期 k 周期点 y 的存在性. 如果 y 的最小周期小于 k, 则 $y \in I_1 \cap I_2 = \{f(x)\}$. 但是, 对 $k \neq 3$, $f(x)$ 没有特殊的旅程, 所以 y 的最小周期是 k. 类似的论述应用于情形 (2), 这就证明了 Sharkovsky 定理对 $n = 3$ 的情形.

为了证明完整的 Sharkovsky 定理, 较方便的是用下面定义的 Markov 图的子图. 其定义如下. 设 $P = \{x_1, x_2, \ldots, x_n\}$ 是 (最小) 周期 $n > 1$ 的周期轨道, 其中 $x_1 < x_2 < \cdots < x_n$. 设 $I_j = [x_j, x_{j+1}]$. f 的 P 图是具有顶点 I_j, 以及从 I_j 到 I_k 的有向棱的有向图, 当且仅当 $I_k \subset [f(x_j), f(x_{j+1})]$. 由于 $f[I_j] \supset [f(x_j), f(x_{j+1})]$, P 图是相应于相同分割的 Markov 图的子图. 特别地, P 图中的任何闭路也是 Markov 图中的闭路. P 图具有由周期轨道的序所完全确定的优点, 且与这个映射在区间 I_j 上的性态无关. 例如, 图 7.1 中上面的图是按序 $x < f(x) < f^2(x)$ 的周期 3 周期轨道的唯一 P 图.

引理 7.3.3 f 的 P 图包含有平凡闭路, 即存在从 I_j 到它自己的有向棱的顶点 I_j.

证明 设 $j = \max\{i : f(x_i) > x_i\}$. 则 $f(x_j) > x_j$, $f(x_{j+1}) \leqslant x_{j+1}$, 故 $f(x_j) \geqslant x_{j+1}$, $f(x_{j+1}) \leqslant x_j$. 因此 $[f(x_j), f(x_{j+1})] \supset [x_j, x_{j+1}]$. $\square$

我们将对 P 图的顶点 (但不是 P 的点) 重新编号, 使得 $I_1 = [x_j, x_{j+1}]$, 其中 $j = \max\{i : f(x_i) > x_i\}$. 由上一个引理的证明, I_1 是有从自己到自己的有向棱的顶点.

对 P 中任何两点 $x_i < x_k$, 定义

$$\hat{f}([x_i, x_k]) = \bigcup_{l=i}^{k-1} [f(x_l), f(x_{l+1})].$$

特别地, $\hat{f}(I_k) = [f(x_k), f(x_k + 1)]$. 如果 $\hat{f}(I_k) \supset I_l$, 我们说 $I_k \hat{f}$ 覆盖 I_l. 由于我们在整个这节的余下部分将仅用 P 图, 我们也重新定义记号 $I_k \to I_l$ 以表示 $I_k \hat{f}$ 覆盖 I_l.

命题 7.3.4 P 图的任何顶点可从 I_1 到达.

证明 嵌套序列 $I_1 \subset \hat{f}(I_1) \subset \hat{f}^2(I_1) \subset \cdots$ 最终必须稳定化, 因为 $\hat{f}^k(I_1)$ 是区间, 其端点在 x 的轨道中. 于是对充分大的 k, $\mathcal{O}(x) \cap \hat{f}^k(I_1)$ 是 $\mathcal{O}(x)$ 的不变子集, 因此等于 $\mathcal{O}(x)$. 由此得知 $\hat{f}^k(I_1) = [x_1, x_n]$, 所以 P 图的任何顶点可从 I_1 到达. $\quad\square$

引理 7.3.5 假设 P 图没有从任何区间 $I_k, k \neq 1$ 到 I_1 的有向棱. 那么 n 是偶数, 而且 f 有周期 2 周期点.

证明 设 $J_0 = [x_1, x_j]$ 和 $J_1 = [x_{j+1}, x_{n-1}]$, 其中 $j = \max\{i : f(x_i) > x_i\}$ (并不预先排斥情形 $j = 1$). 那么 $\hat{f}(J_0) \notin J_0$ (因为 $f(x_j) > x_j$) 和 $\hat{f}(J_0) \notin I_1$, 故 $\hat{f}(J_0) \subset I_1$, 因为 $\hat{f}(J_0)$ 是连通的. 同样地, $\hat{f}(J_1) \subset J_0$. 现在 $\hat{f}(J_0) \cup \hat{f}(J_1) \supset \mathcal{O}(x)$, 因此, $\hat{f}(J_0) = I_1$ 且 $\hat{f}(J_1) = J_0$. 从而 $J_0 \hat{f}$ 覆盖 J_1, $J_1 \hat{f}$ 覆盖 J_0, 所以 f 有最小周期 2 周期点, 而且 $n = |\mathcal{O}(x)| = 2|\mathcal{O}(x) \cap J_0|$ 是偶数. $\quad\square$

引理 7.3.6 假设 $n > 1$ 是奇数, 且 f 没有更小奇数周期的非不动点周期点. 那么存在 P 图顶点的编号, 使得这个图包含下面的棱且没有其他的棱 (见图 7.2):

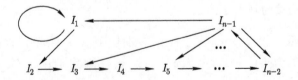

图 7.2 引理 7.3.6 和 7.3.9 中的 P 图

1. $I_1 \to I_1$ 和 $I_{n-1} \to I_1$,
2. $I_i \to I_{i+1}$, 对 $i = 1, \ldots, n - 2$,

3. $I_{n-1} \to I_{2i+1}$, 对 $0 \leqslant i < (n-1)/2$.

证明 由引理 7.3.5 和 7.3.4, 在 P 图中存在从 I_1 开始的非平凡闭路. 通过选择这种闭路中最短的, 并重新编号图的顶点, 可以假设 P 图中有闭路

$$I_1 \to I_2 \to \cdots \to I_k \to I_1, \tag{7.1}$$

其中 $k \leqslant n-1$. 这个闭路的存在导致 f 有最小周期 k 周期点. 路径

$$I_1 \to I_1 \to I_2 \to \cdots \to I_k \to I_1$$

导致最小周期 $k+1$ 周期点的存在性. 由 n 的最小性, 得知 $k = n-1$, 这证明了论断 1.

设 $I_1 = [x_j, x_{j+1}]$. 注意 $\hat{f}(I_1)$ 包含 I_1 和 I_2 但不包含其他 I_i, 因为否则我们有比 (7.1) 更短的路径. 类似地, 如果 $1 \leqslant i < n-2$, 则对 $k > i+1$, $\hat{f}(I_i)$ 不能包含 I_k. 因此 $\hat{f}(I_1) = [x_j, x_{j+2}]$, 或者 $\hat{f}(I_1) = [x_{j-1}, x_{j+1}]$. 假设成立后者 (另一个情形类似). 那么 $I_2 = [x_{j-1}, x_{j+1}], f(x_{j+1}) = x_{j-1}$ 以及 $f(x_j) = x_{j+1}$. 如果 $2 < n-1$ 则 $\hat{f}(I_2)$ 至多可包含 I_2 和 I_3, 所以 $f(x_{j-1}) = x_{j+2}$. 继续这个方法 (见图 7.3). 得到分割的区间在区间 I 上的次序如下:

$$I_{n-1}, I_{n-3}, \ldots, I_2, I_1, I_3, \ldots, I_{n-2}.$$

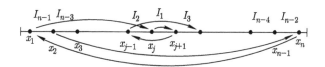

图 7.3 用箭头表示引理 7.3.6 中 f 在 x_k 上的作用

此外, $f(x_2) = x_n, f(x_n) = x_1$ 且 $f(x_1) = x_j$, 所以, $\hat{f}(I_{n-1}) = [x_j, x_{n-1}]$ 和 $\hat{f}(I_{n-1})$ 包含所有奇数编号的区间, 这就完成了引理的证明. □

推论 7.3.7 如果 n 是奇数, 则对任何 $q > n$ 和任何偶数 $q < n$, f 有最小周期 q 周期点.

证明　设 $m > 1$ 是非不动点周期点的最小奇数周期. 由上一引理, 存在任何长度 $q \geqslant m$ 的下面形式的路径

$$I_1 \to I_1 \to \cdots \to I_1 \to I_2 \to \cdots \to I_{m-1} \to I_1.$$

对 $q = 2i < m$, 路径

$$I_{m-1} \to I_{m-2i} \to I_{m-2i+1} \to \cdots \to I_{m-1}$$

给出周期 q 周期点. 验证这些周期点有最小周期 q 留作练习 (练习 7.3.3).　　　　　□

引理 7.3.8　如果 n 是偶数, 则 f 有最小周期 2 周期点.

证明　设 m 是非不动点周期点的最小偶数周期, 令 I_1 是 $\hat{f}$ 覆盖它自己的相应分割的区间. 如果没有其他区间 $\hat{f}$ 覆盖 I_1, 则由引理 7.3.5 得 $m = 2$.

于是, 假设某个其他区间 $\hat{f}$ 覆盖 I_1. 在引理 7.3.6 的证明中我们用了假设 n 是奇数, 这仅仅是为了得到这种区间的存在性. 因此, 如这个引理证明的相同论述, 得到 P 图包含路径

$$I_1 \to I_2 \to \cdots \to I_{n-1} \to I_1 \text{ 和 } I_{n-1} \to I_{2i}, \quad 对 \ 0 \leqslant i < n/2.$$

于是由 $I_{n-1} \to I_{n-2} \to I_{n-1}$, 得知最小周期 2 周期点的存在性.　□

Sharkovsky 定理第一个论断证明的结论　存在两个情形待考虑:

1. $n = 2^k, k > 0$. 如果 $q \prec n$, 则 $q = 2^l$, 其中 $0 \leqslant l < k$. $l = 0$ 的情形是平凡的. 如果 $l > 0$, 则 $g = f^{q/2} = f^{2^{l-1}}$ 有周期 2^{k-l+1} 周期点, 故由引理 7.3.8, g 有非不动点周期 2 周期点. 这个点也是 f^q 的不动点, 即它是 f 的周期 q 周期点. 由于它不是 g 的不动点, 它的最小周期是 q.

2. $n = p \cdot 2^k, p$ 为奇数. 映射 f^{2^k} 有最小周期 p 周期点, 故由推论 7.3.7, 对所有 $m \geqslant p$ 和所有偶数 $m < p$, 映射 f^{2^k} 有最小周期 m 周期点. 因此, 对所有 $m \geqslant p$ 和所有偶数 $m < p$, 映射 f 有最小周期 $m \cdot 2^k$ 周期点. 特别地, f 有最小周期 2^{k+1} 周期点, 故由情形 1, f 有周期 2^i 周期点, $i = 0, \ldots, k$.　□

下一个引理完成 Sharkovsky 定理的证明.

引理 7.3.9 对任何 $\alpha \in \mathbb{N}_{\mathrm{Sh}}$, 存在连续映射 $f : [0,1] \to [0,1]$, 使得 $\mathrm{MinPer}(f) = S(\alpha)$.

证明 我们分 3 个情形:

1. $\alpha \in \mathbb{N}, \alpha$ 为奇数,

2. $\alpha \in \mathbb{N}, \alpha$ 为偶数, 以及

3. $\alpha = 2^{\infty}$.

情形 1. 假设 $n \in \mathbb{N}$ 是奇数, 且 $\alpha = n$. 选择点 $x_0, \dots, x_{n-1} \in [0,1]$, 使得

$$0 = x_{n-1} < \cdots < x_4 < x_2 < x_0 < x_1 < x_3 < \cdots < x_{n-2} = 1,$$

令 $I_1 = [x_0, x_1], I_2 = [x_2, x_0], I_3 = [x_1, x_3]$ 等. 设 $f : [0,1] \to [0,1]$ 是由下面定义的唯一映射:

1. $f(x_i) = x_{i+1}, i = 0, \dots, n-2$ 和 $f(x_{n-1}) = x_0$,

2. 在每个区间 $I_j, j = 1, \dots, n-1$ 上 f 是线性 (或者确切地是仿射) 的.

那么 x_0 是周期 n 周期点, 相应的 P 图如图 7.2 所示. 除了 I_1, 任何路径具有偶数长度. 长度小于 n 的闭路必须是下面形式:

1. $I_i \to I_{i+1} \to \cdots \to I_{n-1} \to I_{2j+1} \to I_{2j+2} \to \cdots \to I_i$, 对 $i > 1$, 或者

2. $I_{n-1} \to I_{2i+1} \to \cdots \to I_{n-1}$, 或者

3. $I_1 \to I_1 \to \cdots \to I_1 \to I_1$.

类型 1 或类型 2 的路径有偶数长度, 所以在 $\mathrm{int}(I_j), j = 2, \dots, n-1$ 中没有点可以有奇数周期 $k < n$. 由于 $f(I_1) = I_1 \cup I_2$, 在 I_1 上我们有 $|f'| > 1$, 因此 $\mathrm{int}(I_1)$ 中每个非不动点必须从 I_1 中的 (唯一) 不动点中移去, 从而最终进入 I_2. 一旦点进入 I_2 在它回到 $\mathrm{int}(I_1)$ 之前必须进入每个 I_j. 因此, 在 I_1 内不存在周期小于 n 的非不动点周期点. 由此得知, 没有奇数周期小于 n 的周期点. 这完成了定理对 n 是奇数的证明.

情形 2. 假设 $n \in \mathbb{N}$ 是偶数, 且 $\alpha = n$. 对 $f : [0,1] \to [0,1]$ 定

义新函数 $\mathcal{D} : [0,1] \to [0,1]$ 如下:

$$
\mathcal{D}(f)(x) = \begin{cases}
\dfrac{2}{3} + \dfrac{1}{3}f(3x), & x \in \left[0, \dfrac{1}{3}\right], \\[2mm]
(2 + f(1))\left(\dfrac{2}{3} - x\right), & x \in \left[\dfrac{1}{3}, \dfrac{2}{3}\right], \\[2mm]
x - \dfrac{2}{3}, & x \in \left[\dfrac{2}{3}, 1\right].
\end{cases}
$$

有时称算子 $\mathcal{D}(f)$ 为加倍算子, 这是因为 $\mathrm{MinPer}(\mathcal{D}(f)) = 2\mathrm{MinPer}(f) \cup \{1\}$, 即 $\mathcal{D}$ 使映射的周期加倍. 为看到这一点, 令 $g = \mathcal{D}(f)$, 以及 $I_1 = [0, 1/3]$, $I_2 = [1/3, 2/3]$ 和 $I_3 = [2/3, 1]$. 对 $x \in I_1$, 我们有 $g^2(x) = f(3x)/3$, 所以 $g^{2k}(x) = f^k(3x)/3$. 从而 $g^{2k}(x) = x$, 当且仅当 $f^k(3x) = 3x$, 因此, $\mathrm{MinPer}(g) \supset 2\mathrm{MinPer}(f) \cup \{1\}$ (见图 7.4).

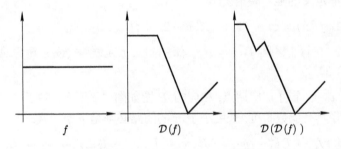

图 7.4　$f \equiv 1/2$ 时 $\mathcal{D}^k(f)$ 的图

在区间 I_2 上, $|g'| > 2$, 故在 $(1/3, 2/3)$ 存在唯一排斥不动点, 其他每个点最终离开这个区间并永远不再回来, 因为 $g(I_1 \cup I_3) \cap I_2 = \varnothing$. 因此在 I_2 内没有非不动点周期点.

最后, I_3 中的任何周期点进入 I_1, 故它的周期在 $2\mathrm{MinPer}(f)$ 中, 这验证了我们的论断 $\mathrm{MinPer}(\mathcal{D}(f)) = 2\mathrm{MinPer}(f) \cup \{1\}$.

由于 n 是偶数, 可以记 $n = p \cdot 2^k$, 其中 p 是奇数且 $k > 0$. 设 f 为最小奇数周期是 p 的映射 (见情形 1). 于是 $\mathrm{MinPer}(\mathcal{D}^k(f)) = 2^k \mathrm{MinPer}(f) \cup \{2^{k-1}, 2^{k-2}, \dots, 1\}$. 这证明了引理的情形 2.

情形 3. 假设 $\alpha = 2^\infty$. 设 $g_k = \mathcal{D}^k(\mathrm{Id})$, 这里 Id 是恒同映射. 于是由归纳法和情形 2 证明的说明, $\mathrm{MinPer}(g_k) = \{2^{k-1}, 2^{k-2}, \dots, 1\}$.

序列 $\{g_k\}_{k\in\mathbb{N}}$ 一致收敛于连续映射 $g_\infty : [0,1] \to [0,1]$, 且在 $[1/3^k,1]$ 上 $g_\infty = g_k$ (练习 7.3.4). 由此得知 $\mathrm{MinPer}(g_\infty) \supset S(2^\infty)$.

设 x 是 g_∞ 的周期点. 如果 $0 \notin \mathcal{O}(x)$, 则对充分大的 k 有 $\mathcal{O}(x) \subset [2/3^k,1]$, 所以 x 是 g_k 周期点, 周期是偶数. 假设 0 是周期 p 周期点. 如果 $p \succ 2^\infty$, 则存在 $q \in \mathbb{N}$, 使得 $p \succ q \succ 2^\infty$. 由 Sharkovsky 定理的第一部分, g_∞ 有最小周期 q 周期点 y. 由于 $0 \in \mathcal{O}(y)$, 由上述论断得知 q 是偶数, 这与 $q \succ 2^\infty$ 矛盾. 因此, $\mathrm{MinPer}(g_\infty) = S(2^\infty)$.

这得到了引理 7.3.9 的证明, 从而定理 7.3.1 得证.　　　□

练习 7.3.1　设 σ 是 $\{1,\dots,n-1\}$ 的排列. 求证存在具有周期 n 周期点 x 的连续映射 $f : [0,1] \to [0,1]$, 使得 $x < f^{\sigma(1)} < \cdots < f^{\sigma(n-1)}$.

练习 7.3.2　求证存在映射 $f,g : [0,1] \to [0,1]$, 它们每个都有周期 n (对某个 n) 周期点, 使得相应的 P 图不同构 (注意, 对 $n=3$ 所有 P 图同构).

练习 7.3.3　验证推论 7.3.7 的证明中的周期点具有最小周期 q.

练习 7.3.4　证明在引理 7.3.9 的证明接近末尾时定义的序列 $\{g_k\}_{k\in\mathbb{N}}$ 一致收敛, 极限 g_∞ 在 $[2/3^k,1]$ 上满足 $g_\infty = g_k$.

7.4　逐段单调映射的组合理论①

设 $I = [a,b]$ 是一个紧区间. 连续映射 $f : I \to I$ 是逐段单调的, 如果存在点列 $a = c_0 < c_1 < \cdots < c_l < c_{l+1} = b$, 使得 f 在每个区间 $I_i = [c_{i-1},c_i]$, $i = 1,\dots,l+1$ 上严格单调. 我们总是假设每个区间 $[c_{i-1},c_i]$ 是 f 单调的最大区间, 因此 f 在转向点 $c_1,\dots,c_l$ 改变方向. 区间 I_i 称为 f 的圈.

注意, 任何逐段单调映射 $f : I \to I$ 可以按照 $f(\partial J) \subset \partial J$ 扩张为更大区间 J 上的逐段单调映射. 因而 (不失一般性) 可假设 $f(\partial I) \subset \partial I$. 如果 f 有 l 个转向点以及 $f(\partial I) \subset \partial I$, 则称 f 为 l 模

态映射. 如果 f 恰有一个转向点, 则称 f 为单峰映射.

若对某个 $j \in \{1, \dots, l\}$ 有 $x = c_j$, 点 $x \in I$ 的地址是符号 c_j, 或者是符号 I_j, 如果 $x \in I_j$ 且 $x \notin \{c_1, \dots, c_l\}$. 注意 c_0 和 c_{l+1} 不诱导地址. x 的旅程是序列 $i(x) = (i_k(x))_{k \in \mathbb{N}_0}$, 其中 $i_k(x)$ 是 $f^k(x)$ 的地址. 令

$$\Sigma = \{I_1, \dots, I_{l+1}, c_1, \dots, c_l\}^{\mathbb{N}_0},$$

则 $i : I \to \Sigma$, 且 $i \circ f = \sigma \circ i$, 其中 σ 是 Σ 上的单边移位.

例　任何二次映射 $q_\mu(x) = \mu x(1-x), 0 < \mu \leqslant 4$ 是 $I = [0, 1]$ 上的单峰映射, 它有转向点 $c_1 = 1/2, I_1 = [0, 1/2], I_2 = [1/2, 1]$. 如果 $0 < \mu < 2$, 则 $f(I) \subset [0, 1/2)$, 所以仅有可能的旅程是 $(I_1, I_1, \dots)$, $(c_1, I_1, I_1, \dots)$ 和 $(I_2, I_1, I_1, \dots)$. 注意, 映射 $i : [0, 1] \to \Sigma$ 在 c_1 不连续.

如果 $\mu = 2$, 则可能的旅程是 $(I_1, I_1, \dots), (c_1, c_2, \dots)$ 和 $(I_2, I_1, I_1, \dots)$. 如果 $2 < \mu < 3$, 则存在吸引不动点 $(\mu - 1)/\mu \in (1/2, 2/3)$. 因此可能的旅程是

$$(I_1, I_1, \dots),$$
$$(c_1, I_2, I_2, \dots),$$
$$(I_2, I_2, \dots),$$
$$(I_1, \dots, I_1, I_2, I_2, \dots),$$
$$(I_1, \dots, I_1, c_1, I_2, I_2, \dots),$$

上述任何一个前面有 I_2.

引理 7.4.1　*旅程 $i(x)$ 是最终周期的, 当且仅当 x 的迭代收敛于 f 的周期轨道.*

证明　如果 $i(x)$ 是最终周期的, 则用 x 的向前迭代之一代替 x, 可假设 $i(x)$ 是周期的, 周期为 p. 如果对某个 j, $i_j(x) = c_j$, 则 c_j 是周期的, 这是我们要证明的. 因此对每个 k 可假设 $f^k(x)$ 包含在 f 的圈的内部. 对 $j = 0, \dots, p-1$, 设 J_j 是包含 $\{f^k(x) : k = j \bmod p\}$ 的最小闭区间. 由于此旅程是周期 p 周期的, 每个 J_i 包含在单个圈内, 所以 $f : J_j \to J_{j+1}$ 是严格单调的. 由此得知 $f^p : J_0 \to J_0$ 严格单调.

假设 $f^p : J_0 \to J_0$ 递增. 若 $f^p(x) \geqslant x$, 则由归纳法对所有 $k > 0$, $f^{kp}(x) \geqslant f^{(k-1)p}(x)$, 故 $\{f^{kp}(x)\}$ 收敛于 f^p 的不动点 $y \in J_0$. 如果 $f^p(x) < x$, 类似论述成立.

如果 $f^p : J_0 \to J_0$ 递减, 则 $f^{2p} : J_0 \to J_0$ 递增, 由上一段的论述, 序列 $\{f^{2kp}(x)\}$ 收敛于 f^{2p} 的不动点.

反之, 假设 $k \to \infty$ 时 $f^{kq}(x) \to y$, 其中 $f^q(y) = y$. 则若 y 的轨道不包含任何转向点, 那么 x 最终有与 y 相同的旅程. $\mathcal{O}(y)$ 不包含转向点的情形留作练习 (练习 7.4.1). □

设 ε 是定义在 $\{I_1, \ldots, I_l, c_1, \ldots, c_l\}$ 上的函数, 使得对 $k = 0, \ldots, l$, 有 $\varepsilon(I_1) = \pm 1$, $\varepsilon(I_k) = (-1)^{k+1}\varepsilon(I_1)$ 和 $\varepsilon(c_k) = 1$. 与 ε 相应的是 Σ 上的带号字典式序 $\prec$, 其定义如下: 对 $s \in \Sigma$, 定义

$$\tau_n(s) = \prod_{0 \leqslant k < n} \varepsilon(s_k).$$

我们用

$$-I_{l+1} < -c_l < -I_l < \cdots < -I_1 < I_1 < c_1 < I_2 < \cdots < c_l < I_{l+1}$$

指定符号 $\{\pm I_j, \pm c_k\}$. 给定 $s = (s_i), t = (t_i) \in \Sigma$, 我们说 $s \prec t$ 当且仅当 $s_0 < t_0$, 或者存在 $n > 0$, 使得对 $i = 0, \ldots, n-1$ 有 $s_i = t_i$, 且 $\tau_n(s)s_n < \tau_n(t)t_n$. 证明 $\prec$ 是序留作练习.

与 l 模态映射 f 相应的是自然带号字典式序, 其中若 f 在 I_k 上递增, 则 $\varepsilon(I_k) = 1$, 否则 $\varepsilon(I_k) = -1$, 对 $k = 1, \ldots, l$, $\varepsilon(c_k) = 1$. 对 $x \in I$ 我们定义 $\tau_n(x) = \tau_n(i(x))$. 注意, 如果 $\{x, f(x), \ldots, f^{n-1}(x)\}$ 不包含转向点, 则 $\tau_n(x)$ 是 f^n 在 x 的定向: 正定向 (即递增) 当且仅当 $\tau_n(x) = 1$.

引理 7.4.2 对 $x, y \in I$, 如果 $x < y$, 则 $i(x) \prec i(y)$. 反之, 如果 $i(x) \prec i(y)$, 则 $x < y$.

证明 假设 $i(x) \neq i(y), i_k(x) = i_k(y)$, 对 $k = 0, \ldots, n-1$, 以及 $i_n(x) \neq i_n(y)$. 那么区间 $[x, y], f([x, y]), \ldots, f^{n-1}([x, y])$ 中不存在转向点, 所以 f^n 在 $[x, y]$ 上单调, 是递增的当且仅当 $\tau_n(i(x)) = 1$. 因此 $x < y$ 当且仅当 $\tau_n(x)f^n(x) < \tau_n(y)f^n(y)$, 后者成立当且仅当 $\tau_n(x)i_n(x) < \tau_n(y)i_n(y)$, 因为 $i_n(x) \neq i_n(y)$. □

引理 7.4.3　设 $I(x) = \{y : i(y) = i(x)\}$. 那么

1. $I(x)$ 是一个区间 (它可能由单个点组成).

2. 如果 $I(x) \neq \{x\}$, 则对 $n \geqslant 0$, $f^n(I(x))$ 不包含任何转向点. 特别地, f 的每个方幂在 $I(x)$ 上严格单调.

3. 区间 $I(x), f(I(x)), f^2(I(x)), \ldots$ 或者两两不相交, 或者 $I(x)$ 中每一点的迭代收敛于 f 的周期轨道.

证明　由引理 7.4.2 立即得到 $I(t)$ 是一个区间. 为了证明 2, 假设存在 $y \in I(x)$, 使得 $f^n(y)$ 是转向点. 如果 $I(x)$ 不是单个点, 则存在某点 $z \in I(x)$, 使得 $f^n(y) \neq f^n(z)$, 因为 f^n 在任何区间上不是常数. 因此, $i_n(z) \neq i_n(y) = f(y)$, 这与事实 $y, z \in I(x)$ 矛盾. 从而 $I(x)$ 必须是单个点.

为了证明 3, 假设区间 $I(x), f(I(x)), f^2(I(x)), \ldots$ 不两两相交. 那么存在整数 $n \geqslant 0$, $p > 0$, 使得 $f^n(I(x)) \cap f^{n+p}(I(x)) \neq \varnothing$. 于是对所有 $k \geqslant 1$ 有 $f^{n+kp}(I(x)) \cap f^{n+(k+1)p}(I(x)) \neq \varnothing$. 由此得知, $L = \bigcup_{k \geqslant 1} f^{kp}(I(x))$ 是不包含转向点的非空区间, 且它在 f^p 作用下不变. 由于 f^p 在 L 上严格单调, 故对任何 $y \in L$ 序列 $\{f^{2kp}(y)\}$ 单调且收敛于 f^{2p} 的不动点.　　　　　　　□

区间 $J \subset I$ 是游荡的, 如果区间 $J, f(J), f^2(J), \ldots$ 两两不相交, 且 $f^n(J)$ 不收敛于 f 的周期轨道. 回忆, 如果 x 是吸引周期点, 则 x 的吸引盆 $\mathrm{BA}(x)$ 是其 ω 极限集为 $\mathcal{O}(x)$ 的所有点的集合.

推论 7.4.4　假设 f 没有游荡区间、吸引周期点或周期点区间. 那么 $i: I \to \Sigma$ 是一个单射, 因此它是保序映到它的像的双射.

证明　为了证明 i 是单射, 对每个 $x \in I$ 只需证明 $I(x) = \{x\}$. 如果这不成立, 则由引理 7.4.3 的证明, 或者 $I(x)$ 游荡, 或者存在具有非空内点的区间 L 和 $p > 0$, 使得 f^p 在 L 上单调, $f^p(L) \in L$, 以及 L 中的任何点的迭代收敛于 f 的周期 $2p$ 周期轨道. 前一情形由假设排除. 对后一情形, 由练习 7.4.2, 或者 L 包含周期点的一个区间, 或者 L 中的某个开区间收敛于单个点, 这与假设矛盾. 因此 $I(x) = \{x\}$.　　　　　　　□

接下来我们的目的是刻画子集 $i(I) \subset \Sigma$. 正如我们上面指出的, 映射 $i: I \to \Sigma$ 不连续. 尽管如此, 对任何 $x \in I$ 和 $k \in \mathbb{N}_0$, 存在

$\delta > 0$ 使得 $i_k(y)$ 在 $(x, x+\delta)$ 和 $(x-\delta, x)$ 上是常数 (在这两个区间上它们不必相同). 因此极限 $i(x^+) = \lim\limits_{y \to x^+} i(y)$ 和 $i(x^-) = \lim\limits_{y \to x^-} i(y)$ 存在. 此外, $i(x^+)$ 和 $i(x^-)$ 都包含在 $\{I_1, \ldots, I_l\}^{\mathbb{N}_0} \subset \Sigma$ 内. 对 $j = 1, \ldots, l$ 我们定义 f 的第 j 个折叠不变量为 $\nu_j = i(c_j^+)$. 为方便起见, 也定义序列 $\nu_0 = i(c_0) = i(c_0^+)$ 和 $\nu_{l+1} = i(c_{l+1}) = i(c_{l+1}^-)$. 注意 ν_0 和 ν_{l+1} 是周期 1 或 2 的最终周期点, 因为由假设集合 $\{c_0, c_{l+1}\}$ 是不变的. 事实上, 对于偶 ν_0, ν_{l+1} 仅存在 4 种可能性, 它们对应于 $f|_{\partial I}$ 的 4 种可能性.

引理 7.4.5　对任何 $x \in I$, $i(x)$ 满足下面的:

1. 如果 $f^n(x) = c_k$ 则 $\sigma^n i(x) = i(c_k)$.
2. 如果 $f^n(x) = I_{k+1}$ 且 f 在 I_{k+1} 上递增, 则 $\sigma\nu_k \preceq \sigma^{n+1} i(x) \preceq \sigma\nu_{k+1}$.
3. 如果 $f^n(x) = I_{k+1}$ 且 f 在 I_{k+1} 上递减, 则 $\sigma\nu_k \succeq \sigma^{n+1} i(x) \succeq \sigma\nu_{k+1}$.

此外, 如果 f 没有游荡区间、吸引周期点或周期点的区间, 则条件 2 和 3 中的不等式是严格的.

证明　第一个论断是显然的. 为了证明第二个论断, 假设 $f^n(x) \in I_{k+1}$, 且 f 在 I_{k+1} 上递增. 于是对 $y \in (c_k, f^n(x))$ 我们有 $f(c_k) < f(y) < f^{n+1}(x)$, 所以

$$i(f(c_k)) \preceq i(f(y)) \preceq i(f^{n+1}(x)) = \sigma^{n+1} i(x).$$

由于 $\nu_k = \lim\limits_{y \to c_k^+} i(y)$, 得知 $\sigma\nu_k \preceq \sigma^{n+1} i(x)$, 其他不等式的证明类似.

如果 f 没有游荡区间、吸引周期点或周期点的区间, 则由推论 7.4.4 得知 i 是单射, 因此, 上一节各个 $\preceq$ 都可用 $\prec$ 代替. □

下面引理 7.4.5 的直接推论给出折叠不变量的一个容许准则.

推论 7.4.6　如果 $\sigma^n(\nu_j) = (I_{k+1}, \ldots)$, 那么

1. 如果 f 在 I_{k+1} 上递增, 则 $\sigma\nu_k \preceq \sigma^{n+1}\nu_j \preceq \sigma\nu_{k+1}$.
2. 如果 f 在 I_{k+1} 上递减, 则 $\sigma\nu_k \succeq \sigma^{n+1}\nu_j \succeq \sigma\nu_{k+1}$.

设 $f: I \to I$ 是具有折叠不变量 $\nu_1, \ldots, \nu_l$ 的 l 模态映射, 又设 ν_0, ν_{l+1} 是 I 端点的旅程. 定义 Σ_f 为满足下面条件的所有序列 $t = (t_n) \in \Sigma$ 的集合:

1. 如果 $t_n = c_k, k \in \{0,\dots,l\}$, 则 $\sigma^n t = i(c_k)$.

2. 如果 $t_n = I_{k+1}$ 和 $\varepsilon(I_{k+1}) = +1$, 则 $\sigma\nu_k \prec \sigma^{n+1}t \prec \sigma\nu_{k+1}$.

3. 如果 $t_n = I_{k+1}$ 和 $\varepsilon(I_{k+1}) = -1$, 则 $\sigma\nu_k \succ \sigma^{n+1}t \succ \sigma\nu_{k+1}$.

类似地, 定义 $\hat\Sigma_f$ 为 Σ 中满足条件 1—3 并以 $\preceq$ 代替 $\prec$ 所得序列的集合.

定理 7.4.7　设 $f: I \to I$ 是具有折叠不变量 $\nu_1,\dots,\nu_l$ 的模态映射, ν_0, ν_{l+1} 是端点的旅程, 则 $i(I) \subset \hat\Sigma_f$. 此外, 如果 f 没有游荡区间、吸引周期点或周期点的区间, 则 $i(I) = \Sigma_f$, 且 $i: I \to \Sigma_f$ 是保序双射.

证明　如果不存在游荡区间、吸引周期点或周期点的区间, 则由引理 7.4.5 得 $i(I) \subset \hat\Sigma_f$ 和 $i(I) \subset \Sigma_f$.

假设 f 没有游荡区间、吸引周期点或周期点的区间. 令 $t = (t_n) \in \Sigma_f$, 并假设 $t \notin i(f)$. 则

$$L_t = \{x \in I : i(x) \prec t\}, \qquad R_t = \{x \in I : i(x) \succ t\}$$

是不相交区间, 以及 $I = L_t \cup R_t$.

我们期望 L_t 和 R_t 非空. 证明按对 $f|_{\partial I}$ 的 4 个可能性分为 4 个情形. 我们证明情形 $f(c_0) = f(c_{l+1}) = c_0$. 于是 $\nu_0 = i(c_0^+) = (I_1, I_1, \dots), \nu_{l+1} = i(c_{l+1}^-) = (I_{l+1}, I_1, I_1, \dots), \varepsilon(I_1) = 1$, 以及 $\varepsilon(I_{l+1}) = -1$. 注意, $t \neq i(c_0) = \nu_0$ 和 $t \neq i(c_{l+1}) = \nu_{l+1}$, 因为 $t \notin i(f)$. 因此 $\nu_0 \prec t$, 故 $c_0 \in L_t$. 如果 $t_0 < I_{l+1}$, 则 $t \prec \nu_{l+1}$, 故 $c_{l+1} \in R_t$, 这样我们就证明了. 因此假设 $t_0 = I_{l+1}$. 如果 $t_1 > I_1$, 则 $t \prec \nu_{l+1}$, 我们已经再次证了. 如果 $t_1 = I_1$, 则由条件 2 得 $\sigma\nu_0 \prec \sigma^2 t$, 由此依次得 $t \prec \nu_{l+1}$. 从而 $\nu_{l+1} \in R_t$.

设 $a = \sup L_t$. 我们将证明 $a \notin L_t$. 假设这不成立, 即设 $a \in L_t$. 由于对所有 $x > a$ 有 $x \notin L_t$, 我们得到 $i(a) \prec t \preceq i(a^+)$. 由此得知 a 的轨道包含转向点. 设 $n \geqslant 0$ 是对某个 $k \in \{1,\dots,l\}$ 满足 $i_n(a) = c_k$ 的最小整数. 则对 $j = 1,\dots,n-1$ 有 $i_j(a) = t_j = i_j(a^+)$, 以及 $i_n(a^+) = I_k$ 或 $i_n(a^+) = I_{k+1}$. 假设成立后者, 则 f^n 在 a 的邻域内递增. 由于对 $j = 0,\dots,n-1$, 有 $i(a) \prec t \preceq i(a^+)$ 和 $i_j(a) = t_j = i_j(a^+)$, 由此得知

$$i(c_k) = \sigma^n(i(a)) \prec \sigma^n(t) \prec \sigma^n(i(a^+)) = \nu_k,$$

以及 $c_k \leqslant t_n \leqslant I_{k+1}$.

如果 $t_n = c_k$, 则由条件 1, $\sigma^n(t) = i(c_k)$, 所以 $t = i(a)$, 这与事实 $t \notin i(f)$ 矛盾. 因此我们可以假设 $t_n = I_{k+1}$. 如果 f 在 I_{k+1} 上递增, 则由条件 2 得 $\sigma^{n+1}(t) \succ \sigma\nu_k$. 但是由 $\sigma^n(t) \preceq \sigma^n(i(a^+))$, $\tau_n(t) = +1$ 和 $t_n = i_n(a^+)$ 得

$$\sigma^{n+1}(t) \preceq \sigma^{n+1}(i(a^+)) = \sigma(\nu_k).$$

类似地, 如果 f 在 I_{k+1} 上递减, 则由条件 3 得 $\sigma^{n+1} \prec \sigma\nu_k$, 这与 $\sigma^n(t) \preceq \sigma^n(i(a^+))$, $\tau_{n+1}(t) = -1$ 和 $t_n = i_n(a^+)$ 矛盾.

我们已经证明情形 $i_n(a^+) = I_{k+1}$ 导致矛盾. 类似地, 情形 $i_n(a^+) = I_k$ 也导致矛盾. 因此 $a \notin L_t$. 由类似的论述, $\inf R_t \notin R_t$, 这与 I 是 L_t 与 R_t 的不相交并矛盾. 因此 $t \in i(I)$, 从而 $i(I) = \Sigma_f$.

现在由引理 7.4.2 得到 $i : I \to \Sigma_f$ 是保序双射. □

推论 7.4.8 设 f 和 g 是没有游荡区间、没有吸引周期点且没有周期点的区间的 I 的 l 模态映射. 如果 f 和 g 具有相同折叠不变量和端点旅程, 则 f 与 g 拓扑共轭.

证明 设 i_f 和 i_g 分别是 f 和 g 的旅程映射, 则 $i_f^{-1} \circ i_g : I \to \Sigma(\nu_0, \nu_1, \ldots, \nu_{l+1}) \to I$ 是保序双射, 从而是共轭 f 和 g 的同胚. □

注 7.4.9 可以证明推论 7.4.8 的下面推广也成立: 设 f 和 g 是 l 的模态映射, 又假设 f 没有游荡区间、没有吸引周期点且没有周期点的区间. 如果 f 和 g 有相同的折叠不变量和端点旅程, 则 f 和 g 是拓扑半共轭的.

例 考虑单峰二次映射 $f : [-1, 1] \to [-1, 1]$, $f(x) = -2x^2 + 1$. 这个映射通过同胚 $h : [-1, 1] \to [0, 1]$, $h(x) = \frac{1}{2}(x+1)$ 共轭于二次映射 $q_4 : [0, 1] \to [0, 1]$, $q_4 = 4x(1-x)$. f 的转向点 $c = 0$ 的轨道是 $0, -1, -1, \ldots$, 故折叠不变量是 $\nu = (I_2, I_2, I_1, I_1, \ldots)$.

现在设 $I = [-1, 1]$, 并考虑由

$$T(x) = \begin{cases} 2x+1, & x \leqslant 0, \\ -2x+1, & x > 0 \end{cases}$$

定义的帐篷映射 $T : I \to I$. f 共轭于 T 的同胚是 $\phi : I \to I$, $\phi(x) = (2/\pi)\sin^{-1}(x)$.

对任何 $n > 0$, 映射 f^{n+1} 同胚地映每个区间 $[k/2^n, (k+1)/2^n]$, $k = -2^n, \ldots, 2^n$ 到 I. 因此任何开集的向前迭代覆盖 I, 或者等价地, I 中任何点的向后轨道在 I 中稠密. 由下面引理得知, T 没有游荡区间、吸引周期点或周期点的区间, 因此任何与 T 具有相同折叠不变量的单峰映射半共轭于 T. 特别地, 任何满足 $g(a) = g(b) = a$ 和 $g(c) = b$ 的单峰映射 $g : [a, b] \to [a, b]$ 半共轭于 T.

引理 7.4.10　设 $I = [a, b]$ 是一个区间, f 是满足 $f(\partial I) \subset \partial I$ 的连续映射. 假设每个向后轨道在 I 中稠密, 又 f 有不动点 x_0 不在 ∂I 内. 那么 f 没有游荡区间, 没有周期点区间, 且没有吸引的周期点.

证明　设 $U \in I$ 是一个开区间. 固定 $x \in U$. 由 $\bigcup f^{-n}(x)$ 的密度, 存在 $n > 0$ 使得 $f^{-n}(x) \cap U \neq \varnothing$. 于是 $f^n(U) \cap U \neq \varnothing$, 故 U 不是游荡区间.

假设 $z \in I$ 是一个吸引周期点, 则吸引盆 $\mathrm{BA}(z)$ 是具有非空内点的向前不变集. 由于向后轨道稠密, $\mathrm{BA}(z)$ 是 I 的稠密开子集, 因此与 x_0 的向后轨道相交. 从而 $z = x_0$. 另一方面, a 和 b 的向后轨道稠密, 从而与 $\mathrm{BA}(z)$ 相交, 矛盾. 因此不可能存在吸引的周期点.

$\mathrm{Per}(f)$ 中的任何点在 $\mathrm{Per}(f)$ 中有有限个原像, 因此, 如果 $\mathrm{Per}(f)$ 有非空内点, 则 $\mathrm{Per}(f)$ 中点的向后轨道不在 $\mathrm{Per}(f)$ 中稠密. 从而 f 没有周期点的区间. □

这一节的最后一个结果是一个实现性定理, 它断言 Σ 中序列的任何 "可容许" 集合是 l 模态映射的折叠不变量集合.

注意, 对 l 模态映射 f, 端点旅程由 f 在 f 的第一个和最后一个圈上的定向完全确定. 因此如在带号字典式序的定义中给定的 l 和函数 ε, 我们可以如在符号空间 $\{I_1, I_{l+1}\}$ 中的序列定义自然的端点旅程 ν_0 和 ν_{l+1}.

定理 7.4.11　设 $\nu_1, \ldots, \nu_l \in \{I_1, \ldots, I_{l+1}\}^{\mathbb{N}_0}$ 和 $\varepsilon(I_j) = \varepsilon_0(-1)^j$, 其中 $\varepsilon_0 = \pm 1$. 又设 $\prec$ 是与 ε 相应的 $\Sigma = \{I_1, \ldots, I_{l+1}, c_1, \ldots, c_l\}^{\mathbb{N}_0}$ 上的带号字典式序. ν_0 和 ν_{l+1} 是由 ε 和 l 唯一确定的端点旅程. 如果 $\{\nu_0, \ldots, \nu_{l+1}\}$ 满足推论 7.4.6 的可容许准则, 则存在具有折叠不

变量 $\nu_0,\ldots,\nu_{l+1}$ 的连续 l 模态映射 $f:[0,1]\to[0,1]$.

证明 通过规则 $t\sim s$ 当且仅当 $t=s$ 或 $\sigma(t)=\sigma(s)$, 以及 $t_0=I_k, s_0=I_{k\pm1}$ 定义 Σ 上的等价关系 $\sim$. 解释如下: t 和 s 等价, 当且仅当它们至多第一个位置不同, 于是仅当第一个位置是邻接区间. (例如, 对 l 模态映射的转向点有 $i(c_k^-)\sim i(c_k^+)$.)

我们定义 l 模态映射序列 $f_N, N\in\mathbb{N}_0$, 它的旅程不变量直到 N 阶与 $\nu_1,\ldots,\nu_l$ 相同. 所求映射 f 在 C^0 拓扑下是这些映射的极限.

设 $p_j^0=c_j, j=0,\ldots,l+1$. 选择点 $p_j^1\in[0,1]$, $j=0,\ldots,l+1$, 使得

1. 如果 $\sigma^m(\nu_i)\sim\sigma^n(\nu_j)$, 则 $p_i^m=p_j^n$,

2. $p_i^m<p_j^n$, 当且仅当 $\sigma^m(\nu_i)\prec\sigma^n(\nu_j)$ 和 $\sigma^m(\nu_i)\not\sim\sigma^n(\nu_j)$, 以及

3. 新点均匀分布在每个区间 $[p_j^0,p_{j+1}^0], j=0,\ldots,l+1$ 上.

定义 $f_1:[0,1]\to[0,1]$ 为由 $f(p_j^0)=p_j^1$ 指定的逐段线性映射. 注意, $p_j^1<p_{j+1}^1$, 当且仅当 $\sigma\nu_j<\sigma\nu_{j+1}$, 这当且仅当 $\varepsilon(I_{j+1})=+1$ 时才发生. 因此 f_1 是 l 模态映射.

对 $N>0$, 我们对所有 $n,m\leqslant N$ 和 $j=0,\ldots,l+1$, 递归定义满足条件 1 和 2 的点 $p_j^N\in[0,1], j=0,\ldots,l+1$, 因此, 在由点 $\{p_j^n:0<n<N,0\leqslant j\leqslant l+1\}$ 定义的任何子区间内, 新点 $\{p_j^N\}$ 在这个区间内是均匀分布的. 于是我们定义的映射 $f_N:I\to I$ 是连接点 $(p_j^n,p_j^{n+1}), j=0,\ldots,l+1, n=0,\ldots,N-1$ 的逐段线性映射. 由此得知 (练习 7.4.5):

1. 对每个 $N>0$, f_N 是 l 模态映射,

2. $\{f_N\}$ 按 C^0 拓扑收敛于有转向点 $c_1,\ldots,c_l$ 的 l 模态映射 f, 以及

3. f 的折叠不变量是 $\nu_1,\ldots,\nu_l$. □

练习 7.4.1 完成引理 7.4.1 的证明.

练习 7.4.2 设 L 是区间, $f:L\to L$ 是严格单调映射. 求证: 或者 L 包含周期点的区间, 或者 L 中的某个开区间收敛于单个点.

练习 7.4.3 在二次映射 $q_\mu, 2<\mu<3$ 的旅程集合上进行定序.

练习 7.4.4　证明帐篷映射恰有 2^n 个周期 n 周期点, 且周期点集在 $[-1,1]$ 中稠密.

练习 7.4.5　验证定理 7.4.11 证明中的最后 3 个论断.

7.5　Schwarz 导数

设 f 是定义在区间 $I \subset \mathbb{R}$ 上的 C^3 函数. 如果 $f'(x) \neq 0$, 定义 f 在 x 的 *Schwarz* 导数为

$$Sf(x) = \frac{f'''(x)}{f'(x)} - \frac{3}{2}\left(\frac{f''(x)}{f'(x)}\right)^2.$$

如果 x 是 f 的孤立临界点, 定义 $Sf(x) = \lim_{y \to x} Sf(y)$, 假若这个极限存在.

对二次映射 $q_\mu(x) = \mu x(1-x)$, 若 $x \neq 1/2$ 则有 $Sq_\mu(x) = -6/(1-2x)^2$ 和 $Sf(1/2) = -\infty$. 我们也有 $S\exp(x) = -1/2$ 和 $S\log(x) = 1/2x^2$.

引理 7.5.1　Schwarz 导数有下列性质:
1. $S(f \circ g) = (Sf \circ g)(g')^2 + Sg$.
2. $S(f^n) = \sum_{i=0}^{n-1} Sf(f^i(x)) \cdot ((f^i)'(x))^2$.
3. 如果 $Sf < 0$, 则对所有 $n > 0$ 有 $S(f^n) < 0$.

证明留作练习 (练习 7.5.3).

具有负 Schwarz 导数的函数满足下面的极小值原理.

引理 7.5.2 (极小值原理)　设 I 是一个区间, $f : I \to I$ 是对所有 $x \in I$ 满足 $f'(x) \neq 0$ 的 C^3 映射. 如果 $Sf < 0$, 则 $|f'(x)|$ 在 I 内部没有局部极小值.

证明　设 z 是 f' 的临界点, 则 $f''(z) = 0$, 故 $f'''(z)/f'(z) < 0$, 因为 $Sf < 0$. 因此 $f'''(z)$ 与 $f'(z)$ 具有相反符号. 如果 $f'(z) < 0$ 则 $f'''(z) > 0$, z 是 f' 的局部极小点, 所以 z 是 $|f'|$ 的局部极大点. 类似地, 如果 $f'(z) > 0$, 则 z 也是 $|f'|$ 的局部极大点. 因为 f' 在 I 上永不为 0, 故 $|f'|$ 在 I 上没有局部极小点.　　　□

定理 7.5.3 (Singer) 设 I 是一个闭区间 (可能无界), $f : I \to I$ 是具有负 Schwarz 导数的 C^3 映射. 如果 f 有 n 个临界点, 则 f 至多有 $n+2$ 个吸引周期轨道.

证明 设 z 是吸引的周期 m 周期点. $W(z)$ 是 z 的最大区间, 使得对所有 $y \in U$ 当 $n \to \infty$ 时 $f^{mn}(y) \to z$. 那么 $W(z)$ (在 I 中) 是开的, 且 $f^m(W(z)) \subset W(z)$.

假设 $W(z)$ 有界且不包含 ∂I 中的点, 因此对某个 $a < b \in \mathbb{R}$ 有 $W(z) = (a, b)$. 我们期望 f^m 在 $W(z)$ 中有临界点. 由 $W(z)$ 的极大性, f^m 必须保持 $W(z)$ 的端点集. 如果 $f^m(a) = f^m(b)$, 则 f^m 在 $W(z)$ 中必须有极大或极小, 因此有临界点在 $W(z)$ 中. 如果 $f^m(a) \neq f^m(b)$, 则 f^m 必须置换 a 和 b. 假设 $f^m(a) = a$ 和 $f^m(b) = b$. 那么在 ∂U 上有 $(f^m)' \geqslant 1$, 因为否则, a 或 b 将是 f^m 的吸引不动点, 它的吸引盆与 U 交叠. 由最小值原理, 如果 f^m 在 U 内没有临界点, 则在 U 上 $(f^m)' > 1$, 这与 $f^m(W(z)) = W(z)$ 矛盾, 故 f^m 在 $W(z)$ 中有临界点. 如果 $f^m(a) = b$ 和 $f^m(b) = a$, 则对 f^{2m} 利用前面的论述, 得知 f^{2m} 有临界点在 $W(z)$ 中. 由于 $f^m(W(z)) = W(z)$, 得知 f^m 也有临界点在 $W(z)$ 中.

由链规则, 如果 $p \in W(z)$ 是 f^m 的临界点, 则点 $p, f(p), \dots, f^{m-1}(p)$ 之一是 f 的临界点. 因此我们证明了 $W(z)$ 或者无界, 或者与 ∂I 相交, 或者存在 f 的临界点, 它的轨道与 $W(z)$ 相交. 由于仅存在 n 个临界点, 且 I 只有两个边界点 (或无界端点), 定理得证.
□

推论 7.5.4 对任何 $\mu > 4$, 二次映射 $q_\mu : \mathbb{R} \to \mathbb{R}$ 至多有一个 (有限) 吸引周期轨道.

证明 定理 7.5.3 的证明显示, 如果 z 是吸引周期点, 则 $W(z)$ 或者无界, 或者包含 q_μ 的临界点. 由于 ∞ 是吸引周期点, z 的吸引盆必须有界, 因此必须包含临界点.
□

现在我们讨论 Schwarz 导数与长度畸变之间的关系, 这在讨论具有负 Schwarz 导数的区间映射的绝对连续不变测度时有用. [①]

设 f 是定义在有界区间 I 上的一个逐段单调实值函数. 假设

[①]这里我们的论述大部分是按照 [vS88] 和 [dMvS93].

$J \subset I$ 是子区间, 使得 $I \backslash J$ 由不相交的非空区间 L 和 R 组成. 用 $|F|$ 表示区间 F 的长度. 定义交比

$$C(I, J) = \frac{|I| \cdot |J|}{|J \cup L| \cdot |J \cup R|}, \quad D(I, J) = \frac{|I| \cdot |J|}{|L| \cdot |R|}.$$

如果 f 在 I 上单调, 令

$$A(I, J) = \frac{C(f(I), f(J))}{C(I, J)}, \quad B(I, J) = \frac{D(f(I), f(J))}{D(I, J)}.$$

　　扩展实直线 $\mathbb{R} \cup \{\infty\}$ 上形如 $\phi(x) = (ax + b)/(cx + d)$ 的映射组成实 *Möbius* 变换群 $\mathcal{M}$, 其中 $a, b, c, d \in \mathbb{R}$ 且 $ad - bc \neq 0$. Möbius 变换有零 Schwarz 导数并保持交比 C 和 D (练习 7.5.4). Möbius 变换群对在扩展实直线上的三点组的作用是单传递的, 即任给三个不同点 $a, b, c \in \mathbb{R} \cup \{\infty\}$, 存在唯一 Möbius 变换 $\phi \in \mathcal{M}$, 使得 $\phi(0) = a, \phi(1) = b$ 和 $\phi(\infty) = c$ (练习 7.5.5). Möbius 变换也称为线性分式变换.

　　命题 7.5.5　设 f 是定义在紧区间 I 上的一个 C^3 实值函数, 使得 f 有负 Schwarz 导数且 $f'(x) \neq 0, x \in I$. 令 $J \subset I$ 是不包含 I 端点的闭子区间. 那么 $A(I, J) > 1$ 和 $B(I, J) > 1$.

　　证明　由于每个 Möbius 变换有零 Schwarz 导数, 且保持交比 C 和 D, 故通过 f 与适当的 Möbius 变换的左右复合并利用引理 7.5.1, 可以假设 $I = [0, 1], J = [a, b]$, 其中 $0 < a < b < 1$, $f(0) = 0, f(a) = a$ 和 $f(1) = 1$. 由引理 7.5.2, $|f'|$ 在 $[0, 1]$ 没有局部极小, 因此, f 除了 $0, a$ 和 1 以外没有其他不动点. 从而, 如果 $0 < x < a$ 则 $f(x) < x$, 如果 $a < x < 1$ 则 $f(x) > x$; 特别地, $f(b) > b$. 我们有

$$B(I, J) = \frac{|f(1) - f(0)| \cdot |f(b) - f(a)|}{|f(a) - f(0)| \cdot |f(1) - f(b)|} \cdot \left(\frac{|1 - 0| \cdot |b - a|}{|a - 0| \cdot |1 - b|} \right)^{-1}$$

$$= \frac{1 \cdot (f(b) - a) \cdot a \cdot (1 - b)}{a \cdot (1 - f(b)) \cdot 1 \cdot (b - a)} > 1.$$

这证明了第二个不等式. 第一个留作练习 (练习 7.5.6).　　　□

　　下面我们不给证明的命题刻画在没有临界点的区间上具有负 Schwarz 导数的映射的有界畸变性质.

命题 7.5.6 [vS88], [dMvS93] 设 $f : [a, b] \to \mathbb{R}$ 是一个 C^3 映射. 假设对所有 $x \in [a, b]$ 有 $Sf < 0$ 和 $f'(x) \neq 0$. 那么

1. $|f'(a)| \cdot |f'(b)| \geqslant (|f(b) - f(a)|/(b - a))^2$,
2. 对每个 $x \in (a, b)$ 有 $\dfrac{|f'(x)| \cdot |f(b) - f(a)|}{b - a} \geqslant \dfrac{|f(x) - f(a)|}{x - a} \cdot \dfrac{|f(b) - f(x)|}{b - x}$.

练习 7.5.1 证明如果 $f : I \to \mathbb{R}$ 是映到它的像的 C^3 微分同胚, 又 $g(x) = \dfrac{d}{dx} \log |f'(x)|$, 则

$$Sf(x) = g'(x) - \frac{1}{2}(g(x))^2 = -2\sqrt{|f'(x)|} \cdot \frac{d^2}{dx^2} \frac{1}{\sqrt{|f'(x)|}}.$$

练习 7.5.2 求证具有不同实根的任何多项式有负 Schwarz 导数.

练习 7.5.3 证明引理 7.5.1.

练习 7.5.4 证明每个 Möbius 变换有零 Schwarz 导数且保持交比 C 和 D.

练习 7.5.5 证明 Möbius 变换群对扩展实直线上的三点组的作用是单传递的.

练习 7.5.6 证明命题 7.5.5 中余下未证明的不等式.

7.6 实二次映射

在 1.5 节中我们介绍了实二次映射的单参数族 $q_\mu(x) = \mu x(1 - x), \mu \in \mathbb{R}$, 并证明对 $\mu > 1$, 在 $I = [0, 1]$ 以外任何点的轨道单调收敛于 $-\infty$. 因此有趣的动力学集中在集合

$$\Lambda_\mu = \{x \in I \mid q_\mu^n(x) \in I, \forall n \geqslant 0\}$$

内.

定理 7.6.1 设 $\mu > 4$. 那么 Λ_μ 是一个 Cantor 集, 即 $[0, 1]$ 的完满无处稠密子集. 限制 $q_\mu|_{\Lambda_\mu}$ 拓扑共轭于单边移位 $\sigma : \Sigma_2^+ \to \Sigma_2^+$.

证明　设 $a = 1/2 - \sqrt{1/4 - 1/\mu}$ 和 $b = 1/2 + \sqrt{1/4 - 1/\mu}$ 是 $q_\mu(x) = 1$ 的两个解, 令 $I_0 = [0, a], I_1 = [b, 1]$. 则 $q_\mu(I_0) = q_\mu(I_1) = I$, 且 $q_\mu((a, b)) \cap I \neq \varnothing$ (见图 7.5). 注意, 临界点 $1/2$ 的像 $q_\mu^n(1/2)$ 位于 I 以外且趋于 $-\infty$. 因此两个逆分支 $f_0 : I \to I_0$ 和 $f : I \to I_1$ 以及它们的复合有定义. 对 $k \in \mathbb{N}$, 用 W_k 表示字母表 $\{0, 1\}$ 中长度为 k 的所有字的集合. 对 $w = \omega_1 \omega_2 \ldots \omega_k \in W_k$ 和 $j \in \{0, 1\}$, 令 $I_{wj} = f_j(I_w)$ 和 $g_w = f_{w_k} \circ \cdots \circ f_{w_2} \circ f_{w_1}$, 因此, $I_w = g_w(I)$.

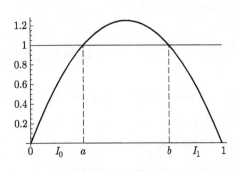

图 7.5　二次映射

引理 7.6.2　$\displaystyle\lim_{k \to \infty} \max_{w \in W_k} \max_{x \in I} |g_w'(x)| = 0.$

证明　如果 $\mu > 2 + \sqrt{5}$, 则对每个 $x \in I, j = 0, 1$, 有 $1 > |f_j'(1)| = \mu\sqrt{1 - 4/\mu} \geqslant |f_j'(x)|$, 引理得证.

对 $4 < \mu < 2 + \sqrt{5}$, 引理由定理 8.5.10 (也见定理 8.5.11) 得知. $\quad\square$

由引理 7.6.2 得知, 当 w 的长度趋于无穷时区间 I_w 的长度趋于 0. 因此, 对每个 $\omega = \omega_1 \omega_2 \ldots \in \Sigma_2^+$ 交 $\bigcap_{n \in \mathbb{N}} I_{\omega_1 \ldots \omega_n}$ 恰由一点 $h(\omega)$ 组成. 映射 $h : \Sigma_2^+ \to \Lambda_\mu$ 是共轭移位 σ 与 $q_\mu|_{\Lambda_\mu}$ 的同胚 (练习 7.6.2). $\quad\square$

练习 7.6.1　证明如果 $\mu > 4$ 和 $1/2 - \sqrt{1/4 - 1/\mu} < x < 1/2 + \sqrt{1/4 - 1/\mu}$, 则 $n \to \infty$ 时 $q_\mu^n(x) \to -\infty$.

练习 7.6.2　证明定理 7.6.1 的证明中的映射 $h : \Sigma_2^+ \to \Lambda_\mu$ 是同胚, 且 $q_\mu \circ h = h \circ \sigma$.

7.7 周期点分支[①]

实二次映射族 $q_\mu(x) = \mu x(1-x)$ (1.5, 7.6 节) 是 (一维) 动力系统参数化族的一个例子. 虽然动力系统的特殊定性性态依赖于参数, 但在参数的某些范围内定性性态通常保持不变. 定性性态发生改变的参数值称为参数的分支值. 例如, 对二次映射族, 参数值 $\mu = 3$ 是分支值, 因为在这点不动点 $1 - 1/\mu$ 的稳定性从排斥变到吸引. 参数值 $\mu = 1$ 也是分支值, 因为对 $\mu < 1$, 0 是仅有的不动点, 而对 $\mu > 1$, q_μ 有两个不动点.

分支称为是通有的, 如果对动力系统的所有附近族出现相同分支, 这里的 "附近" 由适当的拓扑定义 (通常为 C^2 或 C^3 拓扑). 例如, 对二次映射族, 分支值 $\mu = 3$ 是通有的. 为看到这一点, 注意到对接近于 3 的 μ, q_μ 的图在不动点 $x_\mu = 1 - 1/\mu$ 与分角线横截相交, 对 $\mu < 3$, $q'_\mu(x_\mu)$ 的模小于 1, 而对 $\mu > 3$ 它大于 1. 如果 f_μ 是 C^1 接近于 q_μ 的另一个映射族, 则 $f_\mu(x)$ 的图像也必须在 x_μ 附近的点 y_μ 与分角线相交, 且 $f'_\mu(y_\mu)$ 的模在接近于 3 的某个参数值必须穿过 1. 因此, f_μ 有与 q_μ 相同类型的分支. 类似的理由显示分支值 $\mu = 1$ 也是通有的.

通有分支是我们的主要兴趣. 通有性概念依赖于参数空间的维数 (例如, 一个分支对单参数族可以是通有的, 但对双参数族可能不是通有的). 单参数族动力系统的通有分支称为余维 1 分支. 在这一节我们刻画一维映射不动点和周期点的余维 1 分支.

我们从没有分支的结果开始. 如果可微映射 f 的图像与分角线在点 x_0 横截相交, 则不动点 x_0 在 f 的 C^1 小扰动下得到保持.

命题 7.7.1 设 $U \subset \mathbb{R}^m$ 和 $V \subset \mathbb{R}^n$ 是开子集, $f_\mu : U \to \mathbb{R}^m, \mu \in V$ 是 C^1 映射族, 使得

1. 映射 $(x, \mu) \mapsto f_\mu(x)$ 是一个 C^1 映射,
2. 对某个 $x_0 \in U$ 和 $\mu_0 \in V$ 有 $f_{\mu_0}(x_0) = x_0$,
3. 1 不是 $df_{\mu_0}(x_0)$ 的特征值.

那么存在开集 $U' \subset U, V' \subset V$, 其中 $x_0 \in U', \mu_0 \in V'$, 以及 C^1 函数 $\xi : V' \to U'$, 使得对每个 $\mu \in V'$, $\xi(\mu)$ 是 f_μ 在 U' 中的仅有不

[①]这一节的解释某些内容是按照 [Rob95] 的.

动点.

证明　这个命题是隐函数定理对映射 $(x, \mu) \mapsto f_\mu(x) - x$ 应用的直接结果 (练习 7.7.1).　　　　　　　　　　　　　　　□

命题 7.7.1 显示, 如果 1 不是导数的特征值, 则不动点不分支出多个不动点, 也不消失. 下一个命题显示周期点不可能出现在双曲不动点的邻域内.

命题 7.7.2　在命题 7.7.1 的假设 (和记号) 下, 又假设 x_0 是 f_{μ_0} 的双曲不动点, 即 $df_{\mu_0}(x_0)$ 没有绝对值为 1 的特征值. 那么对每个 $k \in \mathbb{N}$, 存在 x_0 和 μ_0 的邻域 $U_k \subset U'$ 和 $V_k \subset V'$, 使得 $\xi(\mu)$ 是 f_μ^k 在 U_k 中仅有的不动点.

如果此外, x_0 是 f_{μ_0} 的一个吸引不动点, 即 $df_{\mu_0}(x_0)$ 的所有特征值按绝对值严格小于 1, 则邻域 U_k 和 V_k 可选择与 k 无关.

证明　由于 $df_{\mu_0}(x_0)$ 没有绝对值为 1 的特征值, 故 1 不是 $df_{\mu_0}^k(x_0)$ 的特征值, 从而由命题 7.7.1 得第一个论断.

第二个论断留作练习 (练习 7.7.2).　　　　　　　　　　□

命题 7.7.1 和命题 7.7.2 表明, 对可微的一维映射, 仅当导数的绝对值为 1 时才可能出现不动点或周期点的分支. 对一维映射, 仅存在两类通有分支: 如果在周期点的导数是 1, 则可出现鞍 – 结点分支 (或折分支), 以及, 如果在周期点的导数是 -1, 则可出现倍周期分支 (或翻转分支). 我们将在下面两个命题中描述这些分支. 对分支理论的更广泛讨论见 [CH82] 或者 [HK91], 与可微映射的奇点紧密相关课题的完整解释可见 [GG73].

命题 7.7.3 (鞍 – 结点分支)　设 $I, J \subset \mathbb{R}$ 是开区间, $f : I \times J \to \mathbb{R}$ 是 C^2 映射, 使得

1. 对某个 $x_0 \in I$ 和 $\mu_0 \in J$ 有 $f(x_0, \mu_0) = x_0$ 和 $\dfrac{\partial f}{\partial x}(x_0, \mu_0) = 1$,

2. $\dfrac{\partial^2 f}{\partial x^2}(x_0, \mu_0) < 0$ 和 $\dfrac{\partial f}{\partial \mu}(x_0, \mu_0) > 0$.

那么存在 $\varepsilon, \delta > 0$ 和 C^2 函数 $\alpha : (x_0 - \varepsilon, x_0 + \varepsilon) \to (\mu_0 - \delta, \mu_0 + \delta)$, 使得:

1. $\alpha(x_0) = \mu_0, \alpha'(x_0) = 0, \alpha''(x_0) = -\dfrac{\partial^2 f}{\partial x^2}(x_0, \mu_0) \Big/ \dfrac{\partial f}{\partial \mu}(x_0, \mu_0)$ > 0.

2. 每个 $x \in (x_0 - \varepsilon, x_0 + \varepsilon)$ 是 $f(\cdot, \alpha(x))$ 的不动点, 即 $f(x, \alpha(x)) = x$, 以及对 $\mu \in (\mu_0 - \delta, \mu_0 + \delta)$, $\alpha^{-1}(\mu)$ 恰好是 $f(\cdot, \mu)$ 在 $(x_0 - \varepsilon, x_0 + \varepsilon)$ 内的不动点集.

3. 对每个 $\mu \in (\mu_0, \mu_0 + \delta)$, $f(\cdot, \mu)$ 在 $(x_0 - \varepsilon, x_0 + \varepsilon)$ 内恰好存在两个不动点 $x_1(\mu) < x_2(\mu)$, 满足

$$\frac{\partial f}{\partial x}(x_1(\mu), \mu) > 1 \quad \text{和} \quad 0 < \frac{\partial f}{\partial x}(x_2(\mu), \mu) < 1,$$

其中对 $i = 1, 2$, $\alpha(x_i(\mu)) = \mu$.

4. 对每个 $\mu \in (\mu_0 - \delta, \mu_0)$, $f(\cdot, \mu)$ 在 $(x_0 - \varepsilon, x_0 + \varepsilon)$ 内没有不动点.

注 7.7.4 命题 7.7.3 的第二个假设中的不等式对应于两个导数不等于 0 时的 4 个可能的通有情形之一. 其他 3 个情形类似 (练习 7.7.3).

证明 考虑函数 $g(x, \mu) = f(x, \mu) - x$ (见图 7.6). 注意到

$$\frac{\partial g}{\partial \mu}(x_0, \mu_0) = \frac{\partial f}{\partial \mu}(x_0, \mu_0) > 0.$$

因此, 由隐函数定理, 存在 $\varepsilon, \delta > 0$ 和 C^2 函数 $\alpha : (x_0 - \varepsilon, x_0 + \varepsilon) \to J$, 使得对每个 $x \in (x_0 - \varepsilon, x_0 + \varepsilon)$, $g(x, \alpha(x)) = 0$, 以及 g 在 $(x_0 - \varepsilon, x_0 + \varepsilon) \times (\mu_0 - \varepsilon, \mu_0 + \varepsilon)$ 中没有其他零点. 直接计算显示 α 满足论断 1. 因为 $\alpha''(x_0) > 0$, 对充分小 ε 和 δ 论断 3 和 4 满足 (练习 7.7.4). □

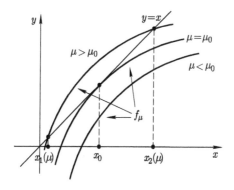

图 7.6 鞍 – 结点分支

命题 7.7.5 (倍周期分支)　设 $I, J \subset \mathbb{R}$ 是开区间, $f : I \times J \to \mathbb{R}$ 是 C^3 映射, 使得:

1. 对某个 $x_0 \in I$ 和 $\mu_0 \in J$, 有 $f(x_0, \mu_0) = x_0$ 和 $\dfrac{\partial f}{\partial x}(x_0, \mu_0) = -1$, 因此由命题 7.7.1 对接近 μ_0 的 μ, 存在 $f(\cdot, \mu)$ 的不动点曲线 $\mu \mapsto \xi(\mu)$.

2. $\eta = \dfrac{d}{d\mu}\bigg|_{\mu=\mu_0} \dfrac{\partial f}{\partial x}(\xi(\mu), \mu) < 0$.

3. $\zeta = \dfrac{\partial^3 f(f(x_0, \mu_0), \mu_0)}{\partial x^3} = -2\dfrac{\partial^3 f}{\partial x^3}(x_0, \mu_0) - 3\left(\dfrac{\partial^2 f}{\partial x^2}(x_0, \mu_0)\right)^2 < 0$.

那么, 存在 $\varepsilon, \delta > 0$ 和满足 $\xi(\mu_0) = x_0$ 的 C^3 函数 $\xi : (\mu_0 - \delta, \mu_0 + \delta) \to \mathbb{R}$, 以及满足 $\alpha(x_0) = \mu_0, \alpha'(x_0) = 0$ 和 $\alpha''(x_0) = -2\eta/\zeta > 0$ 的 $\alpha : (x_0 - \varepsilon, x_0 + \varepsilon) \to \mathbb{R}$, 使得:

1. $f(\xi(\mu), \mu) = \xi(\mu)$, 以及, 对 $\mu \in (\mu_0 - \delta, \mu_0 + \delta)$, $\xi(\mu)$ 是 $f(\cdot, \mu)$ 在 $(x_0 - \varepsilon, x_0 + \varepsilon)$ 内的仅有不动点.

2. 当 $\mu_0 - \delta < \mu < \mu_0$ 时 $\xi(\mu)$ 是 $f(\cdot, \mu)$ 的吸引不动点, 当 $\mu_0 < \mu < \mu_0 + \delta$ 时是排斥不动点.

3. 对每个 $\mu \in (\mu_0, \mu_0 + \delta)$, 映射 $f(\cdot, \mu)$ 除了不动点 $\xi(\mu)$, 在区间 $(x_0 - \varepsilon, x_0 + \varepsilon)$ 内恰有两个吸引周期 2 点 $x_1(\mu), x_2(\mu)$; 此外, 当 $\mu \searrow \mu_0$ 时, 对 $i = 1, 2$, 有 $\alpha(x_i(\mu)) = \mu$ 和 $x_i(\mu) \to x_0$.

4. 对每个 $\mu \in (\mu_0 - \delta, \mu_0]$, 映射 $f(f(\cdot, \mu), \mu)$ 在 $(x_0 - \varepsilon, x_0 + \varepsilon)$ 内恰有一个不动点 $\xi(\mu)$.

注 7.7.6　不动点 $\xi(\mu)$ 和周期点 $x_1(\mu)$ 与 $x_2(\mu)$ 的稳定性依赖于命题 7.7.5 的第 2 和第 3 个假设中的导数符号. 当其中的导数不为零时命题 7.7.5 仅处理 4 个可能的通有情形中的一个. 其他 3 个情形类似, 我们这里不考虑它们 (练习 7.7.5).

证明　由于

$$\frac{\partial f}{\partial x}(x_0, \mu_0) = -1 \neq 1,$$

我们可以对 $f(x, \mu) - x = 0$ 在接近于 μ_0 的 μ 应用隐函数定理, 得到的可微函数 $f(\xi(\mu), \mu) = \xi(\mu)$ 满足 $\xi(\mu_0) = x_0$. 这证明了论断 1.

关于 μ 微分 $f(\xi(\mu), \mu) = \xi(\mu)$, 得到

$$\frac{d}{d\mu} f(\xi(\mu), \mu) = \frac{\partial f}{\partial \mu}(\xi(\mu), \mu) + \frac{\partial f}{\partial x}(\xi(\mu), \mu) \cdot \xi'(\mu) = \xi'(\mu),$$

由此

$$\xi'(\mu) = \frac{\dfrac{\partial f}{\partial \mu}(\xi(\mu), \mu)}{1 - \dfrac{\partial f}{\partial x}(\xi(\mu), \mu)}, \quad \xi'(\mu_0) = \frac{1}{2}\frac{\partial f}{\partial \mu}(x_0, \mu_0).$$

因此

$$\frac{d}{d\mu}\bigg|_{\mu=\mu_0} \frac{\partial f}{\partial x}(\xi(\mu), \mu) = \frac{\partial^2 f}{\partial \mu \partial x}(x_0, \mu_0) + \frac{1}{2}\frac{\partial f}{\partial \mu}(x_0, \mu_0) \cdot \frac{\partial^2 f}{\partial x^2}(x_0, \mu_0) = \eta,$$

由假设 2 得论断 2.

为了证明论断 3 和 4, 考虑变量变换 $y = x - \xi(\mu), 0 = x_0 - \xi(\mu_0)$ 和函数 $g(y, \mu) = f(f(y + \xi(\mu), \mu), \mu) - \xi(\mu)$. 注意到 $f(f(\cdot, \mu), \mu)$ 的不动点对应于 $g(y, \mu) = y$ 的解. 此外,

$$g(0, \mu) \equiv 0, \quad \frac{\partial g}{\partial y}(0, \mu_0) = 1, \quad \frac{\partial^2 g}{\partial y^2}(0, \mu_0) = 0,$$

即 $f(\cdot, \mu_0)$ 的二次迭代的图像在 (x_0, μ_0) 与分角线相切, 在这点二阶导数为 0 (见图 7.7). 直接计算显示, 由假设 3, 三阶导数不为零:

$$\frac{\partial^3 g}{\partial y^3}(0, \mu_0) = -2\frac{\partial^3 f}{\partial x^3}(x_0, \mu_0) - 3\left(\frac{\partial^2 f}{\partial x^2}(x_0, \mu_0)\right)^2 = \zeta < 0.$$

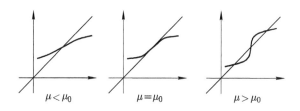

$\mu < \mu_0$ $\mu = \mu_0$ $\mu > \mu_0$

图 7.7 倍周期分支: 二次迭代的图像

因此

$$g(y, \mu_0) = y + \frac{1}{3!}\zeta y^3 + o(y^3).$$

由于 $\xi(\mu)$ 是 $f(\cdot, \mu)$ 的不动点, 在 μ_0 的区间内我们有 $g(0, \mu) \equiv 0$. 因此存在可微函数 h 使得 $g(y, \mu) = y \cdot h(y, \mu)$, 为了求 $f(\cdot, \mu)$ 异于 $\xi(\mu)$ 的周期 2 点, 必须解方程 $h(y, \mu) = 1$. 由 (7.7.6) 得到

$$h(y, \mu_0) = 1 + \frac{1}{3!}\zeta y^2 + o(y^2),$$

即

$$h(0, \mu_0) = 1, \quad \frac{\partial h}{\partial y}(0, \mu_0) = 0 \quad \text{和} \quad \frac{\partial^2 g}{\partial y^2}(0, \mu_0) = \frac{\zeta}{3}.$$

另一方面,

$$\frac{\partial h}{\partial \mu}(0, \mu_0) = \lim_{y \to 0} \frac{1}{y} \frac{\partial g}{\partial \mu}(y, \mu_0) = \frac{\partial^2 g}{\partial \mu \partial y}(0, \mu_0)$$

$$= \frac{d}{d\mu} \left(\frac{\partial f}{\partial x}(\xi(\mu), \mu) \right)^2 \Bigg|_{\mu = \mu_0} = -2\eta > 0.$$

由隐函数定理, 存在 $\varepsilon > 0$ 和可微函数 $\beta : (-\varepsilon, \varepsilon) \to \mathbb{R}$, 使得对 $|y| < \varepsilon$ 和 $\beta(0) = \mu_0$ 有 $h(y, \beta(y)) = 1$. 关于 y 微分 $h(y, \beta(y)) = 1$ 得到 $\beta'(0) = 0$. 对二阶导数得到 $\beta''(0) = \zeta/6\eta > 0$. 因此, 对 $y \neq 0$ 有 $\beta(y) > 0$, 而且, 新周期 2 轨道仅在 $\mu > \mu_0$ 时才出现.

注意, 由于 $g(\cdot, \mu)$ 在 x_0 附近对接近于 μ_0 的 μ 有 3 个不动点, 中间一个 $\xi(\mu)$ 不稳定, 其他两个必须稳定. 事实上, 直接计算显示

$$\frac{\partial g}{\partial y}(y, \beta(y)) = \frac{\partial g}{\partial y}(0, \mu_0) + \frac{1}{2!} \frac{\partial^2 g}{\partial y^2}(0, \mu_0) y + \frac{1}{3!} \frac{\partial^3 g}{\partial y^3}(0, \mu_0) y^2 + o(y^2)$$

$$= 1 + \frac{\zeta}{6} y^2 + o(y^2).$$

由于 $\zeta < 0$, 周期 2 轨道稳定. □

练习 7.7.1 证明命题 7.7.1.

练习 7.7.2 证明命题 7.7.2 的第二个论断.

练习 7.7.3 当命题 7.7.3 的第 3 个假设中的导数不为零时, 对余下的 3 个通有情形叙述命题 7.7.3 的类似命题.

练习 7.7.4 证明命题 7.7.3 的论断 3 和 4.

练习 7.7.5 当命题 7.7.5 的第 2 和第 3 个假设中的导数不为零时, 对余下的 3 个通有情形叙述命题 7.7.5 的类似命题.

练习 7.7.6 对族 $f_\mu(x) = 1 - \mu x^2$ 证明在 $\mu_0 = 3/4, x_0 = 2/3$ 出现倍周期分支.

7.8 Feigenbaum 现象

M. Feigenbaum [Fei79] 研究区间 $[-1, 1]$ 上的单峰映射族

$$f_\mu(x) = 1 - \mu x^2, \quad 0 < \mu \leqslant 2.$$

对 $\mu < 3/4$, f_μ 的唯一吸引不动点是

$$x_\mu = \frac{\sqrt{1 + 4\mu} - 1}{2\mu}.$$

当 $\mu < 3/4$ 时导数 $f'_\mu(x_\mu) = 1 - \sqrt{1 + 4\mu}$ 大于 -1, $\mu = 3/4$ 时等于 -1, $\mu > 3/4$ 时小于 -1. 倍周期分支出现在 $\mu = 3/4$ (练习 7.7.6). 对 $\mu > 3/4$, 映射 f_μ 有吸引的周期 2 轨道. 数值研究显示, 存在分支值的递增序列 μ_n, 在这些分支值, f_μ 的周期 2^n 吸引周期轨道失去稳定性并产生周期 2^{n+1} 的吸引周期轨道. 当 $n \to \infty$ 时序列 μ_n 收敛于极限 μ_∞, 而且

$$\lim_{n \to \infty} \frac{\mu_\infty - \mu_{n-1}}{\mu_\infty - \mu_n} = \delta = 4.669201609\ldots. \tag{7.2}$$

常数 δ 称为 *Feigenbaum* 常数. 数值实验显示, 对许多其他单参数族也会出现 Feigenbaum 常数.

Feigenbaum 现象可解释如下. 考虑满足 $\psi(0) = 1$ 的实解析映射 $\psi : [-1, 1] \to [-1, 1]$ 的无穷维空间 $\mathcal{A}$, 映射 $\Phi : \mathcal{A} \to \mathcal{A}$ 由公式

$$\Phi(\psi)(x) = \frac{1}{\lambda} \psi \circ \psi(\lambda x), \quad \lambda = \psi(1) \tag{7.3}$$

定义. Φ 的不动点 g (这被 Feigenbaum 数值估计过) 是满足 Cvitanović-Feigenbaum 方程

$$g \circ g(\lambda x) - \lambda g(x) = 0 \tag{7.4}$$

的偶函数. 函数 g 是 Φ 的双曲不动点. 稳定流形 $W^s(g)$ 有余维 1, 不稳定流形 $W^u(g)$ 有余维 1, 而且对应于导数 $d\Phi_g$ 的单特征值 $\delta = 4.669201609\ldots$. 在映射 ψ 的余维 1 分支集 B_1 上吸引不动点失去稳定性并产生吸引的周期 2 轨道, 且与 $W^u(g)$ 横截相交. 原像 $B_n = \Phi^{1-n}(B_1)$ 是映射的分支集, 对此吸引的周期 2^{n-1} 轨道被吸

引的周期 2^n 轨道所代替 (练习 7.8.1). 图 7.8 是基本的 Feigenbaum
现象过程的图像化描述.

　　由倾角引理 5.7.2 的无穷维形式, 余维 1 分支集 B_n 凝聚在
$W^s(g)$ 上. 设 f_μ 是与 $W^s(g)$ 横截相交的单参数映射族, μ_n 是倍周
期分支参数序列, $f_{\mu_n} \in B_n$. 利用倾角引理, 可以证明序列 μ_n 满足
(7.2). O. E. Lanford 通过计算机辅助证明建立这个模型的准确性
[Lan84].

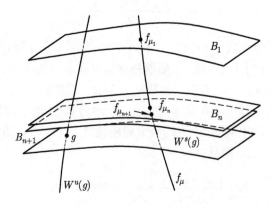

图 7.8　　Feigenbaum 映射 Φ 的不动点以及稳定和不稳定流形

　　练习 7.8.1　　证明如果 ψ 有周期 $2k$ 的吸引周期轨道, 则 $\Phi(\psi)$
有吸引的周期 k 周期轨道.

第 8 章 复动力学

在这一章[①]我们考虑 Riemann 球面 $\overline{\mathbb{C}} = \mathbb{C} \cup \{\infty\}$ 上的有理映射 $R(z) = P(z)/Q(z)$, 其中 P 和 Q 是复多项式. 这些映射具有许多有趣的动力学性质, 借助它们对复平面中的分形和其他迷人图像可进行计算机辅助绘图. 对有理映射动力学的更深入论述可见 [Bea91] 和 [CG93].

8.1 Riemann 球面上的复分析

我们假设读者已经熟悉复分析的基本概念 (例如见 [BG91] 或 [Con95]).

回忆从区域 $D \subset \mathbb{C}$ 到 $\overline{\mathbb{C}}$ 的函数 f 称为是亚纯的, 如果它除了在奇点的离散集以外都解析, 所有这些奇点都是极点. 特别地, 有理函数是亚纯的.

Riemann 球面是复平面的单点紧化, $\overline{\mathbb{C}} = \mathbb{C} \cup \{\infty\}$. 由 $\mathbb{C}$ 上的标准坐标和 $\overline{\mathbb{C}} \backslash \{0\}$ 上的坐标 $z \mapsto z^{-1}$ 给出空间 $\overline{\mathbb{C}}$ 有复流形结构. 设 M 和 N 是两个复流形, 映射 $f : M \to N$ 是解析的, 如果对每点 $\zeta \in M$ 存在 ζ 和 $f(\zeta)$ 的复坐标邻域 U 和 V, 使得 $f : U \to V$ 在 U

[①]这一章的许多证明是根据 [CG93] 相应的论述.

和 V 内按坐标解析. $\overline{\mathbb{C}}$ 上的解析映射称为亚纯的. 这个术语有时候会混淆, 因为按现代意义 (如流形映射) 亚纯函数是解析的, 但按古典意义 (如 $\mathbb{C}$ 上的函数) 亚纯函数一般不解析. 然而, 这个术语已被固定无法避免.

容易看到映射 $f : \overline{\mathbb{C}} \to \overline{\mathbb{C}}$ 解析 (亚纯), 当且仅当 $f(z)$ 和 $f(1/z)$ 在 $\mathbb{C}$ 上都解析 (按古典意义). 我们知道, 从 Riemann 球面到它自己的每个解析映射是有理映射. 注意, 常数映射 $f(z) = \infty$ 考虑为是解析的.

作用在 Riemann 球面上的 Möbius 变换群

$$\left\{ z \to \frac{az + b}{cz + d} : a, b, c, d \in \mathbb{C}; ad - bc = 1 \right\}$$

对三点组是单传递的, 即对任何三个相异点 $x, y, z \in \overline{\mathbb{C}}$, 存在唯一 Möbius 变换将 x, y, z 分别变到 $0, 1, \infty$ (见 7.5 节).

假设 $f : \overline{\mathbb{C}} \to \overline{\mathbb{C}}$ 是亚纯映射, ζ 是最小周期为 k 的周期点. 如果 $\zeta \neq \infty$, ζ 的乘子是导数 $\lambda(\zeta) = (f^k)'(\zeta)$. 如果 $\zeta = \infty$, ζ 的乘子是 $g'(0)$, 其中 $g(z) = 1/f(1/z)$. 周期点 ζ 是吸引的, 如果 $0 < |\lambda(\zeta)| < 1$; 是超吸引的, 如果 $\lambda(\zeta) = 0$; 是排斥的, 如果 $|\lambda(\zeta)| > 1$; 是有理中性的, 如果对某个 $m \in \mathbb{N}$ 有 $\lambda(\zeta)^m = 1$; 是无理中性的, 如果 $|\lambda(\zeta)| = 1$, 但对每个 $m \in \mathbb{N}$ 有 $\lambda(\zeta)^m \neq 1$. 可以证明周期点是吸引的或超吸引的, 当且仅当在第 1 章意义下它是拓扑吸引周期点; 对排斥周期点类似. 吸引或超吸引周期点的轨道分别称为吸引或超吸引周期轨道.

对亚纯映射 f 的吸引或超吸引不动点 ζ, 定义吸引盆 $\mathrm{BA}(\zeta)$ 为 $n \to \infty$ 时 $f^n(z) \to \zeta$ 的点 $z \in \overline{\mathbb{C}}$ 的集合. 由于 ζ 的乘子小于 1, 存在 ζ 的邻域 U 包含在 $\mathrm{BA}(\zeta)$ 内, 且 $\mathrm{BA}(\zeta) = \bigcup_{n \in \mathbb{N}} f^{-n}(U)$. 集合 $\mathrm{BA}(\zeta)$ 是开的. $\mathrm{BA}(\zeta)$ 包含 ζ 的连通分支称为直接吸引盆, 记为 $\mathrm{BA}^\circ(\zeta)$.

如果 ζ 是一个吸引或超吸引周期 k 周期点, 则周期轨道的吸引盆是 $n \to \infty$ 时对某个 $j \in \{0, 1, \ldots, k\}$ 有 $f^{nk}(z) \to f^j(\zeta)$ 的所有点 z 的集合, 记为 $\mathrm{BA}(\zeta)$. $\mathrm{BA}(\zeta)$ 包含 ζ 的轨道中的点的连通分支的并称为直接吸引盆, 记为 $\mathrm{BA}^\circ(\zeta)$.

点 ζ 是亚纯函数 f 的临界点 (或分枝点), 如果 f 在 ζ 的邻域内不是一对一的. 临界点 ζ 有重次 m, 如果对 ζ 的充分小邻域 U,

f 在 $U\backslash\{\zeta\}$ 上是 $(m+1)$ 对 1 的 (这个数也称为 f 在 ζ 的分枝数). 等价地, ζ 是 m 重临界点, 如果 ζ (在局部坐标下) 是 f' 的 m 重零点. 如果 ζ 是临界点, 则 $f(\zeta)$ 称为临界值.

对有理映射 $R = P/Q$, 其中 P 和 Q 分别是 p 和 q 次互素多项式, R 的次数是 $\deg(R) = \max(p, q)$. 如果 R 的次数为 d, 则映射 $R: \overline{\mathbb{C}} \to \overline{\mathbb{C}}$ 是 d 次分枝覆叠, 即不是临界值的任何 $\xi \in \overline{\mathbb{C}}$ 恰有 d 个原像; 事实上, 如果临界点按重次计算, 则每一点恰有 d 个原像. 由于通有点的原像个数是 R 的拓扑不变量, 次数通过 Möbius 变换的共轭是不变的.

次数为 1 的有理映射是 Möbius 变换. 有理映射是多项式, 当且仅当 ∞ 仅有的原像是 ∞.

命题 8.1.1 设 R 是 d 次有理映射. 那么临界点的个数按重次计算是 $2d - 2$. 如果刚好存在两个不同的临界点, 那么 R 通过 Möbius 变换共轭于 z^d 或 z^{-d}.

证明 结合 Möbius 变换我们可以假设 $R(\infty) = 0$, 以及 ∞ 既不是临界点也不是临界值. 于是由 $R(\infty) = 0$ 和 ∞ 不是临界点这事实得到

$$R(z) = \frac{\alpha z^{d-1} + \cdots}{\beta z^d + \cdots},$$

其中 $\alpha \neq 0$ 和 $\beta \neq 0$. 因此

$$R'(z) = -\frac{\alpha\beta z^{2d-2} + \cdots}{(\beta z^d + \cdots)^2},$$

R 的临界点是这个分子的零点 (因为 ∞ 不是临界值).

第二个论断的证明留作练习 (练习 8.1.5). $\qquad\qquad$ □

区域 $D \subset \overline{\mathbb{C}}$ 中的亚纯函数族 F 称为是正规的, 如果在 $\overline{\mathbb{C}} \approx S^2$ 上的标准球面度量下, F 中的每个序列都含有在 D 的紧子集上一致收敛的子序列. 族 F 在点 $z \in \overline{\mathbb{C}}$ 是正规的, 如果它在 z 的邻域内正规.

向前迭代族 $\{R^n\}_{n\in\mathbb{N}}$ 在 z 正规的点 $z \in \overline{\mathbb{C}}$ 的集合称为有理映射 $R: \overline{\mathbb{C}} \to \overline{\mathbb{C}}$ 的 *Fatou* 集 $F(R) \subset \overline{\mathbb{C}}$. Fatou 集 $F(R)$ 的补集称为 *Julia* 集 $J(R)$. $F(R)$ 和 $J(R)$ 这两个集合都在 R 作用下完全不变 (见命题 8.5.1). 属于 $F(R)$ 的相同分支的点具有相同的渐近性态.

后面我们将看到, Fatou 集包含所有吸引盆, 而 Julia 集是所有排斥周期点集的闭包. "有趣" 的动力学都集中在 Julia 集上, 通常它是分形集. 对 $J(R)$ 是双曲集的情形了解得相对清楚些 (定理 8.5.10).

练习 8.1.1　证明任何一个 Möbius 变换通过另一个 Möbius 变换共轭于 $z \mapsto az$ 或 $z \mapsto z + a$.

练习 8.1.2　证明非常数有理映射 R 通过 Möbius 变换共轭于多项式, 当且仅当对某个 $z_0 \in \overline{\mathbb{C}}$ 有 $R^{-1}(z_0) = \{z_0\}$.

练习 8.1.3　求与 $q_0(z) = z^2$ 可交换的所有 Möbius 变换.

练习 8.1.4　设 R 是使得 $R(\infty) = \infty$ 的有理映射, f 是使得 $f(\infty)$ 有限的 Möbius 变换. 定义 R 在 ∞ 的乘子 $\lambda_R(\infty)$ 是 $f \circ R \circ f^{-1}$ 在 $f(\infty)$ 的乘子. 证明 $\lambda_R(\infty)$ 不依赖于 f 的选择.

练习 8.1.5　证明命题 8.1.1 的第二个论断.

练习 8.1.6　设 R 是非常数有理映射. 证明

$$\deg(R) - 1 \leqslant \deg(R') \leqslant 2\deg(R),$$

其中左边这个等号成立当且仅当 R 是多项式, 右边这个等号成立当且仅当 R 的所有极点是单的且有限.

8.2　例　　子

有理映射 R 的大范围动力学在很大程度上依赖于 R 的临界点在 R 迭代下的性态. 在下面大多数例子中, Fatou 集包含有限多个分支, 每个分支都是吸引盆. 下面例子中的有些断言的证明要到本章后面的几节. 这里没有给出证明的大部分断言的证明可在 [CG93] 中找到.

设 $q_a : \overline{\mathbb{C}} \to \overline{\mathbb{C}}$ 是二次映射 $q_a(z) = z^2 - a$, 用 S^1 记单位圆 $\{z \in \mathbb{C} : |z| = 1\}$. q_a 的临界点是 0 和 ∞, 临界值是 $-a$ 和 ∞; 如果 $a \neq 0$, 则仅有的超吸引周期 (不动) 点是 ∞. 在下面的例子中, 我们观察到全然不同的大范围动力学依赖于临界点是位于有限吸引周期点的吸引盆内, 还是在 ∞ 的盆内或在 Julia 集内.

1. $q_0(z) = z^2$. 存在在 0 的超吸引不动点, 它的吸引盆是开圆盘 $\Delta_1 = \{z \in \mathbb{C} : |z| < 1\}$, 以及在 ∞ 的超吸引不动点, 它的吸引盆是 S^1 的外部. 也存在在 1 的排斥不动点, 以及对每个 $n \in \mathbb{N}$ 在 S^1 上存在 2^n 个周期 n 的排斥周期点. Julia 集是 S^1, Fatou 集是 S^1 的补. 映射 q_0 通过 $\phi \mapsto 2\phi \bmod 2\pi$ 作用在 S^1 上 (其中 ϕ 是点 $z \in S^1$ 的角坐标). 如果 U 是 $\zeta \in S^1 = J(q_0)$ 的邻域, 则 $\bigcup_{n \in \mathbb{N}_0} q_0^n(U) = \mathbb{C} \backslash \{0\}$.

2. $q_\varepsilon(z) = z^2 - \varepsilon, 0 < \varepsilon \ll 1$. 在 0 附近存在吸引不动点, 在 ∞ 存在超吸引不动点, 以及对每个 $n \in \mathbb{N}$ 在 S^1 附近存在 2^n 个排斥不动点. Julia 集 $J(q_\varepsilon)$ 是 C^0 接近于 S^1 的闭连续 q_ε 不变曲线, 而且在稠密点集上不可微, 它的 Hausdorff 维数大于 1. 在 0 以及在 ∞ 附近的不动点的吸引盆分别是 $J(q_\varepsilon)$ 的内部和外部. 临界点和临界值位于 0 附近的吸引不动点的直接吸引盆内. 对形如 $f(z) = z^2 + \varepsilon P(z)$ 的映射同样性质也成立, 其中 P 是多项式, ε 足够小.

3. $q_1(z) = z^2 - 1$. 注意 $q_1(0) = -1$, $q_1(-1) = 0$. 因此, 0 和 -1 是超吸引周期 2 周期点. 在实直线上的排斥不动点 $(1 - \sqrt{5})/2$ 将 0 和 -1 的吸引盆分开. Julia 集 $J(q_1)$ 包含两条围绕 0 和 -1 的单闭曲线 σ_0 和 σ_{-1}, 它们界定它们的直接吸引盆. 只有 -1 的原像是 0, 因此只有 σ_{-1} 的原像是 σ_0. 但是, 0 有两个原像 $+1$ 和 -1. 因此, σ_0 有两个原像 σ_{-1} 和围绕 1 的闭曲线 σ_1. 继续这个过程并利用 Julia 集的完全不变性 (命题 8.5.1), 得知 $J(q_1)$ 包含无穷多条闭曲线. 它们的内部是 Fatou 集的分支. 图 8.1 显示 q_1 的 Julia 集.[①]

4. $q_{-i} = z^2 + i$. 临界点 0 是最终周期点: $q_{-i}^2(0) = i - 1$, $i - 1$ 是排斥的周期 2 周期点. 仅有的吸引的周期不动点是 ∞. Fatou 集由一个分支组成且与 $\mathrm{BA}(\infty)$ 重合. 这个 Julia 集是树形集, 即是 $\mathbb{C}$ 的紧、道路连通、局部连通、无处稠密子集, 它不分离 $\mathbb{C}$. 图 8.2 显示 q_{-i} 的 Julia 集.

5. $q_2(z) = z^2 - 2$. 变量变换 $z = \zeta + \zeta^{-1}$ 将 $\bar{\mathbb{C}} \backslash [-2, 2]$ 上的 q_2 与 S^1 外部的 $\zeta \mapsto \xi^2$ 共轭. 因此 $J(q_2) = [-2, 2]$, 以及 $F(q_2) = \bar{\mathbb{C}} \backslash [-2, 2]$ 是 ∞ 的吸引盆. 临界点 0 的像是 $-2 \in J(q_2)$. 变量变换

[①]这一章的图像是用 *mandelspawn* 产生的; 见 *http://www.araneus.fi/gson/mandelspawn/*.

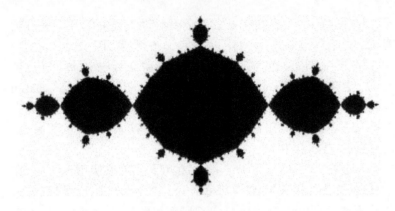

图 8.1 $a = 1$ 的 Julia 集

图 8.2 $a = -i$ 的 Julia 集

$y = (2 - x)/4$ 将 q_2 在实轴上的作用共轭于 $y \mapsto 4y(1 - y)$. 唯一的吸引周期点是 ∞.

6. $q_4(z) = z^2 - 4$. 唯一的吸引周期点是 ∞; 临界值 -4 位于 ∞ 的 (直接) 吸引盆内; $J(q_4)$ 是实轴上的 Cantor 集; $\mathrm{BA}(\infty)$ 是 $J(q_4)$ 的补集.

7. 这个例子阐明有理映射的动力学与 *Newton* 法收敛性之间的联系. 设 $Q(z) = (z - a)(z - b), a \neq b$. 为了用 Newton 法求根 a

和 b, 我们迭代映射

$$f(z) = z - \frac{Q(z)}{Q'(z)} = z - \cfrac{1}{\cfrac{1}{z-a} + \cfrac{1}{z-b}}.$$

变量变换 $\zeta = \dfrac{z-a}{z-b}$ 将 a 变到 0, b 变到 ∞, ∞ 变到 1, 直线 $l = \{(a+b)/2 + ti(a-b) : t \in \mathbb{R}\}$ 变到单位圆, 以及 f 与 $\zeta \mapsto \xi^2$ 共轭. 因此, 如果初始点分别位于包含 a 或 b 的 l 的半平面内, 则 Q 的 Newton 法分别收敛于 a 或 b. 如果初始点位于 l 上则 Newton 法发散.

练习 8.2.1 证明 q_0 的上述性质.

练习 8.2.2 设 U 是点 $z \in S^1$ 的邻域. 证明 $\bigcup_{n \in \mathbb{N}} q_0(U) = \mathbb{C} \backslash \{0\}$.

练习 8.2.3 验证上面对 q_2 的共轭.

练习 8.2.4 证明 ∞ 是 q_4 的唯一吸引周期点.

练习 8.2.5 设 $|a| > 2$ 和 $|z| \geqslant |a|$. 证明 $n \to \infty$ 时 $q_a^n(z) \to \infty$.

练习 8.2.6 证明例子 7 中的阐述.

8.3 正 规 族

亚纯函数的正规族理论是复动力系统研究的重点. 主要结果定理 8.3.2 属于 P. Montel [Mon27].

命题 8.3.1 假设 F 是区域 D 内的一个解析函数族, 又假设对每个紧子集 $K \subset D$ 存在 $C(K) > 0$, 使得对所有 $z \in K$ 和 $f \in F$ 有 $|f(z)| < C(K)$. 那么 F 是一个正规族.

证明 令 $\delta = \dfrac{1}{2} \min_{z \in K} \text{dist}(z, \partial D)$. 对任何包含 z 为 D 内点的 D 中光滑闭曲线 γ, 由 Cauchy 公式

$$f'(z) = \frac{1}{2\pi} \int_\gamma \frac{f(\xi)}{(\xi - z)^2} d\xi.$$

设 $K \subset D$ 是紧的, K_δ 是 K 的 δ 邻域的闭包, γ 是半径为 δ、中心在 z 的圆. 那么对每个 $f \in F$ 与 $z \in K$ 有 $|f'(z)| < C(K_\delta)/\delta$. 因此, 族 F 在 K 上等度连续, 从而由 Arzela-Ascoli 定理 F 是正规的. □

我们说区域 D 上的函数族 F 略去点 a, 如果对每个 $f \in F$ 和 $z \in D$ 有 $f(z) \neq a$.

定理 8.3.2 (Montel)　假设区域 $D \subset \overline{\mathbb{C}}$ 内的亚纯函数族 F 略去三个不同点 $a, b, c \in \overline{\mathbb{C}}$, 则 F 在 D 中是正规的.

证明　由于 D 被圆盘所覆盖, 不失一般性可假设 D 是圆盘. 利用 Möbius 变换我们也可假设 $a = 0, b = 1$ 和 $c = \infty$. 设 Δ_1 是单位圆盘. 由单值化定理 [Ahl73], 存在解析覆叠映射 $\phi : \Delta_1 \to (\mathbb{C} \setminus \{0, 1\})$ (ϕ 称为模函数). 对每个函数 $f : D \to (\mathbb{C} \setminus \{0, 1\})$ 存在提升 $\tilde{f} : D \to \Delta_1$ 使得 $\phi \circ \tilde{f} = f$. 族 $\tilde{F} = \{\tilde{f} : f \in F\}$ 有界, 因此, 由命题 8.3.1 它是正规的, F 的正规性是直接的. □

练习 8.3.1　设 f 是定义在区域 $D \subset \overline{\mathbb{C}}$ 上的亚纯映射, 令 $k > 1$. 证明族 $\{f^n\}_{n \in \mathbb{N}}$ 在 D 上是正规的, 当且仅当 $\{f^{kn}\}_{n \in \mathbb{N}}$ 是正规族.

8.4　周　期　点

定理 8.4.1　设 ζ 是亚纯映射 $f : \overline{\mathbb{C}} \to \overline{\mathbb{C}}$ 的一个吸引不动点. 则存在邻域 $U \ni \zeta$ 和共轭 f 与 $z \mapsto \lambda(\zeta)z$ 的解析映射 $\phi : U \to \mathbb{C}$, 即对所有 $z \in U$, 有 $\phi(f(z)) = \lambda(\zeta)\phi(z)$.

证明　简记 $\lambda(\zeta) = \lambda$. 通过平移 (或由 $z \mapsto 1/z$, 如果 $\zeta = \infty$) 共轭, 可用 0 代替 ζ. 于是在 0 的任何充分小邻域, 譬如在 $\Delta_{1/2} = \{z : |z| < 1/2\}$ 内, 存在 $C > 0$ 使得 $|f(z) - \lambda z| \leqslant C|z|^2$. 因此对每个 $\varepsilon > 0$, 存在 0 的邻域 U, 使得对所有 $z \in U$ 有 $|f(z)| < (|\lambda| + \varepsilon)|z|$, 又假设 $|\lambda| + \varepsilon < 1$,

$$|f^n(z)| < (|\lambda| + \varepsilon)^n |z|.$$

令 $\phi_n(z) = \lambda^{-n} f^n(z)$. 那么对 $z \in U$,

$$|\phi_{n+1}(z) - \phi_n(z)| = \left| \frac{f(f^n(z)) - \lambda f^n(z)}{\lambda^{n+1}} \right| \leqslant \frac{C(|\lambda| + \varepsilon)^{2n}|z|^2}{|\lambda|^{n+1}},$$

因此, 如果 $(|\lambda| + \varepsilon)^2 < |\lambda|$, 则序列 ϕ_n 在 U 内一致收敛.

由构造, $\phi_n(f(z)) = \lambda \phi_{n+1}(z)$. 因此极限 $\phi = \lim_{n \to \infty} \phi_n$ 是所要求的共轭. $\square$

推论 8.4.2 设 ζ 是亚纯映射 f 的排斥不动点. 那么存在 ζ 的邻域 U 和在 U 内共轭 f 与 $z \mapsto \lambda(\zeta)z$ 的解析映射 $\phi: U \to \overline{\mathbb{C}}$, 即对 $z \in U$ 有 $\phi(f(z)) = \lambda(\zeta)\phi(z)$.

证明 应用定理 8.4.1 到 f^{-1} 的分枝 g, 其中 $g(\zeta) = \zeta$. $\square$

命题 8.4.3 设 ζ 是亚纯映射 f 的不动点. 假设 $\lambda = f'(\zeta)$ 不为 0 也不是 1 的根, 又假设解析映射 ϕ 共轭 f 与 $z \mapsto \lambda z$. 那么 ϕ 直到乘上一个常数是唯一的.

证明 再次假设 $\zeta = 0$. 如果存在两个共轭映射 ϕ 和 ψ, 则 $\eta = \phi^{-1} \circ \psi$ 共轭 $z \mapsto \lambda z$ 与它自己, 即 $\eta(\lambda z) = \lambda \eta(z)$. 如果 $\eta = a_1 z + a_2 z^2 + \cdots$, 则对 $n > 1$ 有 $a_n \lambda^n = \lambda a_n$ 和 $a_n = 0$. $\square$

引理 8.4.4 任何次数大于 1 的有理映射 R 具有无穷多个周期点.

证明 注意到 $n \to \infty$ 时 $R^n(z) - z = 0$ 的解的个数 (计算重次) 趋于 ∞. 因此, 如果 R 只有有限多个周期点, 它们的重数不可能对 n 有界.

另一方面, 如果 ζ 是 $R^n(z) - z = 0$ 的重根, 则 $(R^n)'(\zeta) = 1$, 且对某个 $a \neq 0$ 和 $m \geqslant 2$ 有 $R^n(z) = \zeta + (z - \zeta) + a(z - \zeta)^m + \cdots$. 由归纳法, 对 $k \in \mathbb{N}$ 有 $R^{nk}(z) = \zeta + (z - \zeta) + ka(z - \zeta)^m + \cdots$. 因此, ζ 有与 R^n 的不动点和 R^{nk} 的不动点相同的重次. $\square$

命题 8.4.5 设 f 是 $\overline{\mathbb{C}}$ 的一个亚纯映射. 如果 ζ 是 f 的吸引或超吸引周期点, 则族 $\{f^n\}_{n \geqslant 0}$ 在 $\mathrm{BA}(\zeta)$ 中是正规的.

如果 ζ 是 f 的排斥周期点, 则族 $\{f^n\}$ 在 ζ 不是正规的.

证明 练习 8.4.1. $\square$

定理 8.4.6　设 ζ 是有理映射 R 的吸引周期点, 则直接吸引盆 $\mathrm{BA}^{\circ}(\zeta)$ 包含 f 的临界点.

证明　当 ζ 是不动点时考虑第一个情形. 假设 $\mathrm{BA}^{\circ}(\zeta)$ 不包含临界点, 则对足够小 $\varepsilon > 0$, 存在定义在 ζ 的开圆盘 D_{ε} 内且满足 $g(\zeta) = \zeta$ 的 R^{-1} 的分枝 g. 映射 $g: D_{\varepsilon} \to \mathrm{BA}^{\circ}(\zeta)$ 是到它的像的微分同胚, 因此 $g(D_{\varepsilon})$ 是单连通且不包含临界点. 从而 g 唯一扩张到 $g(D_{\varepsilon})$ 的映射. 由归纳法, g 唯一扩张到 $g^n(D_{\varepsilon})$, 它是 $\mathrm{BA}^{\circ}(\zeta)$ 的单连通子集. 序列 $\{g^n\}$ 在 D_{ε} 上正规, 因为它略去 R 异于 ζ 的无穷多个周期点 (引理 8.4.4). (注意, 如果 R 是多项式, 则 $\{g^n\}$ 略去 ∞ 的邻域, 引理 8.4.4 并不需要.) 另一方面, $|g'(\zeta)| > 1$, 因此 $n \to \infty$ 时 $(g^n)'(\zeta) \to \infty$, 从而族 $\{g^n\}$ 不是正规的 (命题 8.4.5), 矛盾.

如果 ζ 是周期 n 周期点, 则前面的论述证明, 对映射 R^n, ζ 的直接吸引盆包含 R^n 的临界点. 由于 $\mathrm{BA}^{\circ}(\zeta)$ 的分支由 R 置换, 由链规则得知其中一个分支包含 R 的临界点. □

推论 8.4.7　有理映射至多有 $2d - 2$ 个吸引和超吸引周期轨道.

证明　这个推论由定理 8.4.6 和命题 8.1.1 直接得到. □

超出本书范围的更精密分析得到下面定理.

定理 8.4.8 (Shishikura [Shi87])　d 次有理映射的吸引、超吸引和中性周期轨道的总数至多是 $2d - 2$.

P. Fatou 得到这个上界是 $6d - 6$.

练习 8.4.1　证明命题 8.4.5.

练习 8.4.2　设 $D \subset \overline{\mathbb{C}}$ 是其分支至少包含三个点的区域, 又设 $f: D \to D$ 是具有吸引不动点 $z_0 \in D$ 的亚纯映射. 证明迭代序列 f^n 在 D 内收敛于 z_0, 在紧集上一致收敛.

练习 8.4.3　证明每个 $d \geqslant 1$ 次有理映射 $R \neq \mathrm{Id}$ 在 $\overline{\mathbb{C}}$ 内有 $d + 1$ 个 (计算重次) 不动点.

8.5 Julia 集

回忆有理映射 R 的 Fatou 集 $F(R)$ 是向前迭代族 $R^n, n \in \mathbb{N}$ 在 z 正规的点 $z \in \overline{\mathbb{C}}$ 的集合. Julia 集 $J(R)$ 是 $F(R)$ 的补. 由定义, 有理映射的 Julia 集是闭的, 又由引理 8.4.4, 命题 8.4.5 和定理 8.4.8, 它是非空的. 如果 U 是 $F(R)$ 的连通分支, 则 $R(U)$ 也是 $F(R)$ 的连通分支 (练习 8.5.1).

假设 $V \neq \mathrm{BA}(\infty)$ 是 $\mathrm{BA}(\infty)$ 的分支. 那么对某个 $n > 0$ 有 $R^n(V) \subset \mathrm{BA}^\circ(\infty)$. 此外, $R^n(V)$ 在 $\mathrm{BA}^\circ(\infty)$ 内既开又闭, 因为 $R^n(V) = R^n(V \cup J(R)) \backslash J(R)$. 由此得知 $R^n(V) = \mathrm{BA}^\circ(\infty)$.

命题 8.5.1 设 $R : \overline{\mathbb{C}} \to \overline{\mathbb{C}}$ 是有理映射. 那么 $F(R)$ 和 $J(R)$ 是完全不变的, 即 $R^{-1}(F(R)) = F(R)$ 和 $R(J(R)) = J(R)$, 对 $J(R)$ 类似.

证明 设 $\zeta = R(\xi)$, 则 R^{n_k} 在 ζ 的邻域内收敛, 当且仅当 R^{n_k+1} 在 ξ 的邻域内收敛. $\square$

命题 8.5.2 设 $R : \overline{\mathbb{C}} \to \overline{\mathbb{C}}$ 是有理映射. 那么或者 $J(R) = \overline{\mathbb{C}}$, 或者 $J(R)$ 没有内部.

证明 假设 $U \subset J(R)$ 在 $\overline{\mathbb{C}}$ 中非空且开. 那么族 $\{R^n\}_{n \in \mathbb{N}}$ 在 U 上不正规, 特别地, 由定理 8.3.2, $\bigcup_n R^n(U)$ 至多略去 $\overline{\mathbb{C}}$ 中两个点. 由于 $J(R)$ 不变且闭, 故 $J(R) = \overline{\mathbb{C}}$. $\square$

设 $R : \overline{\mathbb{C}} \to \overline{\mathbb{C}}$ 是有理映射, U 是开集, 使得 $U \cap J(R) \neq \varnothing$. 迭代族 $\{R^n\}_{n \in \mathbb{N}_0}$ 在 U 中不是正规的, 所以它至多略去 $\overline{\mathbb{C}}$ 中两个点. 略去点的集合 E_U 称为 R 在 U 上的例外集. R 的例外集是集合 $E = \bigcup E_U$, 其中的并取遍满足 $U \cap J(R) \neq \varnothing$ 的所有开集 U. E 中的点称为 R 的例外点.

命题 8.5.3 设 R 是次数大于 1 的有理映射. 那么 R 的例外集至多包含两点. 如果例外集是由单点组成, 则 R 通过 Möbius 变换共轭于多项式. 如果它由两点组成, 则对某个 $m > 1$, R 通过 Möbius 变换共轭于 z^m 或 $1/z^m$. 例外集与 $J(R)$ 不相交.

证明 如果 E_U 对满足 $U \cap J(R) \neq \varnothing$ 的每个 U 是空集, 则没

有什么要证明的.

假设对满足 $U \cap J(R) \neq \varnothing$ 的某个开集 U, $\{R^n\}_{n \in \mathbb{N}_0}$ 略去 U 上的两点 z_0, z_1. 那么经过有理映射 $\phi(z) = \dfrac{z - z_1}{z - z_0}$ 共轭以后, R 变成的有理映射的迭代族在集合 $\phi(U)$ 上仅略去 0 和 ∞. 因此, 除了可能的 0 或 ∞ 以外 $R(z) = \infty$ 没有解. 如果 $R(0) \neq \infty$, 则 R 没有极点, 所以它是多项式, 从而等于 $z^m, m > 0$, 因为 $R(z) = 0$ 没有非零解. 如果 $R(0) = \infty$, 则 R 有唯一极点 0; 由于 $R(z) = 0$ 没有有限解, 故 $R(z) = \dfrac{1}{z^m}$. 如果某个开集 U 的例外集有两点, 则已经证明 R 共轭于 $z^m, |m| > 1$. 此时的例外集是 $\{0, \infty\}$.

假设对满足 $U \cap J(R) \neq \varnothing$ 的每个开集 U, $\{R^n\}_{n \in \mathbb{N}_0}$ 至多略去 U 内单个点. 固定这样的集合 U, 其中 $E_U \neq \varnothing$, 令 z_0 是略去点. 通过有理映射 $\phi(z) = \dfrac{1}{z - z_0}$ 用 R 的共轭代替 R, 我们可取 $z_0 = \infty$. 由于 $\{\infty\}$ 已被略去, R 没有极点, 因此是多项式. 从而 R 在每个开子集 $U \subset\subset \mathbb{C}$ 上略去 ∞, 以及 (由假设) 如果 $U \cap J(R) \neq \varnothing$, 则在 U 上仅略去单个点, 所以 ∞ 是 R 仅有的例外点.

不管哪个情形, $J(R)$ 不包含任何例外点. □

下面的命题显示 Julia 集具有刻画分形集性质的自相似性.

命题 8.5.4 设 $R : \overline{\mathbb{C}} \to \overline{\mathbb{C}}$ 是具有例外集 E 的次数大于 1 的有理映射, U 是点 $\zeta \in J(R)$ 的邻域. 那么对某个 $n \in \mathbb{N}$, 有 $\bigcup_{n \in \mathbb{N}} R^n(U) = \overline{\mathbb{C}} \backslash E$, 且 $J(R) \subset R^n(U)$.

证明 如果 E 包含两点, 则由命题 8.5.3, R 共轭于 $z^m, |m| > 1$, 证明留作练习 (练习 8.5.4).

假设 E 是空的或由单点组成. 如果是后者, 可以假设略去点是 ∞, 故 R 是多项式. 由于排斥周期点在 $J(R)$ 中稠密, 可选择邻域 $V \subset U$ 和 $n > 0$, 使得 $R^n(V) \supset V$. V 上的族 $\{R^{nk}\}_{k \in \mathbb{N}}$ 不略去 $\mathbb{C}$ 中任何点, ∞ 被略去当且仅当 R 是多项式, 这时 $\infty \notin J(R)$. 因此 $J(R) \subset \bigcup_n R^n(V)$. 由于 $J(R)$ 是紧的, 且 $R^{nk}(V) \supset R^{n(k-1)}(V)$, 命题得证. □

推论 8.5.5 设 $R : \overline{\mathbb{C}} \to \overline{\mathbb{C}}$ 是次数大于 1 的有理映射. 对任何点 $\zeta \notin E$, $J(R)$ 包含在 ζ 的向后迭代集的闭包内. 特别地, $J(R)$ 是 $J(R)$ 中任何点的向后迭代集的闭包.

命题 8.5.6 次数大于 1 的有理映射的 Julia 集是完满的, 即它没有孤立点.

证明 练习 8.5.3. □

命题 8.5.7 设 $R : \overline{\mathbb{C}} \to \overline{\mathbb{C}}$ 是次数大于 1 的有理映射. 则 $J(R)$ 是排斥周期点集的闭包.

证明 我们证明 $J(R)$ 包含在 R 周期点集 Per(R) 的闭包内. 从而命题结论成立, 因为 $J(R)$ 是完满的且仅存在有限多个非排斥周期点.

假设 $\zeta \in J(R)$ 有不包含 R 的周期点、极点和临界值点的邻域 U. 由于 R 的次数大于 1, 在 U 中存在 R^{-1} 的不同分支 f 和 g, 而且对所有 $n \geqslant 0$ 和所有 $z \in U$, 有 $f(z) \neq g(z), f(z) \neq R^n(z)$ 和 $g(z) \neq R^n(z)$. 因此族

$$h_n(z) = \frac{R^n(z) - f(z)}{R^n(z) - g(z)} \cdot \frac{z - g(z)}{z - f(z)}, \quad n \in \mathbb{N}$$

在 U 中略去 0, 1 和 ∞, 从而由定理 8.3.2 它是正规的. 由于 R^n 可借助 h_n 表达, 族 $\{R^n\}$ 在 U 中也是正规的, 矛盾. 因此 $J(R) \subset \overline{\mathrm{Per}(R)}$. □

设 $P : \overline{\mathbb{C}} \to \overline{\mathbb{C}}$ 是多项式, 则 $P(\infty) = \infty$, 在 ∞ 附近局部存在 P^{-1} 的 deg P 分枝. 包含 ∞ 的任何连通区域的完全原像是连通的, 因为 $\infty = P^{-1}(\infty)$ 必须属于原像的每个连通分支. 从而 $\mathrm{BA}(\infty)$ 是连通的, 即 $\mathrm{BA}(\infty) = \mathrm{BA}^\circ(\infty)$.

引理 8.5.8 设 $f : \overline{\mathbb{C}} \to \overline{\mathbb{C}}$ 是一个亚纯函数, 又假设 ζ 是吸引周期点, 则 $\mathrm{BA}^\circ(\zeta)$ 的每个分支是单连通的.

证明 由于 f 循环置换 $\mathrm{BA}^\circ(\zeta)$ 的分支, 我们可用 f^n 代替 f, 其中 n 是 ζ 的最小周期, 又假设 ζ 是不动点. 通过 Möbius 变换共轭以后, 可假设 ζ 是有限的.

设 γ 是 $\mathrm{BA}^\circ(\zeta)$ 中的光滑单闭曲线, D 是它 (在 $\mathbb{C}$ 中) 所围的单连通区域. 假设 $D \not\subset \mathrm{BA}^\circ(\zeta)$. 令 δ 是 ζ 到 $\mathrm{BA}^\circ(\zeta)$ 的边界的距离, U 是半径为 $\delta/2$ 围绕 ζ 的圆盘. 由于 ζ 是吸引的, γ 是 $\mathrm{BA}^\circ(\zeta)$ 的紧子集, 存在 $n > 0$ 使得 $f^n(\gamma) \subset U$. 令 $g(z) = f^n(z) - \zeta$. 那么在 γ 上

$|g(z)| < \delta/2$, 但对某个 $z \in D$ 有 $|g(z)| > \delta$, 因为 $f^n(D) \not\subset \mathrm{BA}^\circ(\zeta)$. 这与解析函数的最大值原理矛盾. 因此 $D \subset \mathrm{BA}^\circ(\zeta)$, $\mathrm{BA}^\circ(\zeta)$ 是单连通的. □

命题 8.5.9　设 $R: \overline{\mathbb{C}} \to \overline{\mathbb{C}}$ 是次数大于 1 的有理映射. 如果 U 是 $F(R)$ 的任何完全不变分支, 则 $J(R) = \overline{U} \backslash U$, 以及, 如果 $F(R)$ 不连通, 则 $J(R) = \partial U$. $F(R)$ 的每个其他分支是单连通的. 至多存在两个完全不变分支. 如果 R 是多项式, 则 $\mathrm{BA}(\infty)$ 是完全不变的.

证明　假设 U 是 $F(R)$ 的完全不变分支. 那么由推论 8.5.5, $J(R)$ 包含在 U 的闭包内, 如果后者是非空的, 则它也包含在 $F(R) \backslash U$ 的闭包内. 这证明了第一个论断. 因为 $J(R) \cup U = \overline{U}$ 是连通的, $\mathbb{C}$ 中每个补的分支是单连通的 (由同伦论的基本结果).

假设 $F(R)$ 的完全不变分支多于一个, 则由上一段的论述它们每一个必须是单连通的. 设 U 是这样的分支. 那么 $R: U \to U$ 是次数为 d 的分枝覆叠, 故必须存在 $d - 1$ 个临界点, 包括计算重次. 因为临界点的总数是 $2d - 2$ (命题 8.1.1), 故至多存在两个完全不变分支.

如果 R 是多项式, 则 $\mathrm{BA}(\infty)$ 是完全不变的 (练习 8.5.1). □

有理映射 R 的后临界集是 R 所有临界点的向前轨道的并, 记为 $\mathrm{CL}(R)$.

定理 8.5.10 (Fatou)　设 R 是次数大于 1 的有理映射. 假设 R 所有的临界点在 R 的向前迭代下趋于 R 的吸引周期点. 那么 $J(R)$ 是 R 的双曲集, 即存在 $a > 1$ 和 $n \in \mathbb{N}$, 使得对每个 $z \in J(R)$ 有 $|(R^n)'(z)| \geqslant a$.

证明　如果 R 刚好有两个临界点, 则它共轭于 z^d 或 z^{-d} (命题 8.1.1), 因此定理由直接计算得到.

再假设 R 至少存在三个临界点. 设 $U = \overline{\mathbb{C}} \backslash \overline{\mathrm{CL}(R)}$, 则 $R^{-1}(U) \subset U$. 由单值化定理 [Ahl73], 存在解析覆叠映射 $\phi: \Delta_1 \to U$. 设 $g: \Delta_1 \to \Delta_1$ 是 R^{-1} 局部定义的分枝的提升, 则 $R \circ \phi \circ g = \phi$.

族 $\{\phi \circ g^n\}$ 是正规的, 因为它略去 $\mathrm{CL}(R)$. 设 f 是序列 $\phi \circ g^{n_k}$ 的一致极限. 又设 $z_0 \in \phi^{-1}(J(R))$, $O \subset \Delta_1$ 是 z_0 的邻域, 使得 $\phi(O)$ 不包含 R 的任何吸引周期点. 由于 $J(R)$ 不变 (命题 8.5.1) 且闭,

故 $f(z_0) \in J(R)$. 如果 $f'(z_0) \neq 0$, 则 $f(O)$ 包含 $f(z_0)$ 的邻域, 因此 (由命题 8.5.9) 包含点 $z_1 \in \mathrm{BA}(\xi)$, 其中 ξ 是吸引周期点. 由于 $\phi \circ g^{n_k} \to f$, 对足够大 k, 值 z_1 被每个 $\phi \circ g^{n_k}$ 取到. 由此得知, 对充分大的 k 有 $R^{n_k}(z_1) \in \phi(O)$, 这与事实 $z_1 \in \mathrm{BA}(\xi)$ 和 $\xi \notin \phi(O)$ 相矛盾. 因此, $f'(z_0) = 0$, 故 f 在 $\phi^{-1}(J(R))$ 上是常数. 由此得知 $(R^{n_k})' = 1/(g^{n_k})'$ 在 $J(P)$ 上一致趋于无穷, 这证明了定理. $\qquad\square$

定理 8.5.11 (Fatou) 设 $P : \overline{\mathbb{C}} \to \overline{\mathbb{C}}$ 是一个多项式, 使得对每个临界点 c, 当 $n \to \infty$ 时 $P^n(c) \to \infty$. 那么 Julia 集 $J(P)$ 是全不连通的, 即 $J(P)$ 是 Cantor 集.

证明 设 D 是中心在 0 包含 $J(P)$ 的圆盘, 选择 N 足够大使得 P^N 将所有临界点映到 $\bar{D}$ 外. 于是对 $n \geqslant N$, P^{-n} 的分枝在 D 内大范围有定义. 固定 $z_0 \in J(P)$, 对 $n \geqslant N$ 令 g_n 是 P^{-n} 满足 $g_n(P^n(z_0)) = z_0$ 的分枝. 族 $F = \{g_n\}_{n \geqslant N}$ 在 $\bar{D}$ 上一致有界, 因此在 $\bar{D}$ 上正规. 设 f 是 F 中序列的一致极限. 由于 P 在 $J(P)$ 上是双曲的 (定理 8.5.10), f 在 $J(P)$ 上必须是常数, 因此在 $\bar{D}$ 上是常数, 因为 f 解析且 $J(P)$ 没有孤立点. 如果 $y \neq z_0$ 是 $J(P)$ 的任何其他点, 则对充分大的 n 有 $y \notin g_n(D)$, 因为 $g_n(D)$ 的直径收敛于 0. 集合 $g_n(D) \cap J(P)$ 在 $J(P)$ 中既开又闭, 因为 ∂D 与 $J(P)$ 不相交. 因此 z_0 和 y 在 $J(P)$ 的不同分支内, 所以 $J(P)$ 是全不连通的. $\qquad\square$

命题 8.5.12 设 $P : \overline{\mathbb{C}} \to \overline{\mathbb{C}}$ 是一个多项式, 使得在 $\mathrm{BA}(\infty)$ 内没有临界点. 那么 $J(P)$ 是连通的.

证明 $\mathrm{BA}(\infty)$ 是单连通 (引理 8.5.8) 且完全不变的. 如果 $F(P)$ 仅有一个分支, 则 $J(P)$ 是 $\mathrm{BA}(\infty)$ 在 $\overline{\mathbb{C}}$ 中的补, 因此, 由代数拓扑的基本结果它是连通的.

于是, 我们假设 $F(P)$ 至少有两个分支. 通过 Möbius 变换将 ∞ 共轭变换到 0, $F(P)$ 的其他分支之一变换到 ∞ 的邻域. 我们得到有理映射 R 使得 0 是超吸引不动点, 以及 $\mathrm{BA}(0)$ 是有界的单连通区域, $F(R)$ 的完全不变分支不包含临界点. 设 g_n 是 R^n 在 $\mathrm{BA}(0)$ 上满足 $g_n(0) = 0$ 的分枝, 设 γ 是单位圆, 则 $g_n(\gamma)$ 收敛于 $J(R)$, 故 $J(R)$ 是连通的. $\qquad\square$

关于 Fatou 集与 Julia 集还有许多其他结果, 它们超出了本书的范围. 例如, Wolff-Denjoy [Wol26], [Den26] 以及 Douady-Hubbard [Dou83] 的结果证明, 如果 Fatou 集的分支最终映回到它自己, 则它的闭包或者包含吸引周期点, 或者包含中性周期点. Sullivan [Sul85] 的结果证明 Fatou 集没有游荡分支, 即在分支集中没有无穷轨道.

练习 8.5.1 求证如果 U 是 $F(R)$ 的连通分支, 则 $R(U)$ 也是 $F(R)$ 的连通分支. 证明如果 P 是多项式, 则 BA(∞) 是完全不变的.

练习 8.5.2 证明对 $m > 1$, $z \mapsto z^m$ 的 Julia 集是单位圆 S^1, BA(∞) 是 S^1 的外部, 每个 $z \neq 0$ 的 α 极限集是 S^1.

练习 8.5.3 证明命题 8.5.6.

练习 8.5.4 对 $R(z) = z^m, |m| > 1$, 证明命题 8.5.4.

练习 8.5.5 设 P 为次数至少是 2 的多项式. 证明在包含 ∞ 的 $F(P)$ 的分支上 $P^n \to \infty$.

练习 8.5.6 证明如果 R 是次数大于 1 的有理映射, 而且 $F(R)$ 仅有有限个分支, 则它或者有 0 个分支, 或者有 1 个分支, 或者有 2 个分支.

8.6 Mandelbrot 集

对一般的二次函数 $q(z) = \alpha z^2 + \beta z + \gamma$, $\alpha \neq 0$, 变量变换 $\zeta = z + \beta/2$ 将临界点变为 0, 以及 q 与 $q_a(z) = z^2 - a$ 共轭. 由于这个共轭是唯一的, 映射 $q_a, a \in \mathbb{C}$ 与共轭的二次映射类一一对应. 如果 $q_a^n(0) \to \infty$, 则 $J(q_a)$ 是全不连通的 (见定理 8.5.11). 否则, 轨道 $\{q_a^n(0)\}_{n \in \mathbb{N}}$ 有界, $J(q_a)$ 连通 (命题 8.5.12).

Mandelbrot 集 M 是参数值 a 的一个集合, 对此 0 的轨道有界, 或者等价地, $M = \{a \in \mathbb{C} : 0 \notin \text{BA}(\infty), \text{对 } q_a\}$. Mandelbrot 集如图 8.3 所示.

定理 8.6.1 (Douady-Hubbard [DH82]) 设 $M = \{a \in \mathbb{C} : |q_a^n(0)| \leqslant 2, \text{对所有 } n \in \mathbb{N}\}$, 则 M 是闭且单连通的.

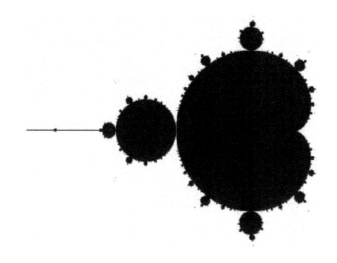

图 8.3 Mandelbrot 集

证明 设 $|a| > 2$, 我们有 $|q_a(0)| = |a| > 2$, $|q_a^2(0)| = |q_a(a)| \geqslant |a^2| - |a| = |a|(|a| - 1)$, 以及对 $n \in \mathbb{N}$ 有 $|q_a^n(0)| \geqslant |a|(|a| - 1)^{n-1}$ (练习 8.6.1). 因此 $a \notin M$. 如果 $|a| \leqslant 2$, 而且对某个 $n \in \mathbb{N}$ 和 $\alpha > 0$ 有 $|q_a^n(0)| = 2 + \alpha$, 则 $|q_a^{n+1}(0)| \geqslant (2 + \alpha)^2 - 2 > 2 + 4\alpha$, 且当 $k \to \infty$ 时 $|q_a^{n+k}(0)| \geqslant 2 + 4^k\alpha \to \infty$. 因此 $a \notin M$. 第一个和第二个论断得证.

如果 D 是 $\mathbb{C} \backslash M$ 的有界分支, 则对某个 $n \in \mathbb{N}$ 有 $\max\limits_{a \in \overline{D}} |q_a^n(0)| > 2$, 由最大值原理, 对某个 $a \in \partial D \subset M$ 有 $|q_a^n(0)| > 2$. 这与这个定理的第一个论断矛盾. 因此 $\mathbb{C} \backslash M$ 没有有界分支, 仅有一个包含 ∞ 的无界分支, 因此是连通的. 从而 M 是单连通的. □

q_a 的不动点是 $z_a^{\pm} = (1 \pm \sqrt{1 + 4a})/2$, 其乘子 $\lambda^{\pm} = 1 \pm \sqrt{1 + 4a}$. 集合 $\{a \in \mathbb{C} : |1 \pm \sqrt{1 + 4a}| < 1\}$ 是 M 的子集 (练习 8.6.3), 称为 M 的主心形线.

命题 8.6.2 *∂M 中的每一点是使得 q_a 有超吸引环的 a 的值集的聚点.*

证明 由于 0 是 q_a 仅有的临界点, 周期轨道是超吸引的当且仅当它包含 0. 设 D 是与 ∂M 相交且不含 0 的圆盘, 假设对任

何 $a \in D$, 0 不是 q_a 的周期点. 那么对所有 $a \in D$ 与 $n \in \mathbb{N}$, $(q_a^n(0))^2 \neq a$. 设 $\sqrt{a}$ 是 $z \mapsto z^2$ 在 D 上定义的逆的一个分枝, 对 $n \in \mathbb{N}$ 和 $a \in D$ 定义 $f_n(a) = q_a^n(0)/\sqrt{a}$. 那么族 $\{f_n\}_{n \in \mathbb{N}}$ 略去 D 上的 0,1 和 ∞, 因此在 D 上正规. 另一方面, 由于 D 与 ∂M 相交, 它包含使 $f_n(a)$ 有界的点 a 和使得 $f_n(a) \to \infty$ 的点 a, 因此族 $\{f_n\}$ 在 D 上不正规. 从而, 对某个 $a \in D$, 0 必须是 q_a 的周期点. □

练习 8.6.1 用归纳法证明, 如果 $|a| > 2$, 则对 $n \in \mathbb{N}$ 有 $|q_a^n(0)| \geqslant |a|(|a|-1)^{n-1}$.

练习 8.6.2 证明 M 与实轴的交是 $[-2, 1/4]$.

练习 8.6.3 证明主心形线包含在 M 内.

练习 8.6.4 证明使得 q_a 有吸引的周期 2 周期点的 $\mathbb{C}$ 中 a 值的集合是半径为 $1/4$、中心在 -1 的圆盘 (它与主心形线相切). 证明这个集合包含在 M 内.

第 9 章　测度论熵

在这一章我们对保测变换的测度论熵 (也称为度量熵) 给出一个简短的介绍. 这个不变量是 A. Kolmogorov [Kol58], [Kol59] 为了对 Bernoulli 自同构进行分类时引入的, 又经 Ya. Sinai [Sin59] 对一般保测动力系统作进一步发展. 测度论熵深深扎根于热力学、统计力学和信息论中. 在第一节的末尾我们将从信息论观点解释熵.

9.1　分　割　的　熵

在整个这一章设 $(X, \mathfrak{A}, \mu)$ 是满足 $\mu(X) = 1$ 的 Lebesgue 空间. 我们利用第 4 章的记号. X 的一个 (有限) 分割是覆盖 $X \bmod 0$ 的本质不相交的可测集 C_i (称为 ζ 的元素或原子) 的有限族 ζ. 我们说分割 ζ' 是分割 ζ 的加细, 记为 $\zeta \leqslant \zeta'$ (或 $\zeta' \geqslant \zeta$), 如果 ζ' 的每个元素 $\bmod 0$ 包含在 ζ 的元素中. 分割 ζ 与 ζ' 等价, 如果每一个是另一个的加细. 我们将处理分割的等价类. 分割 ζ 和分割 ζ' 的公共加细 $\zeta \vee \zeta'$ 是分割为交 $C_\alpha \cap C'_\beta$, 其中 $C_\alpha \in \zeta$ 且 $C'_\beta \in \zeta'$; 它是 $\geqslant \zeta$ 和 ζ' 的最小分割. 交 $\zeta \wedge \zeta'$ 是 $\leqslant \zeta$ 和 ζ' 的最大可测分割. 由单个元素 X 组成的平凡分割记为 ν.

虽然本章的许多定义和论述对无穷分割也成立, 但我们仅讨论有限分割.

对 $A, B \subset X$, 设 $A \triangle B = (A \backslash B) \cup (B \backslash A)$. 令 $\xi = \{C_i : 1 \leqslant i \leqslant m\}$ 与 $\eta = \{D_j : 1 \leqslant j \leqslant n\}$ 是有限分割. 如有必要通过加入零集, 可假设 $m = n$. 定义

$$d(\xi, \eta) = \min_{\sigma \in S_m} \sum_{i=1}^{m} \mu(C_i \triangle D_{\sigma(i)}),$$

其中下确界取遍 m 个元素的所有排列. d 满足距离的几个公理 (练习 9.1.1).

分割 ζ 和 ζ' 称为是独立的, 记为 $\zeta \perp \zeta'$, 如果对所有 $C \in \zeta$ 和 $C' \in \zeta'$ 有 $\mu(C \cap C') = \mu(C) \cdot \mu(C')$.

对变换 T 和分割 $\xi = \{C_1, \ldots, C_m\}$, 令 $T^{-1}(\xi) = \{T^{-1}(C_1), \ldots, T^{-1}(C_m)\}$.

为了启发下面熵的定义, 考虑 Σ_m 具有概率 $q_i > 0, q_1 + \cdots + q_m = 1$ 的 Bernoulli 自同构 (见 4.4 节). 设 ξ 是将 Σ_m 分割为 m 个集合 $C_i = \{\omega \in \Sigma_m : \omega_0 = i\}, \mu(C_i) = q_i$ 的分割. 令 $\eta_n = \bigvee_{k=0}^{n-1} \sigma^{-k}(\xi)$, $\eta_n(\omega)$ 表示包含 ω 的 η_n 的元素. 对 $\omega \in \Sigma_m$, 令 $f_i^n(\omega)$ 是符号 i 在字 $\omega_1, \ldots, \omega_n$ 中的相对频率. 由于 σ 关于 μ 是遍历的, 由 Birkhoff 遍历定理 4.5.5, 对每个 $\varepsilon > 0$ 存在 $N \in \mathbb{N}$ 和满足 $\mu(A_\varepsilon) > 1 - \varepsilon$ 的子集 $A_\varepsilon \subset \Sigma_m$, 使得对每个 $\omega \in A_\varepsilon$ 和 $n \geqslant N$ 有 $|f_i^n(\omega) - q_i| < \varepsilon$. 因此, 如果 $\omega \in A_\varepsilon$, 则

$$\mu(\eta_n(\omega)) = \prod_{i=1}^{m} q_i^{(q_i + \varepsilon_i)n} = 2^{n \sum_{i=1}^{m} (q_i + \varepsilon_i) \log q_i},$$

其中 $|\varepsilon_i| < \varepsilon$, 以及, 从现在起 $\log$ 表示以 2 为底的对数, 且满足 $0 \log 0 = 0$. 由此得知对 μ-a.e. $\omega \in \Sigma_m$,

$$\lim_{n \to \infty} \frac{1}{n} \log \mu(\eta_n(\omega)) = \sum_{i=1}^{m} q_i \log q_i,$$

因此, 具有符号 $1, \ldots, m$ 的近似改正频率的 η_n 的元素个数如 2^{nh} 指数地增长, 其中 $h = -\sum_{i=1}^{m} q_i \log q_i$.

对分割 $\zeta = \{C_1, \ldots, C_n\}$, 定义 ζ 的熵为

$$H(\varsigma) = -\sum_{i=1}^{n} \mu(C_i) \log \mu(C_i)$$

(回忆 $0 \log 0 = 0$). 注意 $-x \log x$ 是 $[0,1]$ 上的严格凸连续函数, 即如果 $x_i \geqslant 0$, $\lambda_i \geqslant 0$, $i = 1, \ldots, n$, 且 $\sum_i \lambda_i = 1$, 则

$$-\left(\sum_{i=1}^{n} \lambda_i x_i\right) \cdot \log \sum_{i=1}^{n} \lambda_i x_i \geqslant -\sum_{i=1}^{n} \lambda_i x_i \log x_i, \qquad (9.1)$$

等号成立当且仅当所有 x_i 相等. 对 $x \in X$, 令 $m(x, \zeta)$ 表示包含 x 的 ζ 的元素的测度. 于是

$$H(\zeta) = -\int_X \log m(x, \zeta) d\mu.$$

命题 9.1.1 设 ξ 和 η 是两个有限分割. 那么

1. $H(\xi) \geqslant 0$ 且 $H(\xi) = 0$, 当且仅当 $\xi = \boldsymbol{\nu}$;

2. 如果 $\xi \leqslant \eta$, 则 $H(\xi) \leqslant H(\eta)$, 等号成立当且仅当 $\xi = \eta$;

3. 如果 ξ 有 n 个元素, 则 $H(\xi) \leqslant \log n$, 等号成立当且仅当 ξ 的每个元素具有测度 $1/n$;

4. $H(\xi \vee \eta) \leqslant H(\xi) + H(\eta)$, 等号成立当且仅当 $\xi \perp \eta$.

证明 我们将前面 3 个论断留作练习 (练习 9.1.2). 为了证明最后一个论断, 设 μ_i, ν_i 和 κ_{ij} 分别为 ξ, η 和 $\xi \vee \eta$ 的元素的测度, 所以 $\sum_j \kappa_{ij} = \mu_i$ 和 $\sum_i \kappa_{ij} = \nu_j$. 由 (9.1) 得

$$-\nu_j \log \nu_j \geqslant -\sum_i \mu_i \frac{\kappa_{ij}}{\mu_i} \cdot \log \frac{\kappa_{ij}}{\mu_i} = -\sum_i \kappa_{ij} \log \kappa_{ij} + \sum_i \kappa_{ij} \log \mu_i,$$

对 j 求和完成不等式的证明. 等号成立当且仅当对每个 j, $x_i = \kappa_{ij}/\mu_i$ 不依赖于 i, 这等价于 ξ 和 η 独立.　　□

分割的熵具有 "分割元素的平均信息" 的自然解释. 例如, 假设 X 代表实验所得的所有可能结果的集合, μ 是结果的概率分布. 为了从实验中提取信息, 我们设计一个有效的测量方法将 X 分割为有限个可观察的子集, 或事件 $C_1, C_2, \ldots, C_n$. 定义事件 C 的信

息为 $I(C) = -\log\mu(C)$. 这是给出这个信息应该具有下面性质的自然选择:

1. 信息是事件概率的非负递减函数; 一个事件的概率越低, 观察到这个事件的信息内容越多.

2. 平凡事件 X 的信息是 0.

3. 对独立事件 C 和 D, 信息可加, 即 $I(C\cap D) = I(C) + I(D)$. 直到仅差一个常数, $-\log\mu(C)$ 是仅有的这样的函数.

利用信息的这个定义, 分割的熵简单地是分割元素的平均信息.

练习 9.1.1　证明: (i) $d(\xi,\eta) \geqslant 0$, 等号成立当且仅当 $\xi = \eta \bmod 0$, 以及 (ii) $d(\xi,\zeta) \leqslant d(\xi,\eta) + f(\eta,\zeta)$.

练习 9.1.2　证明命题 9.1.1 的前面 3 个论断.

练习 9.1.3　对 $n\in\mathbb{N}$, 设 $\mathcal{P}_n$ 是具有 n 个元素、距离为 d 的有限分割的等价类空间. 证明熵是 $\mathcal{P}_n$ 上的连续函数.

9.2　条　件　熵

对满足 $\mu(D) > 0$ 的可测子集 $C, D \subset X$, 令 $\mu(C|D) = \mu(C\cap D)/\mu(D)$. 设 $\xi = \{C_i : i\in I\}$ 和 $\eta = \{D_j : j\in J\}$ 是两个分割. ξ 关于 η 的条件熵由公式

$$H(\xi|\eta) = -\sum_{j\in J}\mu(D_j)\sum_{i\in I}\mu(C_i|D_j)\log\mu(C_i|D_j)$$

定义.

量 $H(\xi|\eta)$ 是在 η 的元素中由 ξ 诱导的分割的平均熵. 如果 $C(x)\in\xi$ 和 $D(x)\in\eta$ 是包含 x 的元素, 则

$$H(\xi|\eta) = -\int_X\log\mu(C(x)|D(x))d\mu.$$

下面的命题给出条件熵的几个简单性质:

命题 9.2.1　设 ξ,η 和 ζ 是有限分割. 那么
1. $H(\xi|\eta) \geqslant 0$, 等号成立当且仅当 $\xi \leqslant \eta$,
2. $H(\xi|\nu) = H(\xi)$,

3. 如果 $\eta \leqslant \zeta$, 则 $H(\xi|\eta) \geqslant H(\xi|\zeta)$,

4. 如果 $\eta \leqslant \zeta$, 则 $H(\xi \vee \eta|\xi) = H(\xi|\zeta)$,

5. 如果 $\xi \leqslant \eta$, 则 $H(\xi|\zeta) \leqslant H(\eta|\zeta)$, 等号成立当且仅当 $\xi \vee \zeta = \eta \vee \zeta$,

6. $H(\xi \vee \eta|\zeta) \leqslant H(\xi|\zeta) + H(\eta|\xi \vee \zeta)$ 和 $H(\xi \vee \eta) \leqslant H(\xi) + H(\eta|\xi)$,

7. $H(\xi|\eta \vee \zeta) \leqslant H(\xi|\zeta)$,

8. $H(\xi|\eta) \leqslant H(\xi)$, 等号成立当且仅当 $\xi \perp \eta$.

证明 为了证明 6, 令 $\xi = \{A_i\}, \eta = \{B_j\}, \zeta = \{C_k\}$. 则

$$
\begin{aligned}
H(\xi \vee \eta|\zeta) &= -\sum_{i,j,k} \mu(A_i \cap B_j \cap C_k) \log \frac{\mu(A_i \cap B_j \cap C_k)}{\mu(C_k)} \\
&= -\sum_{i,j,k} \mu(A_i \cap B_j \cap C_k) \log \frac{\mu(A_i \cap C_k)}{\mu(C_k)} \\
&\quad -\sum_{i,j,k} \mu(A_i \cap B_j \cap C_k) \log \frac{\mu(A_i \cap B_j \cap C_k)}{\mu(A_i \cap C_k)} \\
&= H(\xi|\zeta) + H(\eta|\xi \vee \zeta).
\end{aligned}
$$

由此得到第一个等式, 第二个等式由第一个得到, 其中 $\zeta = \nu$.

命题 9.2.1 中的其余论断留作练习 (练习 9.2.1). $\qquad\square$

对有限分割 ξ 和 η, 定义

$$
\rho(\xi, \eta) = H(\xi|\eta) + H(\eta|\xi).
$$

函数 ρ 称为 Rokhlin 度量, 它在分割的等价类空间中定义度量 (练习 9.2.2).

命题 9.2.2 对每个 $\varepsilon > 0$ 和 $m \in \mathbb{N}$ 存在 $\delta > 0$, 使得如果 ξ 和 η 是两个至多具有 m 个元素且 $d(\xi, \eta) < \delta$ 的有限分割, 则 $\rho(\xi, \eta) < \varepsilon$.

证明 ([KH95], 命题 4.3.5) 设分割 $\xi = \{C_i : 1 \leqslant i \leqslant m\}, \eta = \{D_i : 1 \leqslant i \leqslant m\}$ 满足 $d(\xi, \eta) = \sum_{i=1}^{m} \mu(C_i \Delta D_i) = \delta$. 我们借助 δ 和 m 估计 $H(\eta|\xi)$.

如果 $\mu(C_i) > 0$, 令 $\alpha_i = \mu(C_i \backslash D_i)/\mu(C_i)$. 那么

$$-\mu(C_i \cap D_i) \log \frac{\mu(C_i \cap D_i)}{\mu(C_i)} \leqslant -\mu(C_i)(1 - \alpha_i) \log(1 - \alpha_i),$$

将命题 9.1.1(3) 应用到由 η 诱导的 $C_i \backslash D_i$ 的分割, 得到

$$-\sum_{j \neq i} \mu(C_i \cap D_i) \log \frac{\mu(C_i \cap D_i)}{\mu(C_i)} \leqslant -\mu(C_i)\alpha_i(\log(\alpha_i - \log(m-1))).$$

因此, 由于 $\log x$ 是凸的,

$$-\sum_j \mu(C_i \cap D_i) \log \frac{\mu(C_i \cap D_i)}{\mu(C_i)}$$
$$\leqslant \mu(C_i)\left((1 - \alpha_i) \log \frac{1}{1 - \alpha_i} + \alpha_i \log \frac{m-1}{\alpha_i}\right) \leqslant \mu(C_i) \log m.$$

由此得知

$$H(\mu|\xi) \leqslant \sum_{\mu(C_i) < \sqrt{\delta}} \mu(C_i) \log m$$
$$+ \sum_{\mu(C_i) \geqslant \sqrt{\delta}} \mu(C_i)(-(1 - \alpha_i) \log(1 - \alpha_i)$$
$$-\alpha_i \log \alpha_i + \alpha_i \log(m-1)).$$

第一项不超过 $\sqrt{\delta} m \log m$. 为了估计第二项, 注意到 $\alpha_i \mu(C_i) \leqslant \delta$. 因此, 如果 $\mu(C_i) \geqslant \delta$ 则 $\alpha_i \leqslant \delta$. 由于函数 $f(x) = -x \log x - (1-x) \log(1-x)$ 在 $(0, 1/2)$ 上递增, 对小的 δ 第二项不超过 $f(\sqrt{\delta}) + \sqrt{\delta} \log(m-1)$, 而且

$$H(\eta|\xi) \leqslant f(\sqrt{\delta}) + \sqrt{\delta}(m \log m + \log(m-1)).$$

由于 $x \to 0$ 时 $f(x) \to 0$, 命题得证.　　　　　　　　　　　□

练习 9.2.1　证明命题 9.2.1 的其余论断.

练习 9.2.2　证明 (i) $\rho(\xi, \eta) \geqslant 0$, 等号成立当且仅当 $\xi = \eta$ mod 0, 以及 (ii) $\rho(\xi, \zeta) \leqslant \rho(\xi, \eta) + \rho(\eta, \zeta)$.

9.3 保测变换的熵

设 T 是测度空间 $(X, \mathfrak{A}, \mu)$ 的一个保测变换, $\zeta = \{C_\alpha : \alpha \in I\}$ 是 X 具有有限熵的分割. 对 $k, n \in \mathbb{N}$, 令 $T^{-k}(\zeta) = \{T^{-k}(C_\alpha) : \alpha \in I\}$, 以及

$$\zeta^n = \zeta \vee T^{-1}(\zeta) \vee \cdots \vee T^{-n+1}(\zeta).$$

由于 $H(T^{-k}(\zeta)) = H(\zeta)$ 和 $H(\xi \vee \eta) \leqslant H(\xi) + H(\eta)$, 我们有 $H(\zeta^{m+n}) \leqslant H(\zeta^m) + H(\zeta^n)$. 由次可加性 (练习 2.5.3), 极限

$$h(T, \zeta) = \lim_{n \to \infty} \frac{1}{n} H(\zeta^n)$$

存在, 称此极限为 T 关于 ζ 的度量 (或测度论) 熵. 注意, $h(T, \zeta) \leqslant H(\zeta)$.

命题 9.3.1 $h(T, \zeta) = \lim_{n \to \infty} H(\zeta | T^{-1}(\zeta^n))$.

证明 由于对 $\eta \leqslant \zeta$ 有 $H(\xi | \eta) \geqslant H(\xi | \zeta)$, 序列 $H(\zeta | T^{-1}(\zeta^n))$ 关于 n 非增. 又因 $H(T^{-1}\xi) = H(\xi)$ 和 $H(\xi \vee \eta) = H(\xi) + H(\eta | \xi)$, 我们得到

$$
\begin{aligned}
H(\zeta^n) &= H(T^{-1}(\zeta^{n-1}) \vee \zeta) = H(\zeta^{n-1}) + H(\zeta | T^{-1}(\zeta^{n-1})) \\
&= H(\zeta^{n-2}) + H(\zeta | T^{-1}(\zeta^{n-2})) + H(\zeta | T^{-1}(\zeta^{n-1})) = \cdots \\
&= H(\zeta) + \sum_{k=1}^{n-1} H(\zeta | T^{-1}(\zeta^k)).
\end{aligned}
$$

除以 n 并令 $n \to \infty$ 取极限结束证明. $\square$

命题 9.3.1 意味着 $h(T, \zeta)$ 是在知道所有过去状态的条件下现在状态累计的平均信息.

命题 9.3.2 设 ξ 和 η 是有限分割. 那么

1. $h(T, T^{-1}(\xi)) = h(T, \xi)$; 如果 T 可逆, 则 $h(T, T(\xi)) = h(T, \xi)$,

2. 对 $n \in \mathbb{N}$ 有 $h(T, \xi) = h(T, \bigvee_{i=0}^{n} T^{-i}(\xi))$; 如果 T 可逆, 则对 $n \in \mathbb{N}$ 有 $h(T, \xi) = h(T, \bigvee_{i=-n}^{n} T^{-i}(\xi))$,

3. $h(T, \xi) \leqslant h(T, \eta) + H(\xi | \eta)$; 如果 $\xi \leqslant \eta$, 则 $h(T, \xi) \leqslant h(T, \eta)$,

4. $|h(T, \xi) - h(T, \eta)| \leqslant \rho(\xi, \eta) = H(\xi|\eta) + H(\eta|\xi)$ (Rokhlin 不等式),

5. $h(T, \xi \vee \eta) \leqslant h(T, \xi) + h(T, \eta)$.

证明 为了证明论断 3, 注意到由命题 9.2.1(6) 的第二个论断, $H(\xi^n) \leqslant H(\xi^n \vee \eta^n) = H(\eta^n) + H(\xi^n|\eta^n)$. 应用命题 9.2.1(6) n 次, 得到

$$
\begin{aligned}
H(\xi^n|\eta^n) = H(\xi \vee T^{-1}(\xi^{n-1})|\eta^n) &= H(\xi|\eta^n) + H(T^{-1}(\xi^{n-1})|\xi \vee \eta^n) \\
&\leqslant H(\xi|\eta) + H(T^{-1}(\xi^{n-1})|\eta^n) \\
&\leqslant H(\xi|\eta) + H(T^{-1}(\xi)|T^{-1}(\eta)) + H(T^{-2}(\xi^{n-2})|\eta^n) \\
&\vdots \\
&\leqslant nH(\xi|\eta).
\end{aligned}
$$

因此

$$
\frac{1}{n}H(\xi^n) \leqslant \frac{1}{n}H(\eta^n) + H(\xi|\eta),
$$

论断 3 得证.

命题 9.3.2 余下的论断留作练习 (练习 9.3.2). □

度量 (或测度论) 熵是熵 $h(T, \zeta)$ 在 X 所有有限可测分割 ζ 上的上确界.

如果两个保测变换同构 (即如果存在保测共轭), 则它们的测度论熵相等. 如果它们的熵不同则这两个变换不同构.

我们将需要下面的引理.

引理 9.3.3 设 η 是一个有限分割, ζ_n 是有限分割序列, 满足 $d(\zeta_n, \eta) \to 0$. 那么存在有限分割 $\xi_n \leqslant \zeta_n$ 使得 $H(\eta|\xi_n) \to 0$.

证明 设 $\eta = \{D_j : 1 \leqslant j \leqslant m\}$. 对每个 j 选择序列 $C_j^n \in \zeta_n$, 使得 $\mu(D_j \Delta C_j^n) \to 0$. 假设 ξ_n 由 $C_j^n, 1 \leqslant j \leqslant m$ 组成, 且 $C_{m+1}^n =$

$X \setminus \bigcup_{j+1}^m C_j^n$. 那么 $\mu(C_j^n) \to \mu(D_j)$ 和 $\mu(C_{m+1}^n) \to 0$. 我们有

$$
\begin{aligned}
H(\eta|\xi_n) = & -\sum_{i=1}^m \mu(C_i^n \cap D_i) \cdot \log \frac{\mu(C_i^n \cap D_i)}{\mu(C_i^n)} \\
& -\sum_{j=1}^m \mu(C_{m+1}^n \cap D_j) \cdot \log \frac{\mu(C_{m+1}^n \cap D_j)}{\mu(C_{m+1}^n)} \\
& -\sum_{i=1}^m \sum_{j \neq i} \mu(C_i^n \cap D_j) \cdot \log \frac{\mu(C_i^n \cap D_j)}{\mu(C_i^n)}.
\end{aligned}
$$

第一个和式趋于零, 因为 $\mu(C_i^n \cap D_i) \to \mu(C_i^n)$. 第二与第三个和式趋于零, 因为对 $j \neq i$ 有 $\mu(C_i^n \cap D_j) \to 0$. □

有限分割序列 (ζ_n) 称为是加细的, 如果对 $n \in \mathbb{N}$ 有 $\zeta_{n+1} \geqslant \zeta_n$.

有限分割序列 (ζ_n) 称为是生成的, 如果对每个有限分割 ξ 和每个 $\delta > 0$, 存在 $n_0 \in \mathbb{N}$, 使得对每个 $n \geqslant n_0$ 存在分割 ξ_n, 满足 $\xi_n \leqslant \bigvee_{i=1}^n \zeta_i$ 和 $d(\xi_n, \xi) < \delta$, 或者等价地, 如果对足够大 n, 每个可测集可用 $\bigvee_{i=1}^n \zeta_i$ 的元素的并逼近.

每个 Lebesgue 空间有有限分割的生成序列 (练习 9.3.3). 如果 X 是具非原子 Borel 测度 μ 的紧度量空间, 则 $n \to \infty$ 时有限分割序列 ζ_n 趋于 0 (练习 9.3.4).

命题 9.3.4 如果 (ζ_n) 是有限分割的一个加细生成序列, 则 $h(T) = \lim_{n \to \infty} h(T, \zeta_n)$.

证明 设 ξ 是 X 具有 m 个元素的分割. 固定 $\varepsilon > 0$. 由于 (ζ_n) 是加细生成的, 对每个 $\delta > 0$, 存在 $n \in \mathbb{N}$ 与具有 m 个元素的分割 ξ_n, 使得 $\xi_n \leqslant \bigvee_{i=1}^n \xi_i$ 且 $d(\xi_n, \xi) < \delta$. 由命题 9.2.2,

$$\rho(\xi, \zeta_n) = H(\xi|\zeta_n) + H(\zeta_n|\xi) < \varepsilon.$$

由 Rokhlin 不等式 (命题 9.3.2(4)), $h(T, \xi) < h(T, \zeta_n) + \varepsilon$. □

不可逆保测变换 T 的 (单边) 生成子是使得序列 $\xi^n = \bigvee_{k=0}^n T^{-k}$ (ξ) 为生成的有限分割 ξ. 对可逆的 T, (双边) 生成子是使得序列

$\displaystyle\bigvee_{k=-n}^{n} T^k(\xi)$ 为生成的有限分割 ξ. 等价地, ξ 是生成子, 如果对任何有限分割 η, 存在分割 $\zeta_n \leqslant \displaystyle\bigvee_{k=0}^{n} T^{-k}(\xi)$ (或 $\zeta_n \leqslant \displaystyle\bigvee_{k=0}^{n} T^{-k}(\xi)$) 使得 $d(\zeta_n, \eta) \to 0$.

利用命题 9.3.4 下面的推论就可计算许多保测变换的熵.

定理 9.3.5 (Kolmogorov-Sinai) 设 ξ 是 T 的生成子. 则 $h(T) = h(T, \xi)$.

证明 我们仅考虑不可逆情形. 设 η 是一个有限分割. 由于 ξ 是生成子, 存在分割 $\zeta_n \leqslant \displaystyle\bigvee_{i=0}^{n} T^{-i}(\xi)$, 使得 $d(\zeta_n, \eta) \to 0$. 由引理 9.3.3, 对任何 $\delta > 0$, 存在 $n \in \mathbb{N}$ 和分割 $\xi_n \leqslant \zeta_n \leqslant \displaystyle\bigvee_{i=0}^{n} T^{-i}(\xi)$, 满足 $H(\xi_n | \eta) < \delta$. 由命题 9.3.2 的论断 3, 5 和 2,

$$h(T, \eta) \leqslant h(T, \xi_n) + H(\eta | \xi_n) \leqslant h\left(T, \bigvee_{i=0}^{n} T^{-i}(\xi)\right) + \delta = h(T, \xi) + \delta.$$
$$\square$$

命题 9.3.6 设 T 和 S 分别是测度空间 $(X, \mathfrak{A}, \mu)$ 和 $(Y, \mathfrak{B}, \nu)$ 的保测变换. 那么

1. 对每个 $k \in \mathbb{N}$, $h(T^k) = k h(T)$; 如果 T 可逆, 则对每个 $k \in \mathbb{Z}$ 有 $h(T^{-1}) = h(T)$ 和 $h(T^k) = |k| h(T)$.

2. 如果 T 是 S 的一个因子, 则 $h_\mu(T) \leqslant h_\nu(S)$.

3. $h_{\mu \times \nu}(T \times S) = h_\mu(T) + h_\nu(S)$.

证明 为了证明论断 3, 在 X 和 Y 中分别考虑分割的加细生成序列 ξ_k 和 η_k. 于是

$$\zeta_k = (\xi_k \times \nu) \vee (\mu \times \eta_k)$$

是 $X \times Y$ 中的加细生成序列. 由于

$$\zeta_k^n = (\xi_k^n \times \nu) \vee (\mu \times \eta_k^n) \quad \text{和} \quad (\xi_k^n \times \nu) \perp (\mu \times \eta_k^n),$$

由命题 9.1.1 和 9.3.4 我们得到

$$h(T \times S) = \lim_{k \to \infty} \lim_{n \to \infty} \frac{1}{n} H(\zeta_k^n) \lim_{k \to \infty} \lim_{n \to \infty} \frac{1}{n} (H(\xi_k^n) + H(\eta_k^n))$$
$$= h(T) + h(S).$$

前两个论断留作练习 (练习 9.3.6). □

设 T 是概率空间 $(X, \mathfrak{A}, \mu)$ 的一个保测变换, ζ 是有限分割. 如前, 设 $m(x, \zeta^n)$ 是包含 $x \in X$ 的 ζ^n 的元素的测度. 信息量通过 x 位于 ζ^n 的特定元素 (或点 $x, T(x), \dots, T^{n-1}(x)$ 位于 ζ 的特定元素) 的事实传达, 它为 $I_{\zeta^n}(x) = -\log m(x, \zeta^n)$. 下面定理的证明可在 [Pet89] 或 [Mañ88] 中找到.

定理 9.3.7 (Shannon-McMillan-Breiman)   设 T 是概率空间 $(X, \mathfrak{A}, \mu)$ 的一个遍历保测变换, ζ 是有限分割. 那么

$$\lim_{n \to \infty} \frac{1}{n} I_{\zeta^n}(x) = h(T, \zeta), \text{ 对 a.e. } x \in X \text{ 且在 } L^1(X, \mathfrak{A}, \mu) \text{ 中}.$$

由定理 9.3.7 得知, 对典型点 $x \in X$, 信息 $I_{\zeta^n}(x)$ 如 $n \cdot h(T, \zeta)$ 渐近增长, 测度 $m(x, \zeta^n)$ 如 $e^{-nh(T,\zeta)}$ 指数衰减. 下面推论的证明留作练习 (练习 9.3.8).

推论 9.3.8   设 T 是概率空间 $(X, \mathfrak{A}, \mu)$ 的一个遍历保测变换, ζ 是有限分割. 那么对每个 $\varepsilon > 0$ 存在 $n_0 \in \mathbb{N}$, 以及对每个 $n \geqslant n_0$ 存在 ζ^n 的元素的子集 S_n, 使得 S_n 中元素的全测度 $\geqslant 1 - \varepsilon$, 且对每个元素 $C \in S_n$

$$-n(h(T, \zeta) + \varepsilon) < \log \mu(C) < -n(h(T, \zeta) - \varepsilon).$$

练习 9.3.1   设 T 是非原子测度空间 $(X, \mathfrak{A}, \mu)$ 的一个保测变换. 对有限分割 ξ 和 $x \in X$, 令 $\xi_n(x)$ 是包含 x 的 ξ^n 的元素. 证明 $n \to \infty$ 时, 对 a.e. x 与每个非平凡有限分割 ξ, $\mu(\xi^n(x)) \to 0$, 当且仅当所有方幂 $T^n, n \in \mathbb{N}$ 都是遍历的.

练习 9.3.2   证明命题 9.3.2 余下的论断.

练习 9.3.3   证明每个 Lebesgue 空间有分割的生成序列.

练习 9.3.4　如果 ζ 是有限度量空间的一个分割,则定义 ζ 的直径为 $\mathrm{diam}(\zeta)=\sup_{C\in\zeta}\mathrm{diam}(C)$. 证明如果 $n\to\infty$ 时 ζ_n 的直径趋于 0, 则具有非原子 Borel 测度 μ 的紧度量空间 X 的有限分割序列 (ζ_n) 是生成序列.

练习 9.3.5　假设保测变换 T 有含 k 个元素的生成子. 证明 $h(T)\leqslant\log k$.

练习 9.3.6　证明命题 9.3.6 前两个论断.

练习 9.3.7　证明如果可逆变换 T 有单边生成子, 则 $h(T)=0$.

练习 9.3.8　证明推论 9.3.8.

9.4　计算熵的例子

设 (X,d) 是一个紧度量空间, μ 是 X 上的非原子 Borel 测度. 由练习 9.3.4, 任何直径趋于 0 的有限分割序列是生成的. 我们将反复应用这个事实去计算某些拓扑映射的度量熵.

S^1 的旋转　设 λ 是 S^1 上的 Lebesgue 测度. 如果 α 是有理数, 则对某个 n 有 $R_\alpha^n=\mathrm{Id}$, 因此, $h_\lambda(R_\alpha)=(1/n)h_\lambda(R_\alpha^n)=(1/n)h_\lambda(\mathrm{Id})=0$. 如果 α 是无理数, 设 ξ_N 是将 S^1 分割成 N 个相同长度区间的分割. 那么 ξ_N^n 由 nN 个区间组成, 所以 $H(\xi_N^n)\leqslant\log nN$. 从而 $h(R_\alpha,\xi_N)\leqslant\lim_{n\to\infty}(\log nN)/n=0$. 分割族 $\xi_N, N\in\mathbb{N}$ 显然是生成的, 故 $h(R_\alpha)=0$.

这个结果也可通过注意每个向前半轨稠密, 再由练习 9.3.7 得到, 所以任何非平凡分割是 R_α 的单边生成子.

扩张映射　分割

$$\xi=\{[0,1/k),[1/k,2/k),\cdots,[(k-1)/k,1)\}$$

是扩张映射 $E_k:S^1\to S^1$ 的生成子, 因为 ξ^n 的元素有形式 $[i/k^n,(i+1)/k^n)$. 我们有

$$H(\xi^n)=-\sum\frac{1}{|k|^n}\log\left(\frac{1}{|k|^n}\right)=n\log|k|,$$

所以 $h_\lambda(E_k)=\log|k|$.

移位 设 $\sigma : \Sigma_m \to \Sigma_m$ 是 m 个符号的单边或双边移位, 令 $p = (p_1, \ldots, p_m)$ 是满足 $\sum\limits_{i=1}^{m} p_i = 1$ 的非负向量. 向量 p 在字母表 $\{1, 2, \ldots, m\}$ 上定义一个测度. Σ_m 上的相应的积测度 μ_p 称为 Bernoulli 测度. 对柱体集, 我们有

$$\mu_p\left(C_{j_1,\ldots,j_k}^{n_1,\ldots,n_k}\right) = \prod_{i=1}^{k} p_{j_i}.$$

设 $\xi = \{C_j^0 : j = 1, \ldots, m\}$. 那么 ξ 是 σ 的 (单边或双边) 生成子, 因为关于度量 $d(\omega, \omega') = 2^{-l}$, $\mathrm{diam}\left(\bigvee\limits_{i=0}^{m} \sigma^i \xi\right) \to 0$, 其中 $l = \min\{|i| : \omega_i \neq \omega_i'\}$. 因此

$$h_{\mu_p}(\sigma) = h_{\mu_p}(\sigma, \xi) = \lim_{n \to \infty} \frac{1}{n} H\left(\bigvee_{i=0}^{m} \sigma^{-i} \xi\right).$$

对 $i \neq j$, $\sigma^i \xi$ 和 $\sigma^j \xi$ 独立, 因此

$$H\left(\bigvee_{i=0}^{m} \sigma^{-i} \xi\right) = nH(\xi).$$

从而, $h_{\mu_p}(\sigma) = H(\xi) = -\sum p_i \log p_i$.

回忆 σ 的拓扑熵是 $\log m$. 因此, σ 关于任何一个 Bernoulli 测度的度量熵小于或等于拓扑熵, 等号成立当且仅当 $p = (1/n, \ldots, 1/n)$.

下面我们计算 σ 关于 4.4 节定义的 Markov 测度的度量熵. 设 A 是 $m \times m$ 不可约随机矩阵, q 是元素之和为 1 的唯一正左特征向量. 回忆对测度 $P = P_{A,q}$, 柱体集的测度是

$$P\left(C_{j_0, j_1, \ldots, j_k}^{n, n+1, \ldots, n+k}\right) = q_{j_0} \prod_{i=0}^{k-1} A_{j_i j_{i+1}}.$$

由命题 9.3.1, 我们有 $h_P(\sigma, \xi) = \lim\limits_{n \to \infty} H(\xi | \sigma^{-1}(\xi^n))$. 由定义,

$$H(\xi | \sigma^{-1}(\xi^n)) = - \sum_{C \in \xi, D \in \sigma^{-1}(\xi^n)} P(C \cap D) \log \frac{P(C \cap D)}{P(D)}.$$

对 $C = C_{j_0}^0 \in \xi$ 和 $D = C_{j_1,\ldots,j_n}^{1,\ldots,n} \in \sigma^{-1}(\xi^n)$, 我们有

$$P(C \cap D) = q_{j_0} \prod_{i=0}^{n-1} A_{j_i j_{i+1}} \quad \text{和} \quad P(D) = q_{j_1} \prod_{i=1}^{n-1} A_{j_i j_{i+1}}.$$

因此

$$H(\xi|\sigma^{-1}(\xi^n))$$

$$= - \sum_{j_0,j_1,\ldots,j_n=1}^{m} q_{j_0} \prod_{i=1}^{n-1} A_{j_i,j_{i+1}} \log\left(\frac{q_{j_0} A_{j_0,j_1}}{q_{j_1}}\right)$$

$$= - \sum_{j_0,j_1,\ldots,j_n=1}^{m} q_{j_0} \prod_{i=1}^{n-1} A_{j_i,j_{i+1}} (\log A_{j_0,j_1} + \log q_{j_0} - \log q_{j_1}). \quad (9.2)$$

利用恒等式 $\sum_{i=1}^{n} q_i A_{i,k} = q_k$ 和 $\sum_{i=1}^{n} A_{i,k} = 1$, 得到

$$\sum_{j_0,j_1,\ldots,j_n} q_{j_0} \prod_{i=0}^{n-1} A_{j_i,j_{i+1}} \log A_{j_0,j_1} = \sum_{j_0,j_1} q_{j_0} A_{j_0,j_1} \log A_{j_0,j_1}, \quad (9.3)$$

$$\sum_{j_0,j_1,\ldots,j_n} q_{j_0} \prod_{i=0}^{n-1} A_{j_i,j_{i+1}} \log q_{j_0} = \sum_{j_0} q_{j_0} \log q_{j_0}, \quad (9.4)$$

$$\sum_{j_0,j_1,\ldots,j_n=1}^{m} q_{j_0} \prod_{i=1}^{n-1} A_{j_i,j_{i+1}} \log q_{j_1} = \sum_{j_1} q_{j_1} \log q_{j_1}. \quad (9.5)$$

由 (9.2)–(9.5) 得到

$$h_P(\sigma) = - \sum_{j_0,j_1} q_{j_0} A_{j_0,j_1} \log A_{j_0,j_1}.$$

对给定子移位存在许多 Markov 测度. 现在我们构造一个特殊的 Markov 测度, 称为 *Shannon-Perry* 测度, 它最大化熵. 由下一节的结果, Markov 测度最大化熵, 当且仅当关于测度的度量熵与基础子移位的拓扑熵相同.

设 B 是元素为 0 和 1 的本原矩阵. 设 λ 是 B 的最大正特征值, q 是 B 的特征值 λ 的正左特征向量. 设 v 是 B 的使得 $\langle q, v \rangle = 1$ 的 λ 的标准化了的正右特征向量, V 是对角矩阵, 它的对角线元素是 v 的坐标, 即 $V_{ij} = \delta_{ij} v_j$. 于是 $A = \lambda^{-1} V^{-1} B V$ 是随机矩阵: A 的所有元素为正且各行元素之和为 1. A 的元素是 $A_{ij} = \lambda^{-1} v_i^{-1} B_{ij} v_j$. 令 $p = qV = (q_1 v_1, \ldots, q_n v_n)$. 那么 p 是 A 的特征值 1 的正左特征向量, 且 $\sum_{i=1}^{n} p_i = \langle q, v \rangle = 1$.

称 Markov 测度 $P = P_{A,p}$ 为子移位 σ_A 的 Shannon-Parry 测度. 回忆当 P 定义在全移位空间 Σ 上时, 它的支集是子空间 Σ_A. 因此 $h_P(\sigma_A) = h_P(\sigma)$. 利用性质 $qB = \lambda q, \langle q, v \rangle = 1$ 和 $B_{ij} \log B_{ij} = 0$, 我们有

$$
\begin{aligned}
h_P(\sigma) &= -\sum_{i,j} p_i A_{ij} \log A_{ij} \\
&= -\sum_{i,j} q_i v_i \lambda^{-1} v_i^{-1} B_{ij} v_j \log(\lambda^{-1} v_i^{-1} B_{ij} v_j) \\
&= -\sum_{i,j} \lambda^{-1} q_i v_j B_{ij} \log(\lambda^{-1} v_i^{-1} B_{ij} v_j) \\
&= \sum_{i,j} \lambda^{-1} q_i v_j B_{ij} \log \lambda + \sum_{i,j} \lambda^{-1} q_i v_j B_{ij} (\log v_i - \log B_{ij} v_j) \\
&= \log \lambda + \sum_j q_j v_j \log v_j - \sum_{i,j} \lambda^{-1} q_i v_j B_{ij} \log v_j \\
&\quad - \sum_{i,j} \lambda^{-1} q_i v_j B_{ij} \log B_{ij} \\
&= \log \lambda + \sum_j v_j q_j \log v_j - \sum_i v_i q_i \log v_i = \log \lambda.
\end{aligned}
$$

因此, $h_P(\sigma_A) = \log \lambda$, 这是 σ_A 的拓扑熵 (命题 3.4.1).

环面自同构 我们仅考虑二维情形. 设 $A : \mathbb{T}^2 \to \mathbb{T}^2$ 是双曲环面自同构. 5.12 节中构造的 Markov 分割给出有限型子移位与 A 之间的 (可测) 半共轭 $\phi : \Sigma_A \to \mathbb{T}^2$. 由于 Lebesgue 测度在 ϕ^* 作用下的像是 Parry 测度, A (关于 Lebesgue 测度) 的度量熵是 A 的最大特征值的对数 (练习 9.4.1).

练习 9.4.1 设 A 是双曲环面自同构. 证明 $\mathbb{T}^2$ 上 Lebesgue 测度在半共轭 ϕ 作用下的像是 Parry 测度, 并计算 A 的度量熵.

9.5 变 分 原 理①

在这一节我们建立度量熵的变分原理 [Din71], [Goo69], 这个原理断言, 对紧度量空间的同胚, 拓扑熵是度量熵在所有不变概率测

---

①变分原理的下面证明是按照 M. Misiurewicz [Mis76] 的论述, 也可见 [KH95] 和 [Pet89].

度上的上确界.

设 f 是紧度量空间 X 的同胚, $\mathcal{M}$ 是 X 上 Borel 概率测度空间.

引理 9.5.1　设 $\mu, \nu \in \mathcal{M}$, 且 $t \in (0, 1)$. 那么对 X 的任何可测分割 ξ,

$$t H_\mu(\xi) + (1 - t) H_\nu(\xi) \leqslant H_{\mu + (1-t)\nu}(\xi).$$

证明　证明是 $x \log x$ 凸性的直接结果 (练习 9.5.1).　　□

对分割 $\xi = \{A_1, \ldots, A_k\}$, 定义 ξ 的边界为集合 $\partial \xi = \bigcup_{i=1}^{k} \partial A_i$, 其中 $\partial A = \bar{A} \cap \overline{X - A}$.

引理 9.5.2　设 $\mu \in \mathcal{M}$. 那么

1. 对任何 $x \in X$ 和 $\delta > 0$, 存在 $\delta' \in (0, \delta)$, 使得 $\mu(\partial B(x, \delta')) = 0$,

2. 对任何 $\delta > 0$, 存在有限可测分割 $\xi = \{C_1, \ldots, C_k\}$, 使得对所有 i 有 $\operatorname{diam}(C_i) < \delta$ 和 $\mu(\partial \xi) = 0$,

3. 如果按弱*拓扑, $\{\mu_n\} \subset \mathcal{M}$ 是收敛于 μ 的概率测度序列, A 是满足 $\mu(\partial A) = 0$ 的可测集, 则 $\mu(A) = \lim\limits_{n \to \infty} \mu_n(A)$.

证明　设 $S(x, \delta) = \{y \in X : d(x, y) = \delta\}$. 那么 $B(x, \delta) = \bigcup_{0 \leqslant \delta' < \delta} S(x, \delta')$. 这是一个不可数并, 所以其中至少有一个的测度必须是 0. 由于 $\partial B(x, \delta) \subset S(x, \delta)$, 论断 1 得证.

为证明论断 2, 设 $\{B_1, \ldots, B_k\}$ 是半径小于 $\delta/2$ 的球的开覆盖且 $\mu(\partial B_i) = 0$. 设 $C_1 = \overline{B}_1$, $C_2 = \overline{B}_2 \backslash \overline{B}_1$, $C_i = \overline{B}_i \backslash \bigcup_{j=1}^{i-1} \overline{B}_j$. 则 $\xi = \{C_1, \ldots, C_k\}$ 是一个分割, 且 $\partial \xi = \bigcup \partial C_i \subset \bigcup_{i=1}^{k} \partial B_i$.

为了证明论断 3, 设 A 是满足 $\mu(\partial A) = 0$ 的可测集. 由于 X 是正规拓扑空间, 在 X 上存在非负连续函数序列 $\{f_k\}$ 使得 $f_k \searrow \chi_{\overline{A}}$. 于是对固定的 k,

$$\overline{\lim_{n \to \infty}} \mu_n(A) \leqslant \overline{\lim_{n \to \infty}} \mu_n(\bar{A}) \leqslant \lim_{n \to \infty} \mu_n(f_k) = \mu(f_k).$$

当 $k \to \infty$ 时取极限, 得到

$$\overline{\lim_{n \to \infty}} \mu_n(A) \leqslant \lim_{k \to \infty} \mu(f_k) = \mu(\bar{A}) = \mu(A).$$

类似地,

$$\overline{\lim_{n \to \infty}} \mu_n(X \backslash A) \leqslant \mu(X \backslash A),$$

由此得证论断 3. □

令 $|E|$ 表示有限集 E 的势.

引理 9.5.3 设 E_n 是 (n,ε) 分离集, $\nu_n = (1/|E_n|) \sum\limits_{x \in E_n} \delta_x$ 以及 $\mu_n = \dfrac{1}{n} \sum\limits_{i=0}^{n-1} f_*^i \nu_n$. 如果 μ 是 $\{\mu_n\}_{n \in \mathbb{N}}$ 的任何弱 * 聚点, 则 μ 是 f 不变的, 且

$$\varlimsup_{n \to \infty} \frac{1}{n} \log |E_n| \leqslant h_\mu(f).$$

证明 设 μ 是 $\{\mu_n\}_{n \in \mathbb{N}}$ 的聚点, 则 μ 显然是 f 不变的.

设 ξ 是具有直径小于 ε 且 $\mu(\partial\xi) = 0$ 的元素的可测分割. 如果 $C \in \xi^n$, 则 $\nu_n(C) = 0$ 或 $1/|E_n|$, 由于 C 至多包含 E_n 的一个元素. 因此 $H_{\nu_n}(\xi^n) = \log|E_n|$.

固定 $0 < q < n$, 以及 $0 \leqslant k < q$. 设 $a(k) = \left[\dfrac{n-k}{q}\right]$.

设 $S = \{k + rq + i : 0 \leqslant r < a(k), 0 \leqslant i < q\}$, 令 T 是 S 在 $\{0, 1, \ldots, n-1\}$ 中的补. T 的势至多是 $k + q - 1 \leqslant 2q$. 由于

$$\xi^n = \bigvee_{i=0}^{n-1} f^{-i}\xi = \left(\bigvee_{r=0}^{a(k)-1} f^{-rq-k} \xi^q \right) \vee \left(\bigvee_{i \in T} f^{-i}\xi \right),$$

得知

$$\log|E_n| = H_{\nu_n}(\xi^n) \leqslant \sum_{r=0}^{a(k)-1} H_{\nu_n}(f^{-(rq+k)}\xi^q) + \sum_{i \in T} H_{\nu_n}(f^{-i}\xi)$$

$$\leqslant \sum_{r=0}^{a(k)-1} H_{f_*^{rq+k}\nu_n}(\xi^q) + 2q \log|\xi|.$$

对 k 取和并利用引理 9.5.1, 得到

$$\frac{q}{n} \log|E_n| = \frac{1}{n} \sum_{k=0}^{q-1} H_{\nu_n}(\xi^n)$$

$$\leqslant \sum_{k=0}^{q-1} \left(\sum_{r=0}^{a(k)-1} \frac{1}{n} H_{f_*^{rq+k}\nu_n}(\xi^q) \right) + \frac{2q^2}{n} \log|\xi|$$

$$\leqslant H_{\mu_n}(\xi^q) + \frac{2q^2}{n} \log|\xi|.$$

因此, 由引理 9.5.2(3), 对固定的 q,

$$\varlimsup_{n\to\infty}\frac{1}{n}\log|E_n|\leqslant\lim_{n\to\infty}\frac{1}{q}H_{\mu_n}(\xi^q)=\frac{1}{q}H_\mu(\xi^q).$$

令 $q\to\infty$ 取极限, 我们得到 $\varlimsup_{n\to\infty}\frac{1}{n}\log|E_n|\leqslant h_\mu H_\mu(f,\xi).$ □

定理 9.5.4 (变分原理)　设 f 是紧度量空间 (X,d) 的一个同胚. 则 $h_{\mathrm{top}}(f)=\sup\{h_\mu(f)|\mu\in\mathcal{M}_f\}$.

证明　引理 9.5.3 证明了 $h_{\mathrm{top}}(f)\leqslant\sup\{h_\mu(f)|\mu\in\mathcal{M}_f\}$, 所以只需证明反向不等式.

设 $\mu\in\mathcal{M}_f$ 是 X 上 f 不变的 Borel 概率测度, $\xi=\{C_1,\ldots,C_k\}$ 是 X 的可测分割. 由 μ 的正则性和引理 9.3.3, 可选择紧集 $B_i\subset C_i$, 使得分割 $\beta=\{B_0=X\backslash\bigcup_{i=1}^k B_i,B_1,\ldots,B_k\}$ 满足 $H(\xi|\beta)<1$. 从而

$$h_\mu(f,\xi)\leqslant h_\mu(f,\beta)+H_\mu(\xi|\beta)\leqslant h_\mu(f,\beta)+1.$$

族 $\mathcal{B}=\{B_0\cup B_1,\ldots,B_0\cup B_k\}$ 是 X 的开集覆叠. 此外, $|\beta^n|\leqslant 2^n|\mathcal{B}^n|$, 因为 $\mathcal{B}^n$ 的每个元素至多与 β 的两个元素相交. 因此

$$H_\mu(\beta^n)\leqslant\log|\beta^n|\leqslant n\log 2+\log|\mathcal{B}^n|.$$

设 δ_0 是 $\mathcal{B}$ 的 Lebesgue 数, 即使得对所有 $x\in X$, $B(x,\delta)$ 包含在某个 $B_0\cup B_i$ 内的所有 δ 的上确界. 于是 δ_0 也是 $\mathcal{B}^n$ 关于度量 d_n 的 Lebesgue 数.

$\mathcal{B}$ 没有子族覆盖 X, 对 $\mathcal{B}^n$ 这同样也成立. 因此, 每个元素 $C\in\mathcal{B}$ 包含点 x_C, 它不包含在任何其他元素中, 故 $B(x_C,\delta_0,n)\subset C$. 由此得知, 所有 x_C 的族是 (n,δ_0) 分离集. 从而 $\mathrm{sep}(n,\delta_0,f)\geqslant|\mathcal{B}^n|$, 由此得知,

$$h(f,\delta_0)=\varlimsup_{n\to\infty}\frac{1}{n}\log(\mathrm{sep}(n,\delta_0,f))\geqslant\varlimsup_{n\to\infty}\frac{1}{n}\log|\mathcal{B}^n|$$
$$\geqslant\varlimsup_{n\to\infty}\frac{1}{n}(\log|\mathcal{B}^n|-n\log 2)\geqslant\varlimsup_{n\to\infty}\frac{1}{n}H_\mu(\beta^n)-\log 2$$
$$=h_\mu(f,\beta)-\log 2\geqslant h_\mu(f,\xi)-\log 2-1.$$

从而, 对所有 $n>0$ 有 $h_\mu(f)=\frac{1}{n}h_\mu(f^n)\leqslant\frac{1}{n}(h_{\mathrm{top}}(f^n)+\log 2+1)$. 令 $n\to\infty$, 我们看到, 对所有 $\mu\in\mathcal{M}$, 有 $h_\mu(f)\leqslant h_{\mathrm{top}}(f)$, 这证明了定理. □

练习 9.5.1　　证明引理 9.5.1.

练习 9.5.2　　设 f 是紧度量空间的一个扩张映射, 扩张常数为 δ_0. 证明 f 有最大熵测度, 即存在 $\mu \in \mathcal{M}_f$ 使得 $h_\mu(f) = h_{\text{top}}(f)$. (提示: 从支撑在 (n, ε) 分离集上的测度开始, 其中 $\varepsilon \leqslant \delta_0$).

参考文献

[AF91] Roy Adler and Leopold Flatto. Geodesic flows, interval maps, and symbolic dynamics. *Bull. Amer. Math. Soc. (N.S.)*, 25(2):229–334, 1991.

[Ahl73] Lars V. Ahlfors. *Conformal invariants: topics in geometric function theory*. McGraw-Hill Series in Higher Mathematics. McGraw-Hill Book Co., New York, 1973.

[Ano67] D. V. Anosov. Tangential flelds of transversal foliations in *y*-systems. *Math. Notes*, 2:818–823, 1967.

[Ano69] D. V. Anosov. *Geodesic flows on closed Riemann manifolds with negative curvature*. American Mathematical Society, Providence, RI, 1969.

[Arc70] Ralph G. Archibald. *An introduction to the theory of numbers*. Charles E. Merrill Publishing Co., Columbus, OH, 1970.

[AS67] D. V. Anosov and Ya. G. Sinai. Some smooth ergodic systems. *Russian Math. Surveys*, 22(5):103–168, 1967.

[AW67] R. L. Adler and B. Weiss. Entropy, a complete metric invariant for automor- phisms of the torus. *Proc. Nat. Acad. Sci. U.S.A.*, 57:1573–1576, 1967.

[BC91] M. Benedicks and L. Carleson. The dynamics of the Hénon map. *Ann. of Math. (2)*, 133:73–169, 1991.

[Bea91] Alan F. Beardon. *Iteration of rational functions*. Springer-Verlag,

New York, 1991.

[Ber96] Vitaly Bergelson. Ergodic Ramsey theory – an update. In *Ergodic theory of $\mathbf{Z}^d$ actions (Warwick, 1993–1994)*, pages 1–61. Cambridge Univ. Press, Cambridge, 1996.

[Ber00] Vitaly Bergelson. Ergodic theory and Diophantine problems. In *Topics in symbolic dynamics and applications (Temuco, 1997)*, pages 167–205. Cambridge Univ. Press, Cambridge, 2000.

[BG91] Carlos A. Berenstein and Roger Gay. *Complex variables.* Springer-Verlag, New York, 1991.

[Bil65] Patrick Billingsley. *Ergodic theory and information.* John Wiley & Sons Inc., New York, 1965.

[BL70] R. Bowen and O. E. Lanford, III. Zeta functions of restrictions of the shift transformation. In *Global Analysis (Proc. Sympos. Pure Math., Vol. XIV, Berkeley, CA, 1968)*, pages 43–49. American Mathematical Society, Providence, RI, 1970.

[Bow70] Rufus Bowen. Markov partitions for Axiom a diffeomorphisms. *Amer. J. Math.*, 92:725–747, 1970.

[Boy93] Mike Boyle. Symbolic dynamics and matrices. In *Combinatorial and graphtheoretical problems in linear algebra (Minneapolis, MN, 1991)*, IMA Vol. Math. Appl., volume 50, pages 1–38. Springer-Verlag, New York, 1993.

[BP94] Abraham Berman and Robert J. Plemmons. *Nonnegative matrices in the mathematical sciences.* Society for Industrial and Applied Mathematics (SIAM), Philadelphia, PA, 1994.

[BP98] Sergey Brin and Lawrence Page. The anatomy of a large-scale hypertextual web search engine. In *Seventh International World Wide Web Conference (Brisbane, Australia, 1998)*. http://www7.scu.edu.au/ programme/fullpapers/1921/com1921.htm, 1998.

[CE80] Pierre Collet and Jean-Pierre Eckmann. *Iterated maps on the interval as dynamical systems.* Birkhäuser, Boston, MA, 1980.

[CFS82] I. P. Cornfeld, S. V. Fomin, and Ya. G. Sinaĭ. *Ergodic theory*, volume 245 of *Grundlehren der Mathematischen Wissenschaften*. Springer-Verlag, New York, 1982.

[CG93] Lennart Carleson and Theodore W. Gamelin. *Complex dynamics.* Universitext: Tracts in Mathematics. Springer-Verlag, New York, 1993.

[CH82] Shui Nee Chow and Jack K. Hale. *Methods of bifurcation theory.*

Springer-Verlag, New York, 1982.

[Con95] John B. Conway. *Functions of one complex variable. II.* Springer-Verlag, New York, 1995.

[Den26] Arnaud Denjoy. Sur l'itération des fonctions analytique. *C. R. Acad. Sci. Paris Sér. A-B*, 182:255–257, 1926.

[Dev89] Robert L. Devaney. *An introduction to chaotic dynamical systems.* Addison-Wesley, Redwood City, Calif., 1989.

[DH82] Adrien Douady and John Hamal Hubbard. Itération des polynômes quadratiques complexes. *C. R. Acad. Sci. Paris Sér. I Math.*, 294(3):123–126, 1982.

[Din71] Efim I. Dinaburg. On the relation among various entropy characterizatistics of dynamical systems. *Math. USSR, Izvestia*, 5:337–378, 1971.

[dMvS93] Welington de Melo and Sebastian van Strien. *One-dimensional dynamics.* Springer-Verlag, Berlin, 1993.

[Dou83] Adrien Douady. Systèmes dynamiques holomorphes. In *Bourbaki seminar, Vol. 1982/83*, pages 39–63. Soc. Math. France, Paris, 1983.

[DS88] Nelson Dunford and Jacob T. Schwartz. *Linear operators. Part II.* John Wiley & Sons Inc., New York, 1988.

[Fei79] Mitchell J. Feigenbaum. The universal metric properties of nonlinear trans-formations. *J. Statist. Phys.*, 21(6):669–706, 1979.

[Fol95] Gerald B. Folland. *A course in abstract harmonic analysis.* CRC Press, Boca Raton, FL, 1995.

[Fri70] Nathaniel A. Friedman. *Introduction to ergodic theory.* Van Nostrand Reinhold Mathematical Studies, No. 29. Van Nostrand Reinhold Co., New York, 1970.

[Fur63] H. Furstenberg. The structure of distal flows. *Amer. J. Math.*, 85:477–515, 1963.

[Fur77] Harry Furstenberg. Ergodic behavior of diagonal measures and a theorem of Szemerédi on arithmetic progressions. *J. Analyse Math.*, 31:204–256, 1977.

[Fur81a] H. Furstenberg. *Recurrence in ergodic theory and combinatorial number theory.* M. B. Porter Lectures. Princeton University Press, Princeton, NJ, 1981.

[Fur81b] Harry Furstenberg. Poincaré recurrence and number theory. *Bull. Amer. Math. Soc. (N.S.)*, 5(3):211–234, 1981.

[FW78] H. Furstenberg and B. Weiss. Topological dynamics and combinatorial number theory. *J. Analyse Math.*, 34:61–85 (1979), 1978.

[Gan59] F. R. Gantmacher. *The theory of matrices. Vols. 1, 2.* Chelsea Publishing Co., New York, 1959. Translated by K. A. Hirsch.

[GG73] M. Golubitsky and V. Guillemin. *Stable mappings and their singularities.* Graduate Texts in Mathematics, Vol. 14. Springer-Verlag, New York, 1973.

[GH55] W. Gottschalk and G. Hedlund. *Topological Dynamics.* A.M.S. Colloquim Publications, volume XXXVI. Amer. Math. Soc., Providence, RI, 1955.

[GLR72] R. L. Graham, K. Leeb, and B. L. Rothschild. Ramsey's theorem for a class of categories. *Advances in Math.*, 8:417–433, 1972.

[GLR73] R. L. Graham, K. Leeb, and B. L. Rothschild. Errata: Ramsey's theorem for a class of categories. *Advances in Math.*, 10:326–327, 1973.

[Goo69] L. Wayne Goodwyn. Topological entropy bounds measure-theoretic entropy. *Proc. Amer. Math. Soc.*, 23:679–688, 1969.

[Hal44] Paul R. Halmos. In general a measure preserving transformation is mixing. *Ann. of Math.* (2), 45:786–792, 1944.

[Hal50] Paul R. Halmos. *Measure theory.* D. Van Nostrand Co., Princeton, NJ, 1950. (中译本: 测度论 [M]. 王建华译. 北京: 科学出版社, 1958.)

[Hal60] Paul R. Halmos. *Lectures on ergodic theory.* Chelsea Publishing Co., New York, 1960.

[Hel95] Henry Helson. *Harmonic analysis.* Henry Helson, Berkeley, CA, second edition, 1995.

[Hén76] M. Hénon. A two-dimensional mapping with a strange attractor. *Comm. Math. Phys.*, 50:69–77, 1976.

[Hir94] Morris W. Hirsch. *Differential topology.* Springer-Verlag, New York, 1994. Corrected reprint of the 1976 original.

[HK91] Jack K. Hale and Hüseyin Koçak. *Dynamics and bifurcations.* Springer-Verlag, New York, 1991.

[HW79] G. H. Hardy and E. M. Wright. *An introduction to the theory of numbers.* The Clarendon Press, Oxford University Press, New York, fifth edition, 1979.

[Kat72] A. B. Katok. Dynamical systems with hyperbolic structure, pages 125–211, 1972. Three papers on smooth dynamical systems. Translations of the AMS (series 2), volume 11b, AMS, Providence, RI, 1981.

[KH95] Anatole Katok and Boris Hasselblatt. *Introduction to the modern theory of dynamical systems.* Encyclopedia of Mathematics and Its Applications, volume 54. Cambridge University Press, Cambridge, 1995. With a supplementary chapter by Katok and Leonardo Mendoza. (中译本将由高等教育出版社出版, 金成桴译)

[Kin90] J. L. King. A map with topological minimal self-joinings in the sense of Del Junco. *Ergodic Theory Dynamical Systems,* 10(4):745–761, 1990.

[Kol58] A. N. Kolmogorov. A new metric invariant of transient dynamical systems and automorphisms in Lebesgue spaces. *Dokl. Akad. Nauk SSSR (N.S.),* 119:861–864, 1958.

[Kol59] A. N. Kolmogorov. Entropy per unit time as a metric invariant of automorphisms. *Dokl. Akad. Nauk SSSR,* 124:754–755, 1959.

[KR99] K. H. Kim and F. W. Roush. The Williams conjecture is false for irreducible subshifts. *Ann. of Math. (2),* 149(2):545–558, 1999.

[Kre85] Ulrich Krengel. *Ergodic theorems.* Walter de Gruyter & Co., Berlin, 1985. With a supplement by Antoine Brunel.

[KvN32] B. O. Koopman and J. von Neumann. Dynamical systems of continuous spectra. *Proc. Nat. Acad. Sci. U.S.A.,* 18:255–263, 1932.

[Lan84] Oscar E. Lanford, III. A shorter proof of the existence of the Feigenbaum fixed point. *Comm. Math. Phys.,* 96(4):521–538, 1984.

[LM95] Douglas Lind and Brian Marcus. *An introduction to symbolic dynamics and coding.* Cambridge University Press, Cambridge, 1995.

[Lor63] E. N. Lorenz. Deterministic non-periodic flow. *J. Atmos. Sci.,* 20:130–141, 1963.

[LY75] Tien Yien Li and James A. Yorke. Period three implies chaos. *Amer. Math. Monthly,* 82(10):985–992, 1975.

[Mañ88] Ricardo Mañé. A proof of the C^1 stability conjecture. *Inst. Hautes Études Sci. Publ. Math.,* 66:161–210, 1988.

[Mat68] John N. Mather. Characterization of Anosov diffeomorphisms. *Nederl. Akad. Wetensch. Proc. Ser. A 71: Indag. Math.,* 30:479–483, 1968.

[Mil65] J. Milnor. *Topology from the differentiable viewpoint.* University Press of Virginia, Charlottesville, VA, 1965. (中译本: 从微分观点看拓扑 [M]. 熊金城译. 北京: 人民邮电出版社, 2008.)

[Mis76] Michal Misiurewicz. A short proof of the variational principle for a

F_+^n action on a compact space. In *International Conference on Dynamical Systems in Mathematical Physics (Rennes, 1975)*, pages 147–157. Astérisque, No. 40. Soc. Math. France, Paris, 1976.

[Mon27] P. Montel. *Leçons sur les familles normales de fonctions analytiques et leurs applications*. Gauthier-Villars, Paris, 1927.

[Moo66] C. C. Moore. Ergodicity of flows on homogeneous spaces. *Amer. J. Math.*, 88:154–178, 1966.

[MRS95] Brian Marcus, Ron M. Roth, and Paul H. Siegel. Modulation codes for digital data storage. In *Different aspects of coding theory (San Francisco, CA, 1995)*, pages 41–94. American Mathematical Society, Providence, RI, 1995.

[MT88] John Milnor and William Thurston. On iterated maps of the interval. In *Dynamical systems (College Park, MD, 1986–87)*, Lecture Notes in Mathematics, volume 1342, pages 465–563. Springer-Verlag, Berlin, 1988.

[PdM82] Jacob Palis, Jr., and Welington de Melo. *Geometric theory of dynamical systems*. Springer-Verlag, New York, 1982. An introduction. (中译本: 动力系统几何理论引论 [M]. 金成桴等译. 北京: 科学出版社, 1988; 动态系统的几何理论导引 [M]. 姚勇译. 上海: 上海交通大学出版社, 1986.)

[Pes77] Ya. Pesin. Characteristic Lyapunov exponents and smooth ergodic theory. *Russian Math. Surveys*, 32:4:55–114, 1977.

[Pet89] Karl Petersen. *Ergodic theory*. Cambridge University Press, Cambridge, 1989.

[Pon66] L. S. Pontryagin. *Topological groups*. Gordon and Breach Science Publishers, Inc., New York, 1966. Translated from the second Russian edition by Arlen Brown.

[Que87] Martine Queffélec. *Substitution dynamical systems – spectral analysis*. Lecture Notes in Mathematics, volume 1294. Springer-Verlag, Berlin, 1987.

[Rob71] J. W. Robbin. A structural stability theorem. *Ann. of Math. (2)*, 94:447–493, 1971.

[Rob76] Clark Robinson. Structural stability of C^1 diffeomorphisms. *J. Differential Equations*, 22(1):28–73, 1976.

[Rob95] Clark Robinson. *Dynamical systems*. Studies in Advanced Mathematics. CRC Press, Boca Raton, Fla., 1995.

[Roh48] V. A. Rohlin. A "general" measure-preserving transformation is not mixing. *Dokl. Akad. Nauk SSSR (N.S.)*, 60:349–351, 1948.

[Rok67] V. Rokhlin. Lectures on the entropy theory of measure preserving transfor-mations. *Russian Math. Surveys*, 22:1–52, 1967.

[Roy88] H. L. Royden. *Real analysis*. Macmillan, third edition, 1988.

[Rud87] Walter Rudin. *Real and complex analysis*. McGraw-Hill Book Co., New York, third edition, 1987.

[Rud91] Walter Rudin. *Functional analysis*. McGraw-Hill Book Co. Inc., New York, second edition, 1991. (中译本: 泛函分析 [M]. 刘培德译. 北京: 机械工业出版社, 2004.)

[Rue89] David Ruelle. *Elements of differentiable dynamics and bifurcation theory*. Academic Press Inc., Boston, Mass., 1989.

[Sár78] A. Sárközy. On difference sets of sequences of integers. III. *Acta Math. Acad. Sci. Hungar.*, 31(3–4):355–386, 1978.

[Sha64] A. N. Sharkovsky. Co-existence of cycles of a continuous mapping of the line into itself. Ukrainian Math. J., 16:61–71, 1964.

[Shi87] Mitsuhiro Shishikura. On the quasiconformal surgery of rational functions. *Ann. Sci. École Norm. Sup. (4)*, 20(1):1–29, 1987.

[Sin59] Ya. G. Sinai. On the concept of entropy of a dynamical system. *Dokl. Akad. Nauk SSSR (N.S.)*, 124:768–771, 1959.

[Sma67] S. Smale. Differentiable dynamical systems. *Bull. Amer. Math. Soc.*, 73:747–817, 1967.

[Sul85] Dennis Sullivan. Quasiconformal homeomorphisms and dynamics. I. Solution of the Fatou–Julia problem on wandering domains. *Ann. of Math. (2)*, 122(3):401–418, 1985.

[SW49] Claude E. Shannon and Warren Weaver. *The Mathematical Theory of Communication*. The University of Illinois Press, Urbana, IL, 1949.

[Sze69] E. Szemerédi. On sets of integers containing no four elements in arithmetic progression. *Acta Math. Acad. Sci. Hungar.*, 20:89–104, 1969.

[vS88] Sebastian van Strien. Smooth dynamics on the interval (with an emphasis on quadratic-like maps). In *New directions in dynamical systems*, pages 57–119. Cambridge Univ. Press, Cambridge, 1988.

[Wal75] Peter Walters. *Ergodic theory – Introductory Lectures*. Lecture Notes in Mathematics, volume 458. Springer-Verlag, Berlin, 1975.

[Wei73] Benjamin Weiss. Subshifts of finite type and sofic systems. *Monatsh. Math.*, 77:462–474, 1973.

[Wil73] R. F. Williams. Classiflcation of subshifts of flnite type. *Ann. of Math. (2)*, 98:120–153, 1973. Errata, *ibid.*, 99 (1974), 380–381.

[Wil84] R. F. Williams. Lorenz knots are prime. *Ergodic Theory Dynam. Systems*, 4(1):147–163, 1984.

[Wol26] Julius Wolff. Sur l'itération des fonctions bornées. *C. R. Acad. Sci. Paris Sér. A-B*, 182:200–201, 1926.

索引

(条目右边的数字表示所在章节, 如 4.1 表示在第 4 章第 1 节)

无理中性周期点, 8.1

X

吸引点, 1.5, 1.13, 7.4

吸引盆, 1.13, 7.4, 8.1

　　直接吸引盆, 8.1

吸引周期点, 8.1

吸引子, 1.9, 1.13

　　Hénon 吸引子, 1.13

　　Lorenz 吸引子, 1.13

　　奇异吸引子, 1.13

　　双曲吸引子, 1.9

纤维, 5.13

纤维丛, 5.13

线性泛函, 4.6

线性泛函变换, 7.5

相对稠密子集, 2.1

向后不变集, 1.1

向量

　　非负向量, 3.2

　　正向量, 3.2

向量场, 5.0, 5.13

向前不变集, 1.1

斜积, 1.1, 5.13

信息, 9.1

修正频率调制, 3.8

旋转熵, 9.4

旋转数, 7.1

Y

亚纯函数, 8.1

叶层, 5.13

　　不稳定叶层, 1.7, 5.10

　　横截绝对连续叶层, 6.2

　　绝对连续叶层, 6.2

　　稳定叶层, 1.8, 5.10

叶层叶片, 5.13

叶层坐标卡, 5.13

叶片, 5.13

一致分布, 4.7

一致收敛性, 4.7

移位, 1.3, 1.4, 3.0, 3.4

　　单边移位, 1.4

　　顶点移位, 1.4, 3.2

　　棱移位, 3.2

　　全移位, 1.4, 2.4, 2.4

　　双边移位, 1.4

　　移位的熵, 9.4

　　移位等价性, 3.5

移位等价性, 强移位等价性, 3.5

以密度收敛, 4.10

异宿点, 5.8

异宿相关, 5.11

诣零流形, 5.10

因子, 1.1, 3.1, 5.13

因子映射, 1.1

引理

　　λ 引理, 5.7

　　Rokhlin-Halmos 引理, 4.9

　　倾角引理, 5.7

映射

　　Poincaré 映射, 1.11, 4.2

　　保测映射, 4.1

　　单峰映射, 7.4

　　第一回复映射, 4.2

　　二次映射, 1.5, 2.4, 7.4, 7.5

　　非奇异映射, 4.1

　　覆叠映射, 7.1

　　可测映射, 4.1

　　扩张映射, 1.3

　　有理映射, 8.0

　　帐篷映射, 7.4

郑重声明

高等教育出版社依法对本书享有专有出版权。任何未经许可的复制、销售行为均违反《中华人民共和国著作权法》，其行为人将承担相应的民事责任和行政责任；构成犯罪的，将被依法追究刑事责任。为了维护市场秩序，保护读者的合法权益，避免读者误用盗版书造成不良后果，我社将配合行政执法部门和司法机关对违法犯罪的单位和个人进行严厉打击。社会各界人士如发现上述侵权行为，希望及时举报，本社将奖励举报有功人员。

反盗版举报电话　（010）58581897　58582371　58581879
反盗版举报传真　（010）82086060
反盗版举报邮箱　dd@hep.com.cn
通信地址　北京市西城区德外大街4号　高等教育出版社法务部
邮政编码　100120